普通高等教育"十三五"规划教材

# 环 境 概 论

孟繁明　李花兵　高强健　编

北　京

冶 金 工 业 出 版 社

2022

# 内 容 提 要

　　本书共分 12 章，介绍了环境科学的基础知识，重点讨论了大气污染、全球暖化、淡水资源、水土污染、固体废物、能源革命、生态危机等典型环境问题，揭示了当今环境问题的严重性及环境治理的紧迫性。本书重视环境战略、环境伦理的分析和讨论，在相关章节中阐述了"可持续发展"、"生态文明"、"环境伦理"等内容。书中每章前列出"本章要点"，每章末设置了"知识专栏"和"思考题"，便于读者学习和掌握有关知识。

　　本书可作为高等学校非环境专业本科生的教材，也可供对环境问题、环境科学有兴趣的读者参考。

## 图书在版编目(CIP)数据

环境概论/孟繁明，李花兵，高强健编. —北京：冶金工业出版社，2018.6（2022.6 重印）

普通高等教育"十三五"规划教材

ISBN 978-7-5024-7808-7

Ⅰ.①环…　Ⅱ.①孟…　②李…　③高…　Ⅲ.①环境科学—高等学校—教材　Ⅳ.①X-0

中国版本图书馆 CIP 数据核字（2018）第 130635 号

**环境概论**

| | | | |
|---|---|---|---|
| **出版发行** 冶金工业出版社 | | **电　话** (010)64027926 | |
| **地　址** 北京市东城区嵩祝院北巷 39 号 | | **邮　编** 100009 | |
| **网　址** www.mip1953.com | | **电子信箱** service@mip1953.com | |

责任编辑　杨　敏　美术编辑　吕欣童　版式设计　禹　蕊
责任校对　郑　娟　责任印制　李玉山
北京印刷集团有限责任公司印刷
2018 年 6 月第 1 版，2022 年 6 月第 4 次印刷
787mm×1092mm　1/16；14.25 印张；344 千字；217 页
定价 36.00 元

投稿电话　(010)64027932　投稿信箱　tougao@cnmip.com.cn
营销中心电话　(010)64044283
冶金工业出版社天猫旗舰店　yjgycbs.tmall.com
（本书如有印装质量问题，本社营销中心负责退换）

# 前　　言

随着社会进步和经济快速发展，环境和可持续发展已成为世界共同关注的热点问题。具有新时代特征的环境问题已渗透到经济、政治、文化等各个领域。根据当前环境状况，"十三五"规划将绿色发展作为我国未来五大发展理念之一，对生态文明建设和环境保护都做出了重大战略部署。为适应新的形势，将环境教育列为当前高等教育非环境类专业本科生的公共课，已成为培养新世纪具有可持续发展环境意识及环境科技知识的高素质复合型人才、实施可持续发展战略的重要举措。

近年来，国内外环境热点问题不断涌现，新环境问题、新环境词语让人应接不暇。例如，"全球暖化"、"雾霾"、"PM$_{2.5}$"、"南水北调"、"生态文明"、"垃圾分类"、"2030年可持续发展议程"等等。对新一代大学生而言，理解这些内容，掌握基本的环境科学知识，培养环境意识及树立高尚的环境伦理道德已成为新时期高校人文素质教育的重要一环。

环境科学是一门综合性科学，其内容丰富多彩。本书读者定位于高校非环境专业本科学生，作为人文素质教育的环境概论公共课教材。限于篇幅并考虑到实际学时限制（一般高校非环境专业设定为24学时），本书精选典型环境问题进行分析讨论，力争教材内容的实用性、前沿性和创新性。各章相对独立，读者可根据实际需求对具体章节内容进行适当选择阅读或查阅相关资料进一步扩展探索。

本书共分12章，涉及大气、水资源、固体废物、生态系统、噪声、环境伦理等典型环境科学相关问题，可持续发展理念的论述贯穿本书始终。在第1章绪论中，介绍了环境科学的相关基本概念、人类环保历程、人口与环境的关系及可持续发展的基本概念等，在其后的第2~10章中对各种典型环境问题进行了论述，同时对可持续发展理念及生态文明建设的重要意义做了相关的探讨。在第 11 章 "环境伦理" 和第 12 章 "回顾经典" 两章中，又从伦理视角及实际源头对可持续发展理论做了进一步的分析和总结。此外，为了突出当前人们热切关心的环境问题，将 "全球暖化"、"雾霾及 $PM_{2.5}$"、"酸雨及臭氧洞" 等典型环境问题从一般环境科学教材的大气污染一章中分离出来，以单独的章节给予较为详细的介绍和论述。

本书每章末尾都设置了 "知识专栏"，作为补充阅读材料。专栏内容力争体现知识性、趣味性、新颖性，以便扩大读者视野，提高学习兴趣，增加可读性。此外，在每章末尾附有 "思考题"，供读者加深理解所学内容。

本书是作者在十多年的教学实践基础上编写而成，在付诸出版之前已在东北大学冶金 2013 级、冶金 2014 级、软件 2016 级、计算机 2016 级、计算机 2017 级等班级的教学中进行了试用，得到了同学们的大力支持和帮助。在教学互动中，及时更新内容，努力完善基础理论，尽力体现最新的环境科学进展、环境热点及相关环境问题信息，以适应新时代要求，在此向这些同学表示感谢。

本书由孟繁明、李花兵、高强健编写，具体分工为：孟繁明负责第 1 章~第 5 章的编写，李花兵负责第 6 章~第 9 章的编写，高强健负责第 10 章~第 12 章的编写，全书由孟繁明统稿。

在本书编写过程中，参考和引用了相关文献的内容，在此向所引用参考文献的作者致以深切的谢意。此外，东北大学王文忠教授和施月循教授等为本书的编写提供了宝贵资料和建议，在此向相关人员表示衷心感谢。

由于本书内容涉及领域广泛，编者水平所限，书中不足之处，敬请广大专家、读者批评指正（联系邮箱：mengfm@ smm. neu. edu. cn）。

编　者

2017 年 12 月

# 目　　录

1 绪论 ………………………………………………………………… 1

　1.1 环境科学概述 …………………………………………………… 1

　　1.1.1 环境问题与环境科学 ……………………………………… 1

　　1.1.2 环境教育的目的 …………………………………………… 4

　1.2 人类环保历程 …………………………………………………… 6

　　1.2.1 世界环保 …………………………………………………… 6

　　1.2.2 中国环保 …………………………………………………… 8

　　1.2.3 可持续发展 ………………………………………………… 10

　1.3 人口与环境 ……………………………………………………… 12

　　1.3.1 世界人口增长趋势 ………………………………………… 12

　　1.3.2 人口增长的环境负荷 ……………………………………… 14

　　1.3.3 人口容量与承载力 ………………………………………… 15

　知识专栏　地球超载日与世界地球日 …………………………… 16

　思考题 ……………………………………………………………… 17

2 大气污染 …………………………………………………………… 19

　2.1 大气污染概述 …………………………………………………… 19

　　2.1.1 大气组成及结构 …………………………………………… 19

　　2.1.2 污染源及污染物 …………………………………………… 22

　　2.1.3 我国大气环境现状 ………………………………………… 25

　2.2 环境空气质量标准 ……………………………………………… 26

　　2.2.1 环境空气质量标准的发展历程 …………………………… 26

　　2.2.2 空气质量新标准的实施及其特点 ………………………… 27

　　2.2.3 空气质量指数（AQI） …………………………………… 29

　2.3 典型大气污染 …………………………………………………… 31

　　2.3.1 雾霾及 $PM_{2.5}$ …………………………………………… 31

　　2.3.2 光化学烟雾 ………………………………………………… 34

　　2.3.3 室内空气污染 ……………………………………………… 37

　知识专栏　联合国环境规划署（UNEP） ……………………… 42

　思考题 ……………………………………………………………… 43

**3 越境污染** ······ 45

　3.1 酸雨 ······ 45

　　3.1.1 空中死神——酸雨 ······ 45

　　3.1.2 酸雨的危害 ······ 46

　　3.1.3 中国酸雨特点 ······ 48

　　3.1.4 酸雨防治措施 ······ 49

　3.2 臭氧洞 ······ 51

　　3.2.1 地球生命的保护伞——臭氧层 ······ 51

　　3.2.2 臭氧层的"漏洞百出"——臭氧洞 ······ 52

　　3.2.3 臭氧层破坏原理及其危害 ······ 53

　　3.2.4 保护臭氧层的世界行动 ······ 55

　知识专栏 酸雨指标 pH=5.6 的由来 ······ 56

　思考题 ······ 57

**4 全球暖化** ······ 58

　4.1 地球暖化机理及趋势 ······ 58

　　4.1.1 温室效应 ······ 58

　　4.1.2 温室气体 ······ 60

　　4.1.3 气候变化的权威——IPCC 报告 ······ 64

　4.2 全球暖化的影响及对策 ······ 67

　　4.2.1 全球暖化的影响 ······ 67

　　4.2.2 全球暖化的对策 ······ 68

　　4.2.3 不确定性与风险预防原则 ······ 69

　4.3 应对全球暖化的国际合作 ······ 71

　　4.3.1 《联合国气候变化框架公约》 ······ 73

　　4.3.2 《京都议定书》 ······ 73

　　4.3.3 后《京都议定书》谈判 ······ 74

　　4.3.4 《巴黎协定》 ······ 75

　　4.3.5 中国应对全球暖化的贡献 ······ 78

　知识专栏 地球一小时 ······ 79

　思考题 ······ 80

**5 淡水资源** ······ 81

　5.1 水的世纪 ······ 81

　　5.1.1 世界水资源 ······ 81

　　5.1.2 中国水资源 ······ 85

　　5.1.3 水资源安全 ······ 87

　5.2 国际河流 ······ 88

5.2.1　水权纷争 ······················································· 88

5.2.2　咸海枯竭 ······················································· 90

5.2.3　解决之路 ······················································· 93

知识专栏　虚拟水 ······················································· 93

思考题 ······························································· 94

**6　水土污染** ····················································· 96

6.1　水体污染 ··························································· 96

6.1.1　水体污染概述 ·················································· 96

6.1.2　典型水体污染 ·················································· 100

6.1.3　水体污染防治 ·················································· 104

6.2　土壤污染 ··························································· 108

6.2.1　土壤污染概述 ·················································· 108

6.2.2　土壤污染现状 ·················································· 110

6.2.3　土壤污染防治 ·················································· 111

知识专栏　持久性有机污染物（POPs） ································· 112

思考题 ······························································· 113

**7　固体废物** ····················································· 114

7.1　固体废物概述 ······················································· 114

7.1.1　固体废物概念 ·················································· 114

7.1.2　固体废物污染控制 ·············································· 115

7.2　固体废物处理处置 ··················································· 115

7.2.1　技术路线 ······················································ 115

7.2.2　处理方法 ······················································ 117

7.3　城市生活垃圾 ······················································· 122

7.3.1　基本概念 ······················································ 122

7.3.2　垃圾分类 ······················································ 123

7.3.3　循环经济 ······················································ 126

知识专栏　日本的垃圾分类 ············································· 128

思考题 ······························································· 129

**8　能源革命** ····················································· 130

8.1　能源概述 ··························································· 130

8.1.1　能源及新能源 ·················································· 130

8.1.2　能源革命历程 ·················································· 132

8.1.3　我国能源现状 ·················································· 133

8.2　清洁能源——核能 ··················································· 135

8.2.1　核能与核电 ···················································· 135

8.2.2 核电安全 ·········································· 140

8.3 永恒能源——太阳能 ······························ 142

8.3.1 太阳辐射能 ······································ 142

8.3.2 光伏发电 ········································ 143

知识专栏 天然气水合物（可燃冰） ··········· 145

思考题 ····················································· 147

9 感觉公害 ············································· 148

9.1 韦伯-费希纳定律 ································· 148

9.2 恶臭 ················································ 149

9.2.1 恶臭及恶臭污染物 ···························· 149

9.2.2 恶臭的测定与评价 ···························· 150

9.2.3 恶臭污染防治方法 ···························· 152

9.3 噪声 ················································ 154

9.3.1 噪声计量及标准 ······························ 154

9.3.2 噪声危害及防治 ······························ 160

知识专栏 典型噪声公害事件 ····················· 163

思考题 ····················································· 164

10 生态危机 ··········································· 165

10.1 生态系统基础 ···································· 165

10.1.1 生态系统组成及结构 ······················· 165

10.1.2 生态系统功能及服务 ······················· 169

10.1.3 生态平衡与生态危机 ······················· 175

10.2 生物多样性 ······································ 177

10.2.1 生物多样性概述 ···························· 177

10.2.2 生物多样性保护 ···························· 180

知识专栏 生物圈 2 号 ······························ 183

思考题 ····················································· 184

11 环境伦理 ··········································· 185

11.1 思想学说 ········································· 186

11.1.1 保全与保存之争 ···························· 186

11.1.2 "人类中心主义"和"非人类中心主义" ···· 187

11.1.3 可持续发展的伦理学 ······················· 189

11.2 原则规范 ········································· 190

11.2.1 环境伦理原则 ······························ 190

11.2.2 环境伦理规范 ······························ 191

11.3 环境正义 ········································· 192

11.3.1　环境正义概念 ················································ 192

11.3.2　环境正义事件 ················································ 193

知识专栏　熵定律的世界观 ············································ 197

思考题 ······························································ 198

**12　回顾经典** ····························································· 199

12.1　寂静的春天 ···················································· 199

12.1.1　蕾切尔·卡逊及《寂静的春天》简介 ················ 199

12.1.2　《寂静的春天》中的生态伦理思想 ·················· 201

12.1.3　《寂静的春天》的影响 ···························· 202

12.2　增长的极限 ···················································· 203

12.2.1　罗马俱乐部及《增长的极限》简介 ·················· 203

12.2.2　模拟结果及结论 ································ 205

12.2.3　《增长的极限》的发展 ···························· 209

12.2.4　未来四十年的预测 ································ 211

知识专栏　生态文学 ·················································· 213

思考题 ······························································ 214

**参考文献** ···························································· 216

# 1 绪 论

**本章要点**

(1) 人类不合理的资源利用方式和经济增长模式是环境问题产生的直接原因，环境问题促成了环境科学的形成与发展。

(2) 环境教育的目的是培养公民形成人与自然和谐相处的思维观念，提高公民的环境意识水平。

(3) 世界及中国的环保历程都证明，可持续发展是人类的必由之路。为实现可持续发展，必须将人口控制在人口容量与承载力范围之内。

当前，环境问题已拓展到全球范围，对人类社会的影响不断加深，人类重新认知自身与环境并追寻可持续发展之路迫在眉睫。本章首先从环境问题入手，引出环境科学的内涵，阐述环境教育的目的。然后通过人类环保历程的介绍和分析，论述可持续发展的概念及其重要意义。最后，通过分析人口与环境之间的关系，揭示实现可持续发展的关键问题——人口困局的解决。

## 1.1 环境科学概述

### 1.1.1 环境问题与环境科学

18 世纪后半叶至 20 世纪初发生的工业革命使人类的生产力大为提高，随之以大气污染为主的局部地区环境问题也不断发生。到了 20 世纪 30~60 年代，严重环境污染和生态破坏问题不断升级，引发了第一次环境问题高潮，其中以举世闻名的近代八大公害事件（如表 1-1 所示）最具有代表性。进入 20 世纪 70 年代后，大范围环境污染和生态破坏的发生频率加快，出现了第二次环境问题高潮，这一时期典型的环境问题如表 1-2 所示。两次环境问题高潮的特点对比如表 1-3 所示。可见，环境问题已经扩展到全球范围，人类社会的生存与进步面临严峻挑战。当今全球主要环境问题总结如表 1-4 所示。

表 1-1　第一次环境问题高潮中的八大公害事件

| 名称 | 时间，地点 | 污染物 | 公害成因及危害 |
|---|---|---|---|
| 马斯河谷烟雾事件 | 1930 年，比利时马斯河谷 | 烟尘、$SO_2$ | 多个工厂排放的大量烟雾弥漫在河谷上空无法扩散，使区内上千人发生胸疼、咳嗽、流泪、咽痛、呼吸困难等不适，一周内有 60 多人死亡，是 20 世纪最早记录下的大气污染事件 |

| 名称 | 时间，地点 | 污染物 | 公害成因及危害 |
|---|---|---|---|
| 富山事件 | 1931 年，日本富山县 | 镉 | 铅锌冶炼厂未经处理净化的含镉废水排入河流。人吃含镉的米、喝含镉的水而中毒，全身骨痛，最后骨骼软化，累计死亡 207 人 |
| 洛杉矶光化学烟雾事件 | 1943 年，美国洛杉矶市 | 碳氢化合物、氮氧化物、臭氧等 | 过多的汽车使每天有 1000 多吨碳氢化合物进入大气，市区空气水平流动慢。石油工业废气和汽车尾气在紫外线作用下生成光化学烟雾，使大多数居民患病，65 岁以上老人死亡 400 人 |
| 多诺拉烟雾事件 | 1948 年，美国多诺拉镇 | 烟尘、$SO_2$ | 因炼锌厂、钢铁厂、硫酸厂等排放的二氧化硫及氧化物和粉尘造成大气严重污染，又遇雾天和逆温天气，使 6000 人突然发生眼痛、咽喉痛、流鼻涕、头痛、胸闷等不适，其中 20 人很快死亡 |
| 伦敦烟雾事件 | 1952 年，英国伦敦市 | 烟尘、$SO_2$ | 逆温层笼罩伦敦，冬季煤炭燃烧产生的二氧化碳、一氧化碳、二氧化硫、粉尘等污染物在城市上空蓄积，引发了连续数日的大雾天气。仅仅 4 天时间，死亡人数就达 4000 多人，以后的两个月内又有 8000 多人死亡 |
| 水俣事件 | 1953 年，日本九州南部熊本县水俣湾 | 甲基汞 | 氮肥生产采用氯化汞和硫酸汞作催化剂，含汞的毒水废渣排入海湾水体，被鱼吃后形成易被生物吸收的甲基汞，人吃中毒的鱼而生病。水俣镇患者死亡 50 多人 |
| 四日事件 | 1955 年，日本四日市 | $SO_2$、烟尘、金属粉尘 | 工厂向大气排放 $SO_2$ 和煤粉尘数量多，并含有钴、锰、钛等。有毒重金属微粒及 $SO_2$ 吸入肺部，患者 500 多人，36 人在气喘折磨中死去 |
| 米糠油事件 | 1968 年，日本本州爱知县等 23 个府县 | 多氯联苯 | 米糠油生产中，用多氯联苯作热载体，因管理不善，毒物进入米糠油。人食用含多氯联苯的米糠油而中毒，患者 5000 多人，死亡 16 人 |

**表 1-2　第二次环境问题高潮中的典型环境问题**

| 类　型 | 举　例 |
|---|---|
| 全球性大气污染 | 酸雨，温室效应，臭氧层破坏 |
| 大面积生态破坏 | 大面积森林被毁，草场退化，土地荒漠化 |
| 突发性严重污染事件 | 印度博帕尔农药厂泄漏事件（1984 年 12 月），苏联切尔诺贝利核电站泄漏事故（1986 年 4 月），莱茵河污染事故（1986 年 11 月） |

**表 1-3　两次环境问题高潮特点对比**

| 对比项目 | 第一次环境问题高潮 | 第二次环境问题高潮 |
|---|---|---|
| 影响范围 | 限于工业发达国家，局部小范围 | 全球性环境污染，大面积生态破坏 |
| 污染来源 | 简单易查，相对容易解决 | 复杂混乱，分布广，来源多，一国难以解决 |
| 发生强度 | 强度弱，频率低 | 突发性强，发生频率高 |
| 危害后果 | 主要针对人体健康 | 严重损害人体健康，制约经济社会发展，威胁全人类的生存 |

表 1-4 当今全球主要环境问题

| 问 题 | 危 害 |
|---|---|
| 全球气候变化 | 地球大气中 $CO_2$ 浓度及全球平均温度升高，海平面上升，极端天气频发 |
| 臭氧层破坏 | 世界各地多处上空发现臭氧层被破坏和损耗，太阳紫外线对地球生物的杀伤力增大 |
| 酸雨污染 | 酸性物质以雨、雪或其他酸性颗粒物的形式从大气中转移到地面，造成水体、土壤、湖泊等酸化，使其生态系统恶化 |
| 生物多样性锐减 | 大量物种因环境变化的影响加速灭绝或处于濒危状态 |
| 森林锐减 | 大面积森林被毁，造成降雨分布变化、$CO_2$ 排放量增加、气候异常、水土流失、洪涝频发、生物多样性减少等恶果 |
| 土地荒漠化 | 沃土变成荒漠或遭到退化威胁，大量水土流失，草原沙漠化，可耕地减少 |
| 水资源危机 | 水体污染使可供淡水资源锐减，水污染和缺水造成安全用水危机 |
| 大气污染 | 大气中悬浮颗粒物、CO、$SO_2$、$CO_2$、$NO_x$、Pb 等有害物质成分增加，雾霾等恶劣大气污染现象频发，危害人体健康，危及人类生存 |
| 海洋资源破坏和污染 | 过度捕捞造成海洋鱼类资源灭绝或濒临灭绝；海洋污染引起沿海生态环境改变，近海区氮、磷等过营养化造成赤潮频发，渔业损失惨重 |
| 持久性有机污染物 | 持久性有机污染物（persistent organic pollutants，简称 POPs）指人类合成的能持久存在于环境中、通过生物食物链（网）累积并对人类健康造成有害影响的化学物质。它具备四种特性：高毒、持久、生物积累性、远距离迁移性。 |

当代环境问题已成为全人类共同面临的生存和发展问题，人类需要重新认识自身及与其休戚与共的环境，探寻二者的发展与演化规律，实现可持续发展的目标。"环境"是指以人类社会为主体的外部世界的总体，即人类环境，它包括自然环境和社会（人工）环境，本书论述的主要是自然环境（或地球环境，简称为环境）。人类环境的构成如表 1-5 所示。环境还可根据需要按照不同的规则进行分类，如表 1-6 所示。

表 1-5 人类环境的构成

| 分 类 | 定 义 | 举 例 |
|---|---|---|
| 自然环境 | 人类目前赖以生存、生活和生产所必需的自然条件和自然资源的总称，即直接或间接影响到人类的一切自然形成的物质、能量和自然现象的总体 | 物质：空气、水、岩石、土壤、动物、植物、微生物；<br>能量：气温、阳光、引力、地磁力；<br>自然现象：太阳的稳定性、地壳稳定性（构造运动、地震、火山爆发等）、大气运动、水循环、水土演变等 |
| 社会环境 | 在自然环境的基础上经过人工改造所形成的次生环境（人工环境），包括人工合成的物质、能量和产品以及人类活动中形成的人与人之间的关系（上层建筑） | 人工建筑物、人工产品和能量、科学技术、综合生产力、政治体制、社会行为、宗教信仰、文化与地域因素等 |

表 1-6 环境分类

| 分类原则 | 举 例 |
|---|---|
| 功能 | 生活环境（如空气、河流、树木、城镇、乡村等）<br>生态环境（影响生态系统的生物条件、地理条件、人为条件等） |

| 分类原则 | 举　例 |
|---|---|
| 范围 | 居室环境、街区环境、城市环境、区域环境、全球环境等 |
| 要素 | 大气环境、水环境、土壤环境、森林环境、草原环境、地质环境等 |
| 属性 | 自然环境、社会环境（人工环境） |

环境是人类生存和发展的基础，环境的优劣直接影响人类的生活质量甚至生存状况。在自然和人类的共同作用下，环境的结构和状态始终处于不断变化之中。环境虽然具有一定程度抵御外界影响、保持其自身特性和功能的相对稳定性，但在自然及人类活动的影响下发生的变动却是绝对的。环境问题就是指不利于人类生存和发展的环境结构和状态发生的变化，可分为原生环境问题或第一环境问题（自然因素造成，如地震、火山爆发等）和次生环境问题或第二环境问题（人类活动造成，如水污染、大气污染、土壤污染、噪声、电磁辐射等），前者属于灾害学范畴，而后者才是本书（及环境科学）的主要研究目标。主要环境问题（环境污染及环境破坏）是人类不合理的资源利用方式和经济增长模式的产物，根本上反映了人与自然的矛盾冲突，究其本质是经济结构、生产方式和消费模式问题。

环境科学是在工业革命后严重环境恶化的背景下诞生的，它因环境问题而产生并随着环境新问题的不断出现而向着全方位方向发展，其概念和内涵也不断丰富和完善。时至今日，环境科学已发展为研究人类活动与环境系统之间相互作用规律、寻求人类社会与环境协调和可持续发展途径与方法的科学，它是介于自然科学、社会科学、工程技术科学之间的新兴边缘（交叉）科学，具有显著的综合性及应用性。环境科学的研究对象是"人类和环境"这对矛盾之间的关系，其目的是要通过调整人类的社会行为，保护、发展和建设环境，从而使环境永远为人类社会持续、协调、稳定的发展提供良好的支持和保证。

### 1.1.2　环境教育的目的

环境教育是以提升公民的环境意识、促成他们爱护和保护环境的行为为目的的跨学科的教育活动。环境教育使公民能够理解人类与环境的相互关系，获得解决环境问题的技能，树立正确的环境价值观、环境态度和环境审美情感。简而言之，通过环境教育，培养公民形成人与自然和谐相处的思维观念，提高公民的环境意识水平。

环境意识是人们对人与环境关系的主观反映，是人们对环境和环境保护的一种认知水平和认知程度，又是人们为环境保护而不断调整自身经济活动和社会行为以及协调人与自然关系的实践活动的自觉性。它包括两个方面：一是人们对环境问题和环境保护的认知水平和程度，就是关于环境科学意识、环境法律意识和环境道德意识的水平，即"知"的水平；另一方面是指人们保护环境行为的自觉程度，即"行"的水平，环境意识水平的高低最终要体现在"行"的水平上。

环境意识蕴含的重要价值观主要包括两个方面：

（1）综合思维观。传统的分析性思维，在价值判断和价值取向上，主张以统治自然为指导思想，坚持人与自然的分离和对立，注重从单因单果上分析事物和过程，只看到线性和非循环因素的作用。在人与自然的关系上，传统思维总是局限于人和生态哪个为中心、哪个是首要，完全从对立的两极进行思维。环境意识强调综合的整体性思维，不仅把自然环境看成是一个有机整体，而且在人与自然的关系上，认为人类社会和自然界互相联系、相互作用且密不可分，放弃了先与后、重要与次要，把人与自然看作互利共生、协调发展的互动式关系。它重视不同地域的人类与自然关系的多样性和差异性，强调从这种多样性和差异性中把握整体性，从多因多果上分析事物和过程，重视非线性和循环因素的作用。环境意识这种整体性的特点，反映了思维方式是分析与综合的统一。它要求人类必须学会尊重自然、师法自然、保护自然，把自己当做自然界中的一员，与之和谐相处。

（2）可持续发展观。传统发展观把经济增长看成是社会发展的唯一的、终极的目的，国民生产总值和人均收入多少成为社会进步的标准。在这种观念的指导下，经济增长呈现出高消耗、高投入、高污染、低效率的特征，即粗放型增长方式。这种发展观虽然带来了一些地区的发展，却过度消耗了自然资源、造成严重环境污染并破坏了生态平衡，是不可持续的。环境意识主张人类社会的全面发展（生态良好、经济增长、社会进步），即可持续发展。为实现可持续发展，必须变粗放型经济增长方式为循环经济的发展方式，即坚持"减量化、再利用、资源化"原则，使经济以低消耗、低排放、高效率的方式增长。

我国公民环境意识水平普遍还处在较低水平状态，环境意识薄弱（无知、法盲、缺德、无为），公民对环境问题的重视程度、公民的环保知识水平以及公民环保活动的参与程度等各方面均有待进一步提高和完善。当前我国环境与生态状况十分严峻（资源与环境约束），环境问题的解决除了依靠新的治理措施以外，更根本的是需要植根于深层的公民环境意识的觉醒。

在大众媒介以及学者的研究中，涉及环境意识存在几种不同提法，如环境意识、生态意识、资源意识、环保意识等。它们与环境意识之间具有一定的区别和联系。

（1）环境意识与生态意识。这两个概念被人们广泛、频繁地使用，有时各有所指，有时相互替代。实际上，这两个概念既有相同之处，又有不同之点。环境意识是体现人类与环境之间相互作用的意识；而生态意识则体现人类与生态系统或生态系统中生物因素与非生物因素之间相互关系的意识。生态意识对人类而言，本质上属于环境意识的一部分，生态意识也就是环境意识，但环境意识包含的范围更广，它不只包括生态系统环境，而且也包括非生态系统环境。因此，在严格的定义上，环境意识与生态意识存在一定的差别。

（2）环境意识与资源意识。环境意识与资源意识，就是人们对环境与资源能动的反映，它们之间的关系实际就是环境与资源的关系。环境，是个很大的概念，是指相对于人而言的一切自然空间及其要素。环境由许多要素组成，如矿藏、生物、水、空气、化学物质等。对于人而言，有些环境要素是人类基本生活所直接需要的，如洁净的水、清新的空气、安静的空间等；有些则要经过转化才能满足人类需要，如矿藏。资源一般是指与人类生产或其他经济活动有关的那一类环境要素。可见，资源的概念要小于环境的概念。保护环境，当然包括保护资源，但两者在实际应用中，其本义略有差别：保护环境，主要是从人的直接生存需要而讲的，强调不要损害人的生活环境；而保护资源主要是从长期合理利用自然要素，保持人类生产活动不致中断的角度而言的。考察这两个概念，与环境意识与生态意识的关系有相似之处。实际上，人们在使用环境意识的概念时，如果作广义理解，也包含资源意识。

（3）环境意识与环保意识。这两个概念的内涵是一样的。在具体使用上，环保意识比较偏重保护环境的内容。环境保护是指人类为解决现实的或潜在的环境问题，协调人类与环境的关系，保障经济社会的可持续发展而采取的各种行动的总称。其方法和手段有工程技术的、行政管理的，也有法律的、经济的、宣传教育的等，而环境意识的使用则更加强调保护环境的观念、价值观以及公民的参与程度。

# 1.2　人类环保历程

环境保护（简称环保）是保护、改善和创造环境的一切人类活动的总称，是运用环境科学的理论和方法，在合理开发利用自然资源的同时，深入认识并掌握污染和破坏环境的根源和危害，有计划地保护环境，预防环境质量的恶化，控制环境污染和破坏，促进经济与环境协调发展，保护人体健康，造福人民并惠及子孙后代。人类环保历程也是环境科学的形成与完善的过程，以下简介世界（主要发达国家）和我国的环保历程。

## 1.2.1　世界环保

工业革命以来，发达国家对环境保护工作的认识是随着经济增长、污染加剧而逐步发展的，其在解决环境污染问题上，经历了先污染后治理、先破坏后恢复的过程，其间付出了惨痛代价。世界主要发达国家环保历程大致可分为以下 3 个阶段。

### 1.2.1.1　经济发展优先（末端治理）阶段

20 世纪 60 年代以前，发达国家的主要目标是发展（经济发展优先），对环境保护工作并不重视。这一时期发生的八大公害事件（见表 1-1）使发达国家付出惨痛代价。而后，发达国家由于实行高速增长战略，能源消耗量剧增，公害问题开始引起人们的重视。例如，1962 年美国海洋生物学家蕾切尔·卡逊出版的《寂静的春天》（Silent Spring）一书，用大量事实描述了有机氯农药 DDT 对人类和生物界所造成的影响，推动了世人环保意识的觉醒，这也是近代环境科学开始产生并发展的标志（详见本书"回顾经典"一章）。

在 20 世纪 50~60 年代，发达国家开始制定各种法律法规来规范企业的排污行为，要求企业在追求经济利益的同时，也要进行环境污染治理。例如，1969 年，日本东京在实施《烟尘限制法》《公害对策基本法》等国家环境立法的基础上，颁布了《东京都公害控制条例》，严格执行有关控制规定，使二氧化硫等污染物排放从浓度控制转向排放总量控制。这一时期是环境科学开始孕育并出现的阶段，环保工作主要针对工业污染而采用"末端治理"的被动方式，实际环保收效甚微。

### 1.2.1.2　环境与经济并重（综合治理）阶段

进入 20 世纪 70 年代后，随着环境科学研究的不断深入，人们的观念出现了从公害防止到环境保护的观念转变，从而进入了环境保护时代。许多国家把环境保护写进了宪法并定为基本国策。同时，污染治理技术也日趋成熟。环境污染的治理也从"末端治理"向"全过程控制"和"综合治理"的方向发展，从而走向了环境与经济并重阶段。例如，日本在第二次世界大战后随着工业的发展环境污染日趋严重，仅寄希望于"在不妨碍经济发展的情况下保护环境"并没有摆脱公害事件频发的厄运，世界八大公害事件中日本就占四件。从 1970 年开始，日本确立了环境优先原则，实行了世界上最严格的环境法律和标准，经过几十年努力，基本解决了工业污染问题。

1972 年 6 月 5 日至 16 日，联合国在瑞典斯德哥尔摩召开了首次研讨保护人类环境的会议：联合国人类环境会议（United Nations Conference on the Human Environment），共有包括中国在内的 113 个国家和一些国际机构的 1300 多名代表参加了会议，成为人类环境保护工作的一个历史转折点，是世界环保史上的第一个里程碑。这次会议加深了人们对环境问题的认识，扩大了环境问题的范围，同时把环境与人口、资源及发展联系在一起，实现从整体上解决环境问题。这次会议对推动世界各国保护和改善人类环境发挥了重要作用，并产生了深远影响。1972 年 12 月 15 日，第 27 届联合国大会通过决议成立联合国环境规划署（United Nations Environment Programme，UNEP），负责协调全球的生态环境保护（该署于 1973 年 1 月正式成立），同时为纪念大会的召开，决定将每年的 6 月 5 日定为"世界环境日"。

联合国人类环境会议通过了《联合国人类环境宣言》（United Nations Declaration of the Human Environment），呼吁世界各国政府和人民共同努力来维护和改善人类环境，为子孙后代造福。英国经济学家芭芭拉·沃德和美国微生物学家勒内·杜博斯受会议秘书长的委托，撰写出版了《只有一个地球》（Only One Earth）一书，副标题是"对一个小小行星的关怀和维护"。作者不仅从整个地球的前途出发，而且也从社会、经济和政治等多个角度探讨了环境问题，论述了人类明智管理地球的紧迫性。

### 1.2.1.3 可持续发展战略阶段

进入 20 世纪 80 年代后，人们开始重新审视传统思维和价值观念，认识到人类不能以大自然主宰者自居而为所欲为，必须与大自然和谐相处，成为大自然的朋友。特别是第二次环境问题高潮对人类赖以生存的整个地球环境造成危害，人类生存与发展面临前所未有的挑战。在这样的背景下，1987 年挪威前首相布伦特兰夫人代表联合国世界环境与发展委员会（World Commission on Environment and Development，WCED）提出了《我们共同的未来》的报告，她在该报告中第一次提出了可持续发展思想，指出"我们需要一个新的发展途径，一个能持续人类进步的途径，我们寻求的不仅仅是几个地方，几年内的发展，而是在整个地球遥远未来的发展""人类有能力使发展持续下去，既保证当代人的需要，又不损害子孙后代的需要与发展"。

首次人类环境会议的 20 年后，1992 年 6 月 3 日至 14 日在巴西里约热内卢召开了第二次环境大会：联合国环境与发展大会（United Nations Conference on Environment and Development），183 个国家的代表团和联合国及其下属机构等 70 个国际组织的代表出席了会议，102 位国家元首或政府首脑亲自与会。我国也派出了由总理率团的代表团出席。这次会议是 1972 年联合国人类环境会议之后举行的讨论世界环境与发展问题的最高级别的一次国际会议，不仅筹备时间最长，而且规模也最大，堪称是人类环境与发展史上影响深远的一次盛会，是世界环保史上的第二个里程碑。

第二次环境大会通过了《里约环境与发展宣言》（Rio Declaration）和《21 世纪议程》（Agenda 21）两个纲领文件以及《关于森林问题的原则声明》（Statement of Principles on Forests），签署了《联合国气候变化框架公约》（United Nations Framework Convention on Climate Change，UNFCCC）和《生物多样性公约》（Convention on Biological Diversity）。《里约环境与发展宣言》就加强国际合作，实行可持续发展（sustainable development），解

决全球性环境与发展问题，提出了有关国际合作、公众参与、环境管理的实施等 27 项原则，是环境与发展领域开展国际合作的指导原则。《21 世纪议程》是在全球区域和各范围内实现持续发展的行动纲领，涉及国民经济和社会发展的各个领域。《关于森林问题的原则声明》提出了保护和合理利用森林资源的指导原则，维护了发展中国家的主权。《联合国气候变化框架公约》的核心是控制人为温室气体的排放，主要是指燃烧矿物燃料产生的二氧化碳。《生物多样性公约》旨在保护和合理利用生物资源。此外，由我国等发展中国家倡导的"共同但有区别的责任"原则，成为国际环境发展合作的基本原则。这些会议文件和公约对保护全球生态环境和生物资源，起到了重要作用，充分体现了当今人类社会可持续发展的新思想，反映了关于环境与发展领域合作的全球共识和最高级别的政治承诺。

第二次环境大会结束 10 年后，2002 年 8 月 26 日至 9 月 4 日在南非约翰内斯堡召开了可持续发展世界首脑会议（World Summit on Sustainable Development）。会议提出经济增长、社会进步和环境保护是可持续发展的三大支柱，经济增长和社会进步必须同环境保护、生态平衡相协调。又经过 10 年，2012 年 6 月 20 日至 22 日在巴西里约热内卢召开了联合国可持续发展大会（又称"里约+20"峰会）。会议发起可持续发展目标讨论进程，提出绿色经济是实现可持续发展的重要手段，正式通过了《我们憧憬的未来》（The Future We Want）这一成果文件，在重申"共同但有区别的责任"原则的同时，敦促发达国家履行针对发展中国家的援助承诺。

2015 年 9 月 25 日至 27 日，193 个联合国会员国在可持续发展峰会上正式通过了成果性文件——《改变我们的世界：2030 年可持续发展议程》（简称 2030 年可持续发展议程）。这一涵盖 17 项可持续发展目标（sustainable development goals，SDGs）和 169 项具体目标的纲领性文件旨在推动未来 15 年内实现三项宏伟的全球目标：消除极端贫困、战胜不平等和不公正以及保护环境、遏制气候变化。2030 年可持续发展议程的实施将动员世界各国将可持续发展目标切实贯穿于各自发展的全球与国家战略之中。值得注意的是，2030 年可持续发展议程中的环境目标已经成为与社会及经济目标同等重要的可持续发展支柱，环境因素在全球发展议程中的重要性与日俱增。

上述世界性有关环境与发展的大会是人类对环境问题的认识发生历史性转变的标志，世界环保史就是一部正确处理环境与经济的关系史。目前虽然国际社会为解决环境问题付出了很大努力，但全球环境问题少数有所缓解、总体仍在恶化。生物多样性锐减、气候变化、水资源危机、化学品污染、土地退化等问题并未得到有效解决。尽管发达国家和地区已经基本解决了传统工业化带来的环境污染问题，但大多数发展中国家由于人口增长、工业化和城镇化、承接发达国家的污染转移等因素，环境质量恶化趋势加剧，治理难度进一步加大。

### 1.2.2　中国环保

#### 1.2.2.1　起步阶段

我国在 20 世纪 60 年代前并无环境保护概念。1957 年后，随着工业污染和城市环境质量日趋恶化以及一些发达国家出现的反污染运动，人们开始对环保概念有了一些初步理解，但仅停留在消除公害、保证人体健康免受损害的水平。

从 20 世纪 70 年代初到党的十一届三中全会（1978 年 12 月）为我国环保的起步阶段。1972 年在周恩来总理的指示下，我国派出代表团参加了首次人类环境会议。会议后不久，1973 年 8 月国务院召开第一次全国环境保护会议，审议通过了第一个全国性环境保护文件《关于保护和改善环境的若干规定》，提出了"全面规划、合理布局，综合利用、化害为利，依靠群众、大家动手，保护环境、造福人民"的 32 字环保工作方针。这次会议标志着中国环保事业的开端，为中国的环保事业做出了重要贡献。

### 1.2.2.2 发展阶段

从党的十一届三中全会到 1992 年我国环境保护逐渐步入正轨，进入了环保发展阶段。1983 年第二次全国环境保护会议，把保护环境确立为基本国策。1984 年 5 月，国务院作出《关于环境保护工作的决定》，环境保护开始纳入国民经济和社会发展计划。1988 年设立国家环境保护局，成为国务院直属机构。地方政府也陆续成立环境保护机构。1989 年国务院召开第三次全国环境保护会议，提出要积极推行环境保护目标责任制、城市环境综合整治定量考核制、排放污染物许可证制、污染集中控制、限期治理、环境影响评价制度、"三同时"制度、排污收费制度 8 项具有中国特色的环境管理制度。同时，以 1979 年颁布试行、1989 年正式实施的《中华人民共和国环境保护法》为代表的环境法规体系初步建立，为开展环境治理奠定了法治基础（《中华人民共和国环境保护法》于 2014 年经过修订，自 2015 年 1 月 1 日起开始施行）。

### 1.2.2.3 深化阶段

1992 年里约环境大会两个月之后，党中央、国务院发布《中国关于环境与发展问题的十大对策》，把实施可持续发展确立为国家战略，中国环保进入了深化阶段。1994 年 3 月，我国政府率先制定实施《中国 21 世纪议程》。1996 年，国务院召开第四次全国环境保护会议，发布《关于环境保护若干问题的决定》，大力推进"一控双达标"（控制主要污染物排放总量、工业污染源达标和重点城市的环境质量按功能区达标）工作，全面开展"三河"（淮河、海河、辽河）、"三湖"（太湖、滇池、巢湖）水污染防治，"两控区"（酸雨污染控制区和二氧化硫污染控制区）大气污染防治，"一市"（北京市）、"一海"（渤海）（简称"33211"工程）的污染防治，启动了退耕还林、退耕还草、保护天然林等一系列生态保护重大工程。1998 年国家环境保护局升格为国家环境保护总局（正部级，国务院直属单位）。

### 1.2.2.4 升华阶段

从党的十六大（2002 年 11 月）开始，党中央、国务院提出树立和落实科学发展观，构建社会主义和谐社会，建设资源节约型、环境友好型社会（"两型社会"）、让江河湖泊休养生息，推进环境保护历史性转变，环境保护是重大民生问题，探索环境保护新路等新思想新举措，中国的环保进入了升华阶段。2002 年、2006 年和 2011 年国务院先后召开了第五次、第六次、第七次全国环保大会，作出一系列新的重大决策部署。把主要污染物减排作为经济社会发展的约束性指标，完善环境法制和经济政策，强化重点流域区域污染防治，提高环境执法监管能力，积极开展国际环境交流与合作。2008 年国家环境保护总局升格为环境保护部（正部级，国务院组成部门），负责对全国环保实施统一监管。

2007 年 10 月召开的党的十七大报告首次提出"生态文明"（ecological civilization）建

设的执政理念，2012 年 11 月召开的党的十八大决定将生态文明建设纳入中国特色社会主义事业总体布局中，将其融入经济建设、政治建设、文化建设、社会建设各方面和全过程（"五位一体"），努力建设美丽中国，实现中华民族永续发展，走向社会主义生态文明新时代。这是具有里程碑意义的科学论断和战略抉择，标志着我们党对中国特色社会主义规律认识的进一步深化，昭示着要从建设生态文明的战略高度来认识和解决我国环境问题。

建设生态文明，就是要以资源环境承载能力为基础，以自然规律为准则，以可持续发展、人与自然和谐为目标，建设生产发展、生活富裕、生态良好的文明社会。生态文明是人类文明发展到一定阶段的产物，是反映人与自然和谐程度的新型文明形态，体现了人类文明发展理念的重大进步。我国生态文明的理念引起了国际社会关注，在 2013 年 2 月召开的联合国环境规划署第 27 次理事会上，被正式写入决定案文。2015 年 4 月，中共中央、国务院印发的《中共中央国务院关于加快推进生态文明建设的意见》明确指出：生态文明建设是中国特色社会主义事业的重要内容，关系人民福祉，关乎民族未来，事关"两个一百年"奋斗目标和中华民族伟大复兴中国梦的实现。因此，在总体要求上要把生态文明建设放在突出的战略位置，融入经济建设、政治建设、文化建设、社会建设各方面和全过程。

从党的十八大到 2017 年 10 月党的十九大之间的五年中，我国生态文明建设成效显著，但生态环境保护仍然是任重道远。习近平同志所作的党的十九大报告中，首次提出建设富强、民主、文明、和谐、美丽的社会主义现代化强国的目标，将增强"绿水青山就是金山银山"的意识等内容写入党章。报告指出，人与自然是生命共同体，建设生态文明是中华民族永续发展的千年大计。报告提出要坚持人与自然和谐共生，要像对待生命一样对待生态环境，实行最严格的生态环境保护制度。既要创造更多物质财富和精神财富以满足人民日益增长的美好生活需要，也要提供更多优质生态产品以满足人民日益增长的优美生态环境的需要。报告还指出，中国将继续在全球生态文明建设中发挥重要参与者、贡献者、引领者的作用，把中国的生态文明建设提升为中国对世界的贡献。

2018 年 3 月 17 日，第十三届全国人民代表大会第一次会议审议批准了国务院机构改革方案，将原来的环境保护部的全部职责与其他六个部的相关职能整合在一起，组建了生态环境部，统一行使生态和城乡各类污染排放的行政监管职能。2018 年 4 月 16 日，新组建的生态环境部正式挂牌，标志着我国生态环境保护进入了一个新的历史时期。我国的环保事业尽管起步较晚，但发展很快，取得了一定的成绩。目前，清洁生产、循环经济和低碳经济等可持续发展模式正在逐步深入人心，我国的环保事业也由此迅猛、稳步地向前发展。

### 1.2.3 可持续发展

#### 1.2.3.1 增长与发展

传统狭义的发展指的是经济领域的活动，其目标是产值和利润的增长、物质财富的增加。在这种发展观（实际是增长观）的支配下，为了追求最大的经济效益，人们尚不认识也不承认环境本身具有价值，采取了以损害环境为代价来换取经济增长的发展模式（属于强人类中心主义的观念主张，见本书"环境伦理"一章），其结果是在全球范围内造成了严重的环境问题。随着认识的提高，人们注意到发展并非是纯经济的增长，发展应该是一个更加广泛的概念，不仅表现在经济的增长，国民生产总值的提高，人民生活水平的改善，还表现在文学、艺术、科学的昌盛，道德水平的提高，社会秩序的和谐，国民素质的提高等。简言之，既要经济繁荣，也要社会进步。发展除了生产数量上的增加，还包括社会状况的改善和政治行政体制的进步；不仅有量的增长，还有质的提高。

### 1.2.3.2 朴素的可持续发展思想

实际上，早在远古时期，中国就有了朴素的可持续发展思想。古代东方文明一种重要的思想就是保护好山林树木，为子孙后代造福。人要丰衣足食须靠劳作和勤俭持家，对于自然资源，要多加爱护，切不可无止境地索取。例如，《逸周书·大聚篇》中记有大禹所说的一段话："春三月，山林不登斧，以成草木之长。夏三月，川泽不入网罟，以成鱼鳖之长。"大意是说：春天三个月中，正是草木复苏、生长的季节，不准上山用斧砍伐。夏季三月，正是鱼鳖繁殖和生长的季节，不准用网罟在河湖中捕捞。春秋战国时期已有保护鸟兽鱼鳖以利"水续利用"的思想，以及封山育林定期开禁的法令。再如，儒家创始人孔丘在《论语·述而》中主张"钓而不纲，弋不射宿"，意思是只用一个钩而不用多钩的鱼竿钓鱼，只射飞鸟而不去射巢中之鸟。齐国国相管仲指责有的君主缺乏头脑，把山林砍光，造成水源干涸，百姓深受其害，认为"为人君而不能谨守其山林菹泽草莱（长水草的沼泽），不可以为天下王"。后来的荀况将管仲的思想发扬光大，把保护环境、保护资源作为治国安民之策。

现代西方可持续发展思想的最早研究可追溯到马尔萨斯和达尔文。马尔萨斯早在1789 年所著的《人口原理》是其关于人口与资源关系的核心观点代表作。书中指出："人口和其他物质一样，具有一种迅速繁殖的倾向，这种倾向受到自然环境的限制。"其主要论点为：人口增长速度高于自然资源的增长速度，或迟或早人口数量将超过自然资源所能承受的水平，由此引起饥饿和死亡。达尔文在 1859 年发表了著名的《物种起源》，他在书中所论述的生物与环境的关系与马尔萨斯的观点基本一致。

### 1.2.3.3 可持续发展的定义

可持续发展又称"永续发展"，可概括为"既满足现代人的需要，又不对后代人满足其需要的能力构成危害的发展"（布伦特兰夫人在《我们共同的未来》的报告中第一次提出）。从宏观层面看，可持续发展所追求的是促进人类之间的和谐以及人与自然之间的和谐，其内涵通常被概括为经济可持续发展、环境可持续发展和社会可持续发展。在这一可持续发展系统中，经济发展是基础，环境保护是条件，社会进步是目的。三者是一个相互影响的综合体，只有保持经济、环境、社会协调发展，才符合可持续发展的要求。这一可持续发展的理论概括强调了人类社会发展的均衡性，强调发展不仅是物质财富的增长，经济增长不等同于发展，经济和社会发展不能超越资源和环境承载能力，发展的本质和目的是提升人类生活水平，创造有利于人的全面发展的良好社会环境。这一可持续发展内涵是对传统发展方式深入反思基础上提出的新发展观。可持续发展理论的核心观点在于资源环境问题。如果没有资源环境问题的制约，也就无所谓经济、社会可持续发展问题。资源环境问题的凸显和演化引领着可持续发展理论的发展。可持续发展是对弱人类中心主义的一种肯定和进一步完善，详见本书"环境伦理"一章。

当前，国内外对可持续发展理念还存在其他许多不同的定义和理解，有着丰富的内涵，但归纳起来，可持续发展应包括以下三个基本原则：（1）持续性原则，即发展不能超越资源与环境承载力；（2）共同性原则，即实现可持续发展是全人类的任务，应该世界各国联合行动，共同完成；（3）公平性原则，即应该做到代际公平和代内公平，公平分配有限的资源，向所有人提供实现美好生活愿望的机会。

#### 1.2.3.4　可持续发展与绿色发展、循环发展和低碳发展

在可持续发展框架下，国际社会先后提出了循环经济、绿色经济、低碳经济等理念。党的十八大以来，在借鉴国内外相关理论的基础上，我国提出并逐步丰富和完善了"绿色发展（以环境友好的方式推动发展）、循环发展（对资源实行循环利用）、低碳发展（采用碳排放量尽可能低的经济模式）"三者并举的理念，这是直接针对环境污染、资源短缺及气候变化等三大全球环境问题和我国资源环境实际提出的重大战略思想，具有深刻内涵和深远的现实意义。

可持续发展、绿色发展、循环发展和低碳发展的核心目标都是为了协调人与自然的关系、促进经济社会与生态环境的良性互动发展，每个理念的侧重点不同，各有特点。可持续发展理念有助于从更长远、更宽广的角度去落实绿色发展、循环发展和低碳发展。相对于可持续发展，绿色发展、循环发展和低碳发展更为具体，针对性更强，已成为实现生态文明建设的重要途径和手段。这几个理念共同描绘了人与自然、人与人、人与社会和谐发展的蓝图，相互之间不可替代。

## 1.3　人口与环境

### 1.3.1　世界人口增长趋势

在农业得到发展之前，人类以狩猎和觅食为生，世界范围内人口增长缓慢。当人类进入农业社会以后，影响人口的主要因素是战争、饥荒、疾病。20世纪以后，医疗技术的进步使得世界人口增长速度大大加快。1960年世界人口达到30亿；1987年，世界人口达到50亿；1999年世界人口达到60亿；2011年10月31日凌晨，全球第70亿名成员之一的婴儿在菲律宾降生，世界人口超过70亿。世界人口增长趋势如图1-1所示。由图可见，

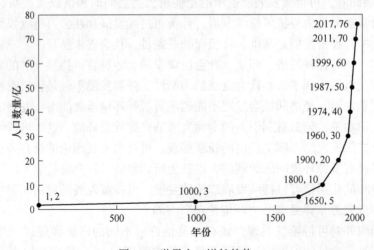

图1-1　世界人口增长趋势

从 1800 年到 1987 年，每增加 10 亿人所需的时间分别是 100 年、60 年、14 年及 13 年；而从 1987 年到 2011 年，每 12 年就会增加 10 亿人口（图中给出了典型数据点坐标，如"2017，76"表示 2017 年对应 76 亿人口）。

联合国在 2017 年 6 月 21 日发布的 2017 年修订版《世界人口展望》报告预测，2017 年全球有 76 亿人口，比 2005 年增加了 10 亿，比 1993 年增加了 20 亿。2030 年世界人口将从 2017 年的 76 亿上涨至 86 亿，到 2050 年达到 98 亿，2100 年将达到 112 亿。该报告指出，世界人口每年增长人数大约为 8300 万人（年均增长率为 1.1%），人口增长在不同地区存在着不均衡性，非洲地区的增长最为显著，预计从 2017 年到 2050 年间人口增长的一半将来自这一地区。而在今后几十年当中，欧洲的人口将会出现下降。全球人口增长的主要来源是少数几个国家。从 2017 年到 2050 年，预计世界人口增长的一半将会集中在 9 个国家：印度、尼日利亚、刚果民主共和国、巴基斯坦、埃塞俄比亚、坦桑尼亚、美国、乌干达和印度尼西亚。2017 年中国人口总数约为 14 亿，印度约为 13 亿，这两个国家仍然是世界上人口最多的国家，分别约占世界总人口的 19% 和 18%。然而在大约 7 年之后，即在 2024 年印度将首次超过中国，成为人口最多的国家。世界人口的 60% 生活在亚洲（45 亿），17% 生活在非洲（13 亿），10% 生活在欧洲（7.42 亿），9% 生活在拉丁美洲和加勒比地区（6.4 亿），其余 6% 生活在北美洲（3.61 亿）和大洋洲（4100 万）。2017 年世界人口排名前 10 位的国家如图 1-2 所示。

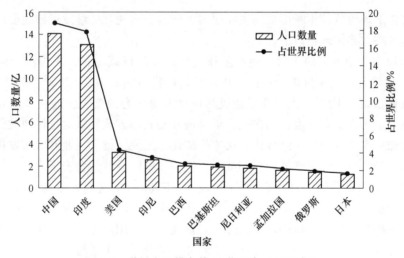

图 1-2　世界人口排名前 10 位国家（2017 年）

为纪念地球人口达到 50 亿这个特殊的日子（即 1987 年 7 月 11 日），1990 年联合国根据其开发计划署理事会第 36 届会议的建议，决定将每年 7 月 11 日定为"世界人口日"（World Population Day），以唤起人们对人口问题的关注。据此，1990 年 7 月 11 日成为第一个"世界人口日"。每年的世界人口日都有一个主题。例如，2017 年 7 月 11 日是第 28 个世界人口日，联合国人口基金将主题确定为"计划生育：增强人民能力，促进国家发展（Family Planning：Empowering People，Developing Nations）"，倡导通过畅通的服务及信息渠道，提供同伴和社区支持，为育龄群众提供高效可及的计划生育服务，并以此推动经济社会发展。2016 年末，我国流动人口达 2.45 亿人，是全面建成小康社会的一支生力军。做好流动人口卫生计生服务是推进农业转移人口市民化，推动我国经济社会发展的迫切需要。为此，国家卫生和计划生育委员会将 2017 年世界人口日中国宣传主题确定为"人口流动健康同行，计划生育倡导文明"，旨在倡导全社会关注流动人口健康问题，加强健康科普，弘扬婚育新风，推进流动人口基本公共卫生计生服务均等化和健康素养水平提升，自觉遵守计划生育法律法规，做到有计划、按政策生育，负责任养育。

世界人口形势复杂多样，有的国家拥有充足的儿童和年轻人，而有些国家拥有富足的劳动年龄人口，然而有些国家却面临日益老化的人口（人口老龄化）。这意味着不同国家处于人口转变道路上的不同发展阶段。有些国家正在经历某些国家曾经经历的过去，有些国家的现在却是另外一些国家的未来。近年来，在世界几乎所有地区，生育率（出生人数与相应人口中育龄妇女人数之间的比值，亦称育龄妇女生育率，近似于妇女生育的概率）均出现下降，即使在生育率最高的非洲，在 2010 年至 2015 年间，生育率也从 2000 年至 2005 年间的每名妇女生育 5.1 人下降到 4.7 人。但从全球来看，出生时的预期寿命从 2000 年至 2005 年间的男子 65 岁、女性 69 岁上升到 2010 年至 2015 年间的男性 69 岁、女性 73 岁。人均预期寿命不断延长，未来生育率和死亡率的转变将重塑未来的人口年龄分布。

面对全球人口发展的新趋势与新格局，全球需要正确理解未来人口变化及其对实现可持续发展所带来的机遇与挑战，重新审视人口发展与资源、环境的关系。

## 1.3.2　人口增长的环境负荷

人口增长是环境负荷不断增加的主要原因，是人类实现可持续发展的主要影响因素之一，其具体影响主要体现在以下几点：

（1）人口对土地资源的压力。随着全球人口总量的持续增长，人均耕地面积逐年下降，1975 年世界人均土地为 0.31hm²，2000 年人均耕地面积为 0.23hm²。到 2010 年，人均土地只有 0.2hm²。同时，人口膨胀造成对粮食需要压力的增大，迫使人们采用加大化肥、农药使用量等方式高强度使用耕地，不合理开发利用方式导致大量耕地被毁、耕地质量下降，再加上水土流失、土地沙化、次生盐渍化、土地污染、工业和城市发展蚕食耕地等种种原因，粮食可持续生产能力受到威胁，进一步威胁全球粮食安全。

（2）人口对水资源的压力。随着经济的发展和人民生活水平的提高，对水的需求也在急剧增加，加剧了供水不足和水资源浪费，使人类与水的矛盾十分紧张。同时，随着人民生活水平的提高，城市人口的增长，经济的发展，人均用水量、生活用水量和生产用水量大大增加，导致大范围的缺水。此外，工农业生产及居民生活排放污水量相应增加，越来越多的地表水被污染而不能够被利用，地下水由于被过度开采而日益枯竭，使得水资源问题更加严峻。

（3）人口对森林资源的影响。随着人口增长和经济建设的发展，耕地需求增加，大量森林被砍伐，诱发了乱砍滥伐，毁林开荒。同时，森林面积的减少导致了森林功能的衰退，破坏了野生动植物生存环境，减少了碳贮藏量，造成土壤侵蚀加剧、跨季蓄水以及降雨量调节作用减弱。

（4）人口对能源的影响。随着人口的增加以及生活、生产水平的提高，能源需求不断加大，导致环境问题更加突出。例如，对于煤、石油、天然气等化石燃料的消耗量不断增加，加剧了空气污染；同时，发展中国家以木材、农业秸秆等为燃料的需求量不断增大，由此带来森林破坏、耕地肥力减退等一系列生态环境后果。化石燃料消耗加大了 $CO_2$ 等温室气体的排放量，森林生态系统的破坏又降低了其碳汇的功能。

除上述之外，人口增长对环境的负荷还包括对其他资源（如矿产资源、草地资源、生物资源等）、气候环境、工业生产及人类生活环境等各方面的影响，这种影响在人口增长显著的发展中国家尤为突出。例如，随着人口激增，城市人口比例和城市人口密度加大，导致住房拥挤，交通堵塞，水、电、气供应紧缺，环境污染严重等一系列"城市病"。

### 1.3.3　人口容量与承载力

在一定的生态环境条件下，全球或者地区生态系统所能维持的最高人口数，称为环境人口容量（或简称人口容量），又称为人口最大抚养能力或最大负荷能力。人口容量应该以不破坏生态环境的平衡与稳定，保证资源的永续利用为前提，它并非生物学上的最高人口数，而是指在一定生活水平下所能供养的最高人口数，即它随所规定的生活水平的标准而异。如果把生活水平定在很低的标准上，甚至仅能维持生存水平，人口容量就接近生物学上的最高人口数；如果生活水平定在较高目标上，人口容量就可称为适宜人口容量。早在 1957 年，时任北京大学校长的马寅初先生就提出，中国最适宜的人口数量是 7 亿~8 亿，人口数量应该控制在人口容量之内，只有这样才能保证一定的生活水平和自然资源的永续利用。

当研究某种资源与供养人口的数量关系时，常采用环境承载力概念来表达，如土地人口承载力，就是在保持生态系统结构和功能不受破坏的前提下，土地为居民提供的食物所能健康供养的最大人口数。在对一个地区、一个国家，乃至整个地球的环境人口容量的实际估计中往往用某一种或几种资源环境承载力作为环境人口容量，如中国的环境人口容量为 $16×10^8$ 左右，就是根据据土地承载力做出的估计。

人类活动干扰是造成环境问题的主要原因。目前全球仍处于人口增加阶段，人口增长对土地、资源、能源等造成了巨大压力，产生的污染物对环境和生态系统造成了严重威胁。人口膨胀、资源危机和环境污染已成为当代世界的三大社会问题（也称为"生态危机"，详见本书"生态危机"一章），而首要问题就是人口膨胀，即人口困局。要解决人口发展带来的环境危机，必须考虑环境人口容量和承载力问题。

我国人口基数庞大，总量增长迅速。在 1949 年新中国成立之初的人口数为 4.5 亿，约占当时世界人口总数的 1/4。由于长期的社会稳定及传统的多生多育的社会经济基础，中国人口总量处于一种迅速增长的状况。2010 年人口普查大陆人口总数为 13.71 亿人，即新中国成立后 61 年的时间内中国大陆人口增加了 8.31 亿，是新中国成立初期的 2.54 倍。2016 年中国大陆总人口达到 13 亿 8271 万人，比 2015 年增加 809 万人。2016 年 5 月，习近平主席在中国计划生育协会第八次全国会员代表大会暨先进表彰会上作出重要指示指出，人口问题始终是我国面临的全局性、长期性、战略性问题。在未来相当长的时期内，我国人口众多的基本国情不会根本改变，人口对经济社会发展的压力不会根本改变，人口与资源环境的紧张关系不会根本改变，计划生育基本国策必须长期坚持。近年来，我国人口数量已超过了适宜人口容量且环境形势不容乐观，人口容量超负荷的状况将长期存在下去，这将对中国社会经济各方面产生极其深远的影响，我们必须在生产、生活和管理方式等方面做出变革来迎接人口困局的挑战，以实现可持续发展。

**知识专栏**

## 地球超载日与世界地球日

（1）地球超载日。地球超载日（Earth Overshoot Day），又被称为"地球生态超载日""生态越界日"或"生态负债日"，是指地球当天进入了本年度生态赤字状态，已用完了地球本年度可再生的自然资源总量。这个日期反映了全球生态足迹（即人类从地球获取的资源）和生态承载力（即地球生产资源和吸收人类制造垃圾的能力）之间的对比状况，生态足迹代表着"收入"，生态承载力代表着"支出"。

国际民间组织"全球足迹网络"（Global Footprint Network，GFN）是地球超载日的发起者，该组织的网址为：https：//www.footprintnetwork.org/。就像银行对账单可以追踪收入与支出一样，该组织利用其国际化的网络追踪人类对于地球自然资源的需求（即"收入"）和地球的生物承载力（即"支出"）。近40年来，地球自然资源一直偏离"收支平衡"，而且"超载日"逐年提前。根据"全球足迹网络"的测算，人类的第一个地球超载日是1987年12月19日。随后，地球超载日一年比一年来得早（如图1-3所示）。根据这20年的发展趋势，基本上每隔10年地球超载日就会提前一个月左右，按此发展趋势，人类超额透支地球的程度将日益加深。科学家预测，如果不改变现在的资源消耗方式，预计至2050年，人类将需要三个地球才能满足需求。

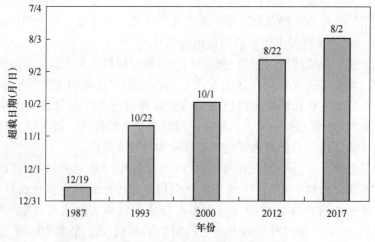

图1-3　地球超载日变化趋势

据推测，在20世纪60年代，人类的生态消耗量仅为地球生态承载力的75%，那时候大部分国家的生态承载力均是盈余状态。到了70年代，地球上可再生的自然资源就已经无法满足日渐增长的人口需要。随着城市化、工业化的发展，到了1973年，地球超载日就已经开始出现。如今，地球上大约有87%的人口生活在那些向自然资源索取远远大于当地生态系统承载能力的地区，人类大部分地区均是呈现生态赤字状态。

2017年的地球超载日于8月2日到来，即人类在不到8个月的时间里就已经用掉了该年全年的自然资源预计总量，这意味着人类向大气层排放的二氧化碳已经超过了森林和海洋的吸收能力，捕鱼和树木砍伐的强度也使大自然无法及时恢复，地球生态问题正变得越来越严重，人类现在靠预支后代的资源活着。

地球超载日的计算是否准确可能还有待进一步商榷，但有个事实是无可争辩的，即人类在过度消耗地球上的自然资源，这种长期的过度消费导致了空气和海洋的污染日趋严重、森林减少、土地退化，各种极端气候频发以及生物多样性不断减少等生态灾难。地球超载日的设立意义在于，它为人类的生存和发展提供了一个警示，其目的就是要让每个地球公民认识到地球只有一个，在地球生态系统开始退化并可能崩溃之前，生态超载只能维持有限的时间，采取行动保护我们唯一的地球迫在眉睫。

面对地球的生态超载，人类应该做些什么？这是全人类必须共同面对的问题。GFN向全球呼吁，地球上的每一个人均应该对地球生态超载负责，每个人需要做些力所能及的"还债"贡献，以延缓地球超载日的到来。例如，时不时吃一顿素食，因为生产一吨牛肉所需的土地面积是生产同等重量谷物的14倍；节约用电，电力供应产生的碳排放占全球碳排量的38%；节约用纸，仅美国每年消耗的纸张就相当于砍掉10亿棵树；上班别开车，地球上30%的二氧化碳排放量来自交通。

（2）世界地球日。1969年，美国民主党参议员盖洛德·尼尔森（Gaylord Nelson）提议，在全国各大学校园内举办环保问题讲演会。当时，25岁的哈佛大学法学院学生丹尼斯·海斯（Denis Hayes）很快就将尼尔森的提议变成了一个全美各地展开大规模社区性活动的具体构想，并得到很多青年学生的普遍支持。在二者的倡议和组织下，1970年4月22日，美国首次举行了声势浩大的"地球日"（Earth Day）活动，呼吁创造一个清洁、简单、和平的生活环境。作为人类现代环保运动的开端，"地球日"活动推动了多个国家环境法规的建立，并在一定程度上促成了1972年联合国第一次人类环境会议在斯德哥尔摩的召开，有力地推动了世界环境保护事业的发展。1990年4月22日，全世界140多个国家、2亿多人同时在各地举行多种多样的环境保护宣传活动，这项活动得到了联合国的首肯。

2009年，第63届联合国大会决议将每年的4月22日定为"世界地球日"（World Earth Day），旨在唤起全人类爱护地球、保护家园的意识，促进资源开发与保护家园的意识，促进资源开发与环境保护的协调发展，进而改善地球的整体环境。从此，"地球日"具有了国际性，成为"世界地球日"。在20世纪90年代，"地球日"的发起人创立了地球日网络组织，将全世界环保主义者联合起来，推动"地球日"活动的开展。目前，"地球日"的官方宣传网站名为Earth Day Network，即地球日网络，其网址为：https://www.earthday.org/。

自20世纪90年代起，中国在每年的4月22日都举办"世界地球日"活动，并根据当年的情况确定活动主题，在全国进行大规模的宣传，以唤起人们的环保意识。

## 思 考 题

1-1 什么是环境，什么是环境问题，环境问题的本质是什么？

1-2 第一次及第二次环境问题高潮中典型问题有哪些？分别写出其特点或危害。

1-3 简述环境科学产生的背景并分析该学科的特点。

1-4 环境意识包括哪些具体内容?

1-5 简述环境教育的目的并提出你的理解。

1-6 简述世界环境日的来历, 查阅并分析近年世界环境日的主题及其意义, 简述世界环保史上的里程碑事件。

1-7 可持续发展思想是在什么背景下第一次被正式提出的, 其与传统发展思想有何差别? 简谈你对可持续发展的认识。

1-8 简述世界及中国的环保历程, 分析人类选择可持续发展之路的缘由。

1-9 简述世界人口日的来历, 查阅并分析近年世界人口日的主题及其意义。

1-10 人口增长对环境负荷体现在哪些方面? 简述人口与环境、发展之间的关系。

1-11 世界人口增长有何特点? 大体可分为哪些阶段? 简述各阶段中人口增长对环境负荷的影响。

1-12 简述我国人口发展特点及演变趋势。

1-13 中国当代经济学家、教育学家、人口学家马寅初曾发表著名的《新人口论》, 试查阅其主要人口控制思想, 联系我国当前人口状况阐述其意义。

1-14 何谓环境人口容量及承载力? 试查阅相关资料分析世界及中国的人口容量。

1-15 根据我国人口现状, 试讨论我们如何在生产、生活和管理方式等方面做出变革来迎接人口困局的挑战。

# 2 大气污染

**本章要点**

（1）大气圈具有典型的组成及层次结构，人类活动排放的污染物主要聚集在大气对流层中。我国当前的大气环境总体形势十分严峻，煤的燃烧是我国煤烟型大气污染物的主要来源。

（2）空气质量新标准的发布和实施是中国环保史上的一座里程碑，其所规定的空气质量指数（AQI）可有效判断空气质量等级。

（3）典型大气污染有雾霾（主要污染物有 $PM_{2.5}$ 等）、光化学烟雾、室内空气污染等，认清其来源、危害，掌握其控制方法极为重要。

大气是指围绕在地球周围的混合气体，通常称为大气圈或大气环境，是自然环境的组成要素之一，是一切生物赖以生存的物质基础。一个成年人每天呼吸两万余次，吸入的空气约为 $10 \sim 15m^3$，每小时排出约 22.6L 的 $CO_2$。人几天不吃饭、不喝水尚可维持生存，然而生命的新陈代谢却一刻也离不开洁净的空气。此外，空气还是燃烧的必备条件，对人类的生产生活至关重要。大气层还能反射宇宙电磁波和太阳紫外短波辐射来保护人类和生物，对地球的温度调控起着决定性作用。

"大气"和"空气"这两个词的含义没有太大区别，国内一般将空气污染和大气污染视为同义词。一般来说，当对一个地区或全球性的气流进行研究时，常用"大气"一词，大气污染（atmospheric pollution）是指整个大气圈（平流层和对流层内）的污染，如温室气体、臭氧层破坏等；而对居室、车间等较小的环境中供人类和生物生存的气体进行考察时，常用"空气"一词，空气污染（air pollution）是指地表边界层内（对流层内）的污染，如 TSP、$SO_2$、$NO_x$ 等。此外，天文学中将天体（行星、恒星）周围的气体层称为"大气"，而"空气"仅限于含有大量氧的地球大气层。

本章首先介绍大气组成及其结构、大气污染源和污染物的概念及其形式。其次，在简单概括了我国大气环境现状及治理措施之后，介绍了环境空气质量标准的发展历程，分析了空气质量新标准的内容、特点以及有助于公众了解与自己生活息息相关的空气质量指数AQI。最后，从形成原因、危害及治理对策等方面重点介绍了雾霾、光化学烟雾和室内空气污染等几种典型大气污染现象。

## 2.1 大气污染概述

### 2.1.1 大气组成及结构

地表附近的大气（空气）组成如表2-1所示，可见，大气主要成分为氮、氧、氩三种气体，它们约占大气总量的 99.96%。此外，还有微量的氦、氖、氪、氙、氡等惰性气体，这些组分的组成比例在地球上任何地方距地表 85~90km 的大气均质层内几乎不变，称为恒定组分。3 种恒定组分（氮、氧、氩）之外的其他气体成分中二氧化碳最多。二氧化碳浓度在工业革命前为 $280×10^{-6}$，2013 年则达到了 $396×10^{-6}$，在 2008~2012 年的 5 年间每年以 $2.1×10^{-6}$ 的速度增长。二氧化碳浓度的加速增长是造成全球暖化的主要原因（详见"全球暖化"一章）。二氧化碳及水蒸气（根据湿度不同，其浓度在 0~4% 范围内变动）称为可变组分。

表 2-1　地表附近大气组成

| 组分 | 符号 | 体积分数/% | 体积分数/$×10^{-6}$ |
|------|------|-----------|----------------------|
| 氮 | $N_2$ | 78.09 | |
| 氧 | $O_2$ | 20.94 | |
| 氩 | Ar | 0.93 | |
| 二氧化碳 | $CO_2$ | 0.037 | |
| 氖 | Ne | | 18 |
| 氦 | He | | 5.2 |
| 氪 | Kr | | 1.0 |
| 氙 | Xe | | 0.08 |
| 甲烷 | $CH_4$ | | 1.8 |
| 一氧化二氮 | $N_2O$ | | 0.3 |
| 水蒸气 | $H_2O$ | 0~4 | |
| 臭氧 | $O_3$ | | 0~0.07（地表）<br>0.1~10（臭氧层） |

由于自然界突发灾害（如火山爆发、森林火灾、地震等）或人类活动所产生的二氧化硫、氮氧化物、甲烷、硫化氢、粉尘等进入大气后构成了大气的不定组分，这些不定组分大多对人类有害，将在后续章节予以论述。

干燥清洁的空气平均相对分子质量为 28.97，其主要成分为氮气、氧气、氩气和二氧化碳，这四种气体占全部干燥清洁空气的体积分数为 99.996%。

在地球引力的作用下，大气包裹着地球形成了大气圈（atmosphere）。在大气圈中空气的密度分布是不均匀的，在靠近海平面的高度空气很稠密，随着高度的增加，空气逐渐稀薄，气压减小，因此大气圈没有一个确切的外部边界。通常人们把距地面 1000~1400km 厚度的大气层叫做大气圈（1400km 以外称为宇宙空间）。对于地表干洁空气而言，其在标准状态（0℃，101325Pa）下的密度值约为 1.3g/L，是水密度值的 0.13% 倍。虽然在日常生活中人们很少意识到空气的重量，但在称量体积较大、重量较轻的物体时，要考虑空气浮力的影响（空气的重量不可忽略）。

大气圈是有层次的。根据大气的温度、成分以及其他物理性质在垂直方向上的变化，大气圈可以分为对流层、平流层、中间层、热层和散逸层五个层次，如图 2-1 所示（散逸层在 800km 以上，图中未予以显示）。

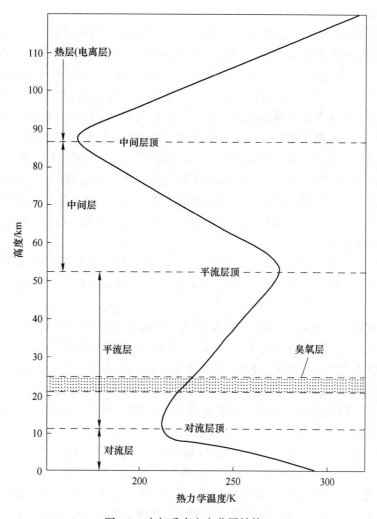

图 2-1　大气垂直方向分层结构

（1）对流层。对流层是大气的最低层，其下界与地面相接，上界则随纬度和季节而异。根据观测，对流层的厚度在低纬度地区平均为 17～18km，中纬度地区平均为 10～12km，高纬度地区平均为 8～9km，夏季的厚度大于冬季。对流层集中了大约整个大气圈75%的质量和几乎全部的水汽。对流层是受地表影响最剧烈、天气变化最复杂的层次，具有如下三个主要特征：

1）气温随海拔高度的增加而降低。对流层直接从太阳光得到的热量很少，主要靠吸收地面的长波辐射得到热能，因此，大气的温度是向上递减的，每上升单位高度具体降温情况因地区、季节、高度而异，平均每上升 1km 温度下降 6.5℃。

2）空气具有强烈的对流运动。吸收地面长波辐射热能的对流层下部大气密度较低，受浮力作用上升，而上部大气则相应下降，形成垂直对流运动。这种运动使高层和低层空气得以交换，使得近地面的热量、水汽和杂质污染物易于向上输送。

3）天气现象复杂多变。对流层受地球表面的影响最大，温度和湿度的水平分布很不均匀，从而使空气发生大规模的水平对流运动，形成复杂的天气现象，如雨、雪、寒潮、台风、雷暴等。

由对流层的特性可知，人类活动排放的污染物主要聚集在对流层中，大气污染及各种复杂天气现象主要发生在此层中。因此，对流层的状况对人类的生活影响最大，与人类关系最密切，是我们研究的主要对象。在对流层中从地表到 2km 的范围内称为大气边界层，由于受到地形、森林、建筑物等的影响，大气边界层内的气体流动受到一定阻碍，具有独自的流动机制，光化学烟雾等局部地区的污染主要发生在该层中。在大气边界层之上的对流层中的污染物迁移范围较广，广域性酸雨等污染的发生与其密切相关。

（2）平流层。从对流层顶到离地约 55km 高度的一层称为平流层，在平流层下部（距对流层顶部约 34km 处）气温几乎不随高度而变化，故又称为同温层。30km 以上的气温随高度升高而上升，形成逆温层。平流层没有强烈的对流运动，空气垂直混合微弱，气流平稳。平流层中水汽、尘埃都很少，很少有云出现，大气透明度良好。该层内气流以水平运动为主，平流层由此得名。

在平流层中距地面 22~25km 附近臭氧浓度最大，称为臭氧层。臭氧层能吸收绝大部分的紫外线辐射，使平流层加热并阻挡过量紫外线辐射到达地面，对地面生物具有保护作用。

（3）中间层。距地面 55~85km 高度的这一层称为中间层。在这一层中，气温随高度增加迅速下降，大约高度每上升 100m 气温降低 1℃，上部气温可降至-83℃。由于温度下高上低，该层空气有强烈对流运动，垂直混合明显，故又称为"上对流层"或"高空对流层"。中间层在大约 80km 高度上，大气分子在白天开始电离，形成白天出现的电离层。

（4）热层。距地面 85~800km 左右高度的一层称为热层。热层的气温随高度增高而迅速增高，根据卫星探测，在 300km 高度上，气温可达 1000℃ 以上。该层空气在强烈的太阳紫外线和宇宙射线作用下，处于高度电离状态，具有反射无线电波的能力，故有电离层之称。

（5）散逸层。热层以上（高度 800km 以上）的大气层，统称为散逸层。该层气温极高，空气稀薄，大气粒子运动速度很大，常可以摆脱地球引力而逸散到太空中去。

电离层和散逸层也称为非均质层，在此以外就是宇宙空间。

### 2.1.2  污染源及污染物

大气污染通常指大气中污染物质的浓度达到了有害程度，以致破坏生态系统和人类正常生存和发展条件，对人和物造成危害的现象。随着人类社会经济活动和生产的迅速发展，化石燃料在燃烧过程中向大气排放了大量烟尘、硫、氮等污染物质，不仅对人口稠密的城市和工业区域的大气环境质量造成危害，还引发了温室效应、臭氧空洞、酸雨等全球性环境问题（详见"越境污染"及"全球暖化"两章）。本书主要讨论人为因素造成的大气污染。

向大气排放污染物质的场所、设备和装置等称为大气污染源，如排放 $SO_2$ 的火力发电厂就是一个大气污染源。大气污染源分类如表 2-2 所示。我国的资源特点和经济发展水平决定了以煤为主的能源结构特点，因此煤的燃烧成为我国大气污染物的主要来源，是我国煤烟型大气污染形成的主要原因。燃料燃烧、工业生产、交通运输在我国大气污染物的所占比例分别约为 70%、20%、10%。此外，近年来我国汽车使用量急剧增加，石化工业发展迅速，在大城市和部分工业区石油型污染比重不断加大。污染源排放污染物的数量、组成、排放方式、排放源的密集程度及位置等是造成污染的基础，它决定了进入大气的污染物的量和所涉及的范围，而气象条件和地理因素则是决定污染严重程度的重要条件。

**表 2-2 大气污染源分类**

| 分类标准 | 污染源名称 | 举 例 说 明 |
|---|---|---|
| 存在形式 | 固定源 | 排放污染物的装置、处所位置固定，主要是一些工厂企业在生产中排放大量污染物而形成的污染源，如火力发电厂、钢铁厂、水泥厂等 |
| | 移动源 | 排放污染物的装置、处所位置是移动的，主要是交通工具行驶时向大气中排放污染物而形成的污染源，如汽车、火车、飞机、轮船等 |
| 排放形式 | 点源 | 集中在一点或可当做一点的小范围内排放污染物，如烟囱、排气筒等 |
| | 线源 | 沿一条线排放污染物，如一条公路上行驶的汽车 |
| | 面源 | 在一个较大范围内较密集的排污点源连成一片，则可把整个区域看作是一个面状污染源，如一个工业区分布有许多烟囱共同构成了面源 |
| 排放空间 | 高架源 | 在距地面一定高度上排放污染物的污染源，如高烟囱 |
| | 地面源 | 在地面上排放污染物的污染源，如家庭炉灶 |
| 排放时间 | 连续源 | 连续排放污染物，如火力发电厂、钢铁厂的排烟 |
| | 间断源 | 间断排放污染物，如取暖锅炉的排烟 |
| | 瞬时源 | 无规律地短时间排放污染物，如事故排放 |
| 发生类型 | 工业源 | 如火力发电厂、钢铁厂、化工厂、石油炼制厂等 |
| | 生活源 | 如烧饭、取暖用的煤炭、天然气、石油液化气、煤气炉及各种燃油燃煤炉灶等 |
| | 农业源 | 如农业秸秆燃烧、畜禽养殖、稻田释放的甲烷等 |
| | 交通源 | 各种机动车辆、飞机、轮船等 |

大气污染物（atmospheric pollutant）是指由于人类活动或自然过程排入大气的并对人和环境造成有害影响的物质。根据污染物与污染源的关系可将其分为一次污染物（直接从污染源排放的污染物质，如二氧化硫、一氧化氮、一氧化碳、颗粒物等）和二次污染物（经化学反应或光化学反应生成的新的大气污染物），主要气态污染物和由其生成的二次污染物的种类见表 2-3。

**表 2-3 气态污染物的一次污染物和二次污染物种类**

| 污染物 | 一次污染物 | 二次污染物 | 污染物 | 一次污染物 | 二次污染物 |
|---|---|---|---|---|---|
| 含硫化合物 | $SO_2$、$H_2S$ | $SO_3$、$H_2SO_4$、$MSO_4$ | 碳氢化合物 | $C_mH_n$ | 醛、酮、过氧乙酰基硝酸酯 |
| 碳的化合物 | $CO$、$CO_2$ | $CO_2$ | 卤素化合物 | $HF$、$HCl$ | 盐酸雾 |
| 含氮化合物 | $NO$、$NH_3$ | $NO_2$、$HNO_3$、$MNO_3$、$O_3$ | | | |

根据污染物存在的形态可将其分为气溶胶态污染物（颗粒污染物）和气态污染物两大类。由于颗粒物的形状通常是不规则的，所以通常用相当于某个直径的圆球颗粒（空气动力学当量直径，简称粒径）来描述空气中特定动力学性质的粒子，以便于在科学研

究及日常中的使用。主要污染物简介如下：

（1）气溶胶态污染物。气溶胶是指沉降速度可以忽略的固体或液体颗粒在气体介质中的悬浮体。气溶胶态污染物的粒径尺寸通常小于 $500\mu m$，大于 $100\mu m$ 的颗粒易于沉降，对大气造成的危害较小，粒径小于 $100\mu m$ 的所有固体颗粒称为总悬浮颗粒（total suspended particulate，TSP），它是衡量大气中颗粒物污染的重要指标。从大气污染控制的角度，可将气溶胶态污染物分为以下几种形式。

1）粉尘（粒径 $>10\mu m$）。粉尘是在固体物料的输送、粉碎、分级、研磨、装卸等过程中产生的固体颗粒物，或由于岩石、土壤的风化等自然过程中产生的悬浮于大气中的固体颗粒物。因能靠重力作用在短时间内沉降到地面，粉尘又称降尘。而粒径 $>75\mu m$ 的粉尘可在空气或烟道中进行传输，故又称为粗尘。

2）飘尘（粒径 $\leqslant 10\mu m$）。粒径小于 $10\mu m$ 的粒子（particulate matter less than $10\mu m$，$PM_{10}$）能长期飘浮在大气中，称为飘尘，也称为可吸入颗粒物（几乎不能被鼻腔和咽喉所捕集）。其中，粒径小于 $2.5\mu m$ 的粒子称为细颗粒物（fine particulate matter less than $2.5\mu m$，$PM_{2.5}$），它是可直接进入人体支气管的可吸入颗粒（称为"可入肺颗粒"），也是雾霾的主要成分。

颗粒污染物的粒径越小越容易被吸入呼吸道深部，危害极大。$PM_{10}$ 和 $PM_{2.5}$ 的比表面积较大，通常富集各种重金属元素（如 Pb、Hg、As、Cd、Cr 等）和多环芳烃、挥发性有机物（volatile organic compounds，VOCs）等有机污染物，这些多为致癌物质和基因毒性诱变物质。国内外研究表明，$PM_{10}$ 颗粒对人类健康有明显的直接毒害作用，可引起人体呼吸系统、心脏及血液系统、免疫系统和内分泌系统等广泛的损伤；$PM_{2.5}$ 颗粒能进入人体肺泡甚至血液系统，直接导致心血管疾病和改变肺功能及结构，改变免疫结构，增加重病及慢性病患者的死亡率。

3）烟尘（粒径 $<1\mu m$）。烟尘是指固体升华、液体蒸发、化学反应等过程中生成的蒸气在空气或气体中凝结成浮游粒子的气溶胶，也包括固体或液体在燃烧时所产生的细小粒子在大气中漂浮出现的气溶胶（黑烟）。

4）雾尘。雾尘是小液体粒子悬浮于空气中的悬浮体的总称。这种小液体粒子一般是在蒸气的凝结、液体的喷雾、雾化以及化学反应过程中形成的，粒子粒径小于 $100\mu m$。水雾、酸雾、碱雾、油雾等都属于雾尘。

（2）气态污染物。

1）硫氧化物。硫氧化物（$SO_x$）主要是指 $SO_2$ 和 $SO_3$。$SO_2$ 是无色有刺激性气味的气体，是大气中分布较广、影响较大的重要污染物之一。$SO_2$ 在潮湿空气中极易被催化氧化或光化学氧化形成 $SO_3$ 并进一步生成硫酸或硫酸盐，后者可形成硫酸烟雾和酸性降水（酸雨），造成较大的危害。大气中的 $H_2S$ 是不稳定的硫氢化物，在有颗粒物存在情况下，可迅速被氧化成三氧化硫。大气中大部分的硫氧化物是人为因素造成的，如煤炭和石油等化石燃料的燃烧、金属冶炼厂及硫酸厂的废气排放等。

2）氮氧化物。氮的氧化物种类很多，包括 NO、$NO_2$、$N_2O$、$N_2O_3$、$N_2O_4$、$N_2O_5$ 等。其中 $N_2O$ 来源于含氮物质在微生物作用下的分解，是清洁大气中的正常组分。造成大气污染的氮氧化物（$NO_x$）一般指 NO 和 $NO_2$。大气中的 $NO_x$ 几乎一半以上是人为污染源产生的。人类活动排放的 $NO_x$ 大部分来自化石燃料的燃烧，如煤炭燃烧和汽车尾气排放；也来自生产与使用硝酸的过程，如氮肥厂、有机中间体厂、钢铁及有色金属冶炼厂等。

在高温条件下，氮氧化物主要以一氧化氮的形式存在，最初排放的氮氧化物中一氧化氮占95%以上，一氧化氮本身并没有高的毒性，但在空气中氧化为二氧化氮后可进一步生成硝酸而沉降，是酸雨的重要来源。另外，一氧化氮和二氧化氮也是形成光化学烟雾的重要成分。

3）碳氧化物。碳的氧化物（$CO_x$）包括 CO 和 $CO_2$，其中 $CO_2$ 是大气的正常组分，CO 则是排放量极大的大气污染物。人为 CO 主要来源于含碳燃料的不完全燃烧，主要排放源有汽车尾气、工业锅炉、家庭炉灶、煤气加工业等，其中城市汽车尾气排放的 CO 往往占总排放量的80%以上。向大气释放 CO 的天然源有甲烷的转化，海水中 CO 的释放，植物释放出的萜烯类物质的氧化及植物叶绿素的光分解等。

$CO_2$ 是一种无毒气体，对人体无显著的危害作用。大气中的 $CO_2$ 是植物生长所必需的，它主要来源于呼吸作用和燃料的燃烧。近几十年来由于化石燃料的大规模使用，造成大气中 $CO_2$ 含量急剧增加导致温室效应，使全球平均气温升高，造成严重的全球生态问题并引起广泛关注（详见"全球暖化"一章）。

4）碳氢化合物。大气中的碳氢化合物（$C_xH_y$）通常是 $C_1 \sim C_8$ 可挥发的所有碳氢化合物，又称烃类。其中甲烷（$CH_4$）占大气中碳氢化合物的80%~85%。通常将大气中的碳氢化合物区分为甲烷烃和非甲烷烃，前者在大多数光化学反应中是惰性的，而后者却是光化学反应的重要组分。

甲烷烃主要来源于厌氧细菌的发酵过程，如沼泽、泥塘、湿冻土带及水稻田底部等有机物质的分解，其中以水稻田的排放量最大。反刍动物、蚂蚁等的呼吸过程也可产生甲烷，原油及天然气的泄漏也会向大气排放甲烷。甲烷是一种重要的温室气体，其温室效应要比二氧化碳大20倍左右。近100年来大气中甲烷浓度上升了1倍多，其增长速度十分惊人。

非甲烷烃主要来源于石油的不完全燃烧和石油类物质的蒸发。车辆是主要的排放源，其不完全燃烧排气、化油器和油箱蒸发都排出烃类化合物。另外，石化、油漆、干洗等行业都会把碳氢化合物散入大气。天然非甲烷烃的来源主要是植物排放的萜烯类。

化石燃料缺氧燃烧时会产生多种致癌的碳氢化合物，油炸食品的烟及香烟冒出的烟中含有强致癌的3，4-苯并芘。城市空气中的碳氢化合物是形成光化学烟雾的主要成分，因此日益引起人们的关注。

5）卤素化合物。在卤素化合物中氟（F）与氟化氢（HF）、氯（Cl）与氯化氢（HCl）等是主要污染大气的物质，它们都有较强的刺激性、很大的毒性和腐蚀性。卤素化合物一般是在工业生产中排放出来的。如氯碱厂液氯生产排出的废气中，就含有20%~50%的氯气，又如提取金属钛时排出的废气中也含有12%~35%的氯气。氯在潮湿的大气中容易形成溶胶状盐的雾粒子，这种酸雾有较强的腐蚀性。冶金工业中电解铝和炼钢，化学工业中生产磷肥和含氟塑料时都要排放出大量的氟化氢和四氟化硅以及其他氟化物。氟化氢和四氟化硅都是毒性很大的化合物，人类在工业生产和生活中大量使用的氟氯烃，是使臭氧层遭受破坏的重要因素。

### 2.1.3 我国大气环境现状

近年来，我国大气环境总体形势十分严峻，呈现出环境恶化、环境污染事件频发、各地 PM$_{2.5}$ 数值暴涨的特征，大气污染已由过去简单的煤烟型污染逐渐转变为由机动车尾气、燃煤排放、工业排放、农业面源氨排放等多种原因造成的复合型光化学污染，发达国家在近百年的工业化过程中出现的环境污染问题，在我国近二、三十年的发展过程中集中出现。造成大气污染的原因是多方面的，这与我国仍处于快速工业化中后期、经济发展方式粗放、产业结构和能源结构不尽合理以及极端不利气象条件等有关，是人为活动和自然因素综合作用的结果，但最根本的原因还是燃煤燃烧、机动车排气、工业生产、建筑扬尘等过程中污染物排放量远超过环境承载能力。

为应对我国日益严峻的大气污染形势、切实改善空气质量，国务院于 2013 年发布了《大气污染防治行动计划》（简称《大气十条》），确定了大气污染防治十条措施：（1）减少污染物排放；（2）严控高耗能、高污染行业新增产能；（3）大力推行清洁生产；（4）加快调整能源结构；（5）强化节能环保指标约束；（6）推行激励与约束并举的节能减排新机制，加大排污费征收力度，加大对大气污染防治的信贷支持；（7）用法律、标准"倒逼"产业转型升级；（8）建立区域协作机制，统筹区域环境治理；（9）建立监测预警应急体系，将重污染天气纳入地方政府突发事件应急管理；（10）树立全社会"同呼吸、共奋斗"的行为准则，明确各方责任，动员全民参与，共同改善空气质量。

《大气十条》确定了具体的奋斗目标，即到 2017 年，全国地级及以上城市可吸入颗粒物浓度比 2012 年下降 10% 以上，优良天数逐年提高；京津冀、长三角、珠三角等区域细颗粒物浓度分别下降 25%、20%、15% 左右，其中北京市细颗粒物年均浓度控制在 60μg/m$^3$ 左右。《大气十条》实施以来，全国城市空气质量总体有所改善，PM$_{2.5}$、PM$_{10}$、二氧化氮、二氧化硫和一氧化碳年均浓度和超标率均逐年下降，大多数城市重污染天数减少。

## 2.2　环境空气质量标准

### 2.2.1　环境空气质量标准的发展历程

我国环境空气质量标准首次发布于 1982 年（当时称为《大气环境质量标准》（GB 3095—1982）），在 1996 年和 2000 年分别经历两次修订。随着经济社会的快速发展以及机动车保有量的迅速增加，环境污染特征不断发生变化，在可吸入颗粒物（PM$_{10}$）和总悬浮颗粒物（TSP）污染还未全面解决的情况下，可入肺细颗粒物 PM$_{2.5}$（也称为细颗粒物）和臭氧污染加剧，导致雾霾、灰霾现象频发，严重影响了人们的生存环境。为了适应环境保护的新要求，我国于 2012 年颁布实施了《环境空气质量标准》（GB 3095—2012）。所以，我国环境空气质量标准主要经过了 4 个发展阶段（1982 年、1996 年、2000 年、2012 年），标准的限值和指标经历了由松到紧，再到略微放宽，最后全面收紧的变化过程，我国环境空气质量标准的具体形成历程如表 2-4 所示。环境空气质量标准中的污染物项目变化过程总结如表 2-5 所示。由表 2-5 可知，我国环境空气质量新标准（GB 3095—2012）中所涉及的污染物项目达 15 项，其中包括 6 项全国实施的基本项目、4 项国家指定区域实施的其他项目和 5 项参考项目。

表 2-4　我国环境空气质量标准的形成历程

| 年份 | 标准及相关规范 | 内容概述 |
|---|---|---|
| 1973 | 第一次全国环保工作会议 | 通过了我国第一个环境标准《工业"三废"排放试行标准》 |
| 1979 | 《中华人民共和国环境保护法（试行）》 | 规定了环境标准的制（修）订、审批和实施权限，1989年《中华人民共和国环境保护法》正式颁布实施，2014年4月24日修订，2015年1月1日起施行 |
| 1982 | 《大气环境质量标准》（GB 3095—1982） | 首次制定《大气环境质量标准》污染物项目共6项，包括1个参考项目 |
| 1987 | 《大气污染防治法》 | 此法经过1995年的修改和2000年的修订得到扩充，法律条文增至66条，在新的污染形式下，2009年开始了第三次修改工作 |
| 1988 | 《保护农作物的大气污染物最高允许浓度》 | 根据作物敏感类型给出了二氧化硫和氟化物的浓度限值 |
| 1996 | 《环境空气质量标准》（GB 3095—1996） | 第一次修订质量标准，增加4项污染物项目 |
| 2000 | 《环境空气质量标准》修改单 | 对 GB 3095—1996 进行部分修改，取消氮氧化物项目，放宽二氧化氮和臭氧二级标准限值 |
| 2012 | 《环境空气质量标准》(GB 3095—2012) | 调整了污染物项目及限值，增设了 $PM_{2.5}$ 平均浓度限值和臭氧（$O_3$）8h平均浓度限值，收紧了 $PM_{10}$ 等污染物的浓度限值，收严了监测数据统计的有效性规定，更新了污染物项目的分析方法。新标准在不同地区分阶段实施，2016年在全国实施 |

表 2-5　我国环境空气质量标准中的污染物项目

| 标准 | 基本项目 | 其他项目 | 参考项目 |
|---|---|---|---|
| GB 3095—1982 | $SO_2$、$NO_x$、CO、总悬浮物微粒、光化学氧化剂（$O_x$） | | 飘尘 |
| GB 3095—1996 | TSP、$PM_{10}$、$SO_2$、$NO_2$、CO、$O_3$、Pb、BaP、F、$NO_x$ | | |
| GB 3095—1996（修改单） | TSP、$PM_{10}$、$SO_2$、$NO_2$、CO、$O_3$、Pb、BaP、F | | |
| GB 3095—2012 | $PM_{10}$、$PM_{2.5}$、$SO_2$、$NO_2$、CO、$O_3$ | TSP、Pb、BaP、$NO_x$ | Cd、Hg、As、Cr（VI）、F |

注：1. 空表表示没有数据。2. BaP：苯并[a]芘。3. Cr(VI)：六价铬。

## 2.2.2　空气质量新标准的实施及其特点

《环境空气质量标准》（GB 3095—2012）（简称"空气质量新标准"或"新标准"）是2012年2月发布的。考虑到我国区域经济发展水平不均衡，实施新标准的准备工作进展有快有慢，且各地复合型大气污染问题严重程度有所差别的特点，国家环境保护部制定了分步实施方案，以保障新标准平稳落地：即2012年在京津冀、长三角、珠三角等重点区域以及直辖市和省会城市实施，2013 年在 113 个环境保护重点城市和国家环保模范城市实施，2015 年在所有地级以上城市实施，2016 年 1 月 1 日起在全国实施。

新标准调整了污染物项目及限值，增设了细颗粒物 PM$_{2.5}$ 平均浓度限值和臭氧（O$_3$）8 小时平均浓度限值，严格了可吸入颗粒物（PM$_{10}$）、二氧化氮（NO$_2$）等污染物的限值要求，收严了监测数据统计的有效性规定，更新了二氧化硫、二氧化氮、臭氧、颗粒物等污染物项目的分析方法，增加了自动监测分析方法等。此外，新标准恢复了 2000 年 GB3095—1996 的修订单中删除的 NO$_x$ 污染物项目。在环境空气质量标准的演变过程中，氮氧化物项目的删除或者添加都有一定的理由，这次恢复主要考虑到我国部分地区 NO$_x$ 污染仍较为严重，且 NO$_2$ 监测点位的监测结果不能准确反映 NO$_x$ 的真实污染状况。针对空气中重金属镉（Cd）、汞（Hg）、砷（As）和六价铬 Cr（VI），新标准以附录形式给出参考标准，推荐制定地方标准。氟化物在我国属于局地大气污染物，是包头等地区的特征污染物，没有制定国家标准的必要性，因此调整为参考项目。所有这些亮点和变化都体现了新时期加强大气环境治理、完善环境质量评价体系的客观需求，同时也是满足公众需求（使监测和评价结果与人民群众切身感受相一致）和提高政府公信力的必然选择。

新标准中规定了评价不同污染物平均浓度的时间间隔有年平均浓度限值、24h 平均浓度限值、8h 平均浓度（针对臭氧）和 1h 平均浓度限值，这主要是与不同污染物对健康的影响有关。一氧化碳（CO）和臭氧（O$_3$）污染有短期急性健康效应，故规定了 1h、8h 和 24h 限值。颗粒物 PM$_{2.5}$ 和 PM$_{10}$ 对身体健康的影响需要有一段时间的积累才能显现，因此规定了 24h 平均浓度限值，针对长期暴露的健康效应制订了年平均浓度限值，而无 1h 限值规定，世界各国也是这样规定的。

在空气质量新标准中，将环境空气质量功能区分为一类区（自然保护区、风景名胜区和其他需要特殊保护的地区）和二类区（居住区、商业交通居民混合区、文化区、工业区和农村地区），取消了 1996 年标准中较为宽松的三类区（与原二类区中的"一般工业区"合并，统称为"工业区"，与居住区、商业交通居民混合区、文化区和农村地区同划为二类区）。一类区和二类区分别采用一级和二级标准进行评价。我国空气质量新标准中污染物基本项目浓度限值如表 2-6 所示。

表 2-6　空气质量新标准中污染物基本项目浓度限值

| 序号 | 污染物项目 | 平均时间 | 浓度限值 | | 单 位 |
|---|---|---|---|---|---|
| | | | 一级 | 二级 | |
| 1 | 二氧化硫（SO$_2$） | 年平均 | 20 | 60 | µg/m$^3$ |
| | | 24h 平均 | 50 | 150 | |
| | | 1h 平均 | 150 | 500 | |
| 2 | 二氧化氮（NO$_2$） | 年平均 | 40 | 40 | |
| | | 24h 平均 | 80 | 80 | |
| | | 1h 平均 | 200 | 200 | |
| 3 | 一氧化碳（CO） | 24h 平均 | 4 | 4 | mg/m$^3$ |
| | | 1h 平均 | 10 | 10 | |

| 序号 | 污染物项目 | 平均时间 | 浓度限值 | | 单 位 |
|---|---|---|---|---|---|
| | | | 一级 | 二级 | |
| 4 | 臭氧（$O_3$） | 8h 平均 | 100 | 160 | $\mu g/m^3$ |
| | | 1h 平均 | 160 | 200 | |
| 5 | 可吸入颗粒物（$PM_{10}$） | 年平均 | 40 | 70 | |
| | | 24h 平均 | 50 | 150 | |
| 6 | 细颗粒物（$PM_{2.5}$） | 年平均 | 15 | 35 | |
| | | 24h 平均 | 35 | 75 | |

空气质量新标准的发布，在中国环境保护史上具有里程碑的意义，标志着我国环境保护工作的重点开始从污染物排放总量控制管理阶段向环境质量管理阶段、从控制局地污染向区域联防联控、从控制一次污染物向控制二次污染物、从单独控制个别污染物向多污染物协同控制转变。新标准强调以保护人体健康为首要目标，它的实施将对贯彻落实新《环境保护法》，改善我国环境空气质量，控制环境空气污染，解决复杂的综合性污染问题，保护人民身体健康起到重要作用。

空气质量新标准 GB 3095—2012 的一级标准目前已经接近或超过部分国家和地区，与主要发达国家相比差别不大，但是二级标准目前而言还相对宽松，有很大的空间加以严格修订。例如，我国二级标准与欧盟的空气质量指标相比较为宽松，日本的环境空气质量标准中 SPM（悬浮颗粒物）的日均值标准比我国 TSP 的标准严格。此外，苯、二噁英、挥发性有机物等污染物暂时未纳入新标准中。

### 2.2.3 空气质量指数（AQI）

空气污染是否超标应根据环境保护监测部门发布的信息（污染物、时间区间、浓度值）与新标准中的对应信息相比较的结果来判定。如果监测数据比标准规定高，就表示超标了。由于新标准规定的项目和数据较多，非专业人员难懂难记，所以新标准中还规定了专门用于向公众发布的空气质量评价方法——空气质量指数（air quality index，AQI），公众可以通过 AQI 来判断空气质量等级。AQI 是一个无量纲数值，可用它来定量描述空气质量状况。把新标准中 6 项污染物实测浓度值按规定方法与新标准相应限值进行比较，就得出了各项污染物的空气质量分指数（individual air quality index，简称 IAQI），在 6 项污染物中 IAQI 数值最大的即为 AQI。当 AQI 值大于 50 时，6 个 IAQI 中数值最大的污染物就是首要污染物。AQI 的具体算法可在中华人民共和国环境保护部网站（http://www.mep.gov.cn/）下载《环境空气质量指数（AQI）技术规定（试行）》（HJ 633—2012）进行参阅。

根据《环境空气质量指数（AQI）技术规定（试行）》（HJ 633—2012）规定，AQI 将空气质量分为六级，AQI 值 0~50 为优，51~100 为良，101~150 为轻度污染，151~200 为中度污染，201~300 为重度污染，301~500 为严重污染，大于 500 就是通常所说的"爆表"，空气质量分级及相关信息如表 2-7 所示。同时，用不同颜色表示，AQI 数值越大、级别越高、表征的颜色越深，说明空气污染状况越严重，对人体的健康危害也就越大。广大市民可通过互联网从生态环境部管方网站实时了解全国各地环境空气质量状况，也可以从手机下载"污染地图"软件，随时查询 AQI 数值和各空气中污染物浓度变化，可根据空气质量并参考新标准中提出的各个级别对健康的影响或防护建议安排自己的生活出行等。某网站给出的沈阳市 AQI 测定结果及相关污染信息如图 2-2 所示。

**表 2-7　空气质量分级及相关信息**

| AQI | AQI 级别、分类及颜色 | 对健康的影响及建议采取的措施 |
| --- | --- | --- |
| 0~50 | 一级，优，绿色 | 基本无污染，各类人群可正常活动 |
| 51~100 | 二级，良，黄色 | 某些污染物可能对极少数异常敏感人群健康有较弱影响，这些人应减少户外活动 |
| 101~150 | 三级，轻度污染，橙色 | 易感人群症状有轻度加剧，健康人群出现刺激症状。儿童、老年人及心脏病、呼吸系统疾病患者应减少长时间、高强度的户外锻炼 |
| 151~200 | 四级，中度污染，红色 | 进一步加剧易感人群症状，可能对健康人群心脏、呼吸系统有影响。儿童、老年人及心脏病、呼吸系统疾病患者应避免长时间、高强度的户外锻炼，一般人群适量减少户外运动 |
| 201~300 | 五级，重度污染，紫色 | 心脏病和肺病患者症状显著加剧，运动耐受力降低，健康人群普遍出现症状。儿童、老年人及心脏病、呼吸系统疾病患者应停留在室内，停止户外运动，一般人群减少户外运动 |
| >300 | 六级，严重污染，褐红色 | 健康人群运动耐受力降低，有明显症状，提前出现某些疾病。儿童、老年人和病人应当留在室内，避免体力消耗，一般人群应避免户外活动 |

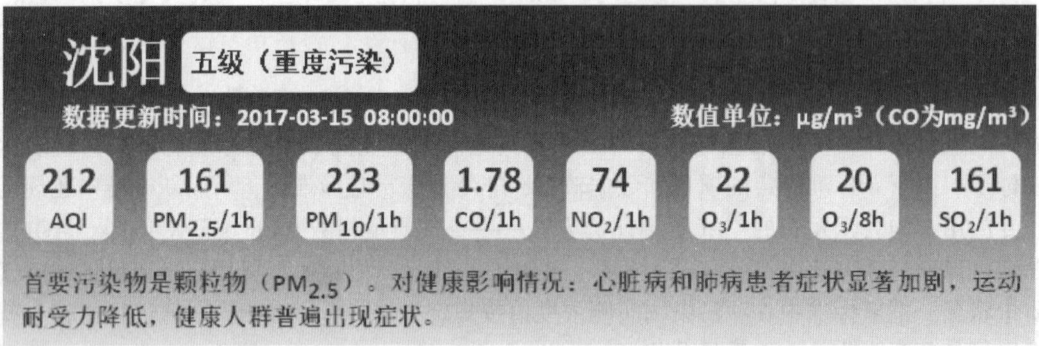

**沈阳　五级（重度污染）**

数据更新时间：2017-03-15 08:00:00　　数值单位：μg/m³（CO为mg/m³）

| 212 AQI | 161 $PM_{2.5}$/1h | 223 $PM_{10}$/1h | 1.78 CO/1h | 74 $NO_2$/1h | 22 $O_3$/1h | 20 $O_3$/8h | 161 $SO_2$/1h |

首要污染物是颗粒物（$PM_{2.5}$）。对健康影响情况：心脏病和肺病患者症状显著加剧，运动耐受力降低，健康人群普遍出现症状。

图 2-2　某网站给出的沈阳市某日的 AQI 及相关污染信息

AQI 是参考新的环境空气质量标准（GB 3095—2012）而制定的，与原来参考旧标准（GB 3095—1996）所发布的空气污染指数（air pollution index，API）有着很大区别。与旧标准相比，新标准 AQI 评价空气质量超标情况会有所增加，但这并不表示空气质量变差了，而是衡量空气质量的"尺子"更严了。AQI 与 API 的比较如表 2-8 所示。

**表 2-8　AQI 与 API 的比较**

| 称谓 | AQI（空气质量指数） | API（空气污染指数） |
| --- | --- | --- |
| 级别 | 空气质量分为 6 个级别 | 只有 5 个级别 |

续表 2-8

| 称谓 | AQI（空气质量指数） | API（空气污染指数） |
|------|------|------|
| 污染物种类 | 包括6项污染物，除原来的3项外，还增加了细颗粒物（$PM_{2.5}$）、一氧化碳（CO）和臭氧（$O_3$）3项 | 二氧化硫（$SO_2$）、二氧化氮（$NO_2$）和可吸入颗粒物（$PM_{10}$）3项 |
| 评价时间段 | 可衡量小时空气质量和日空气质量 | 只做每天12时至次日12时的空气质量评价 |
| 评价结果 | 如一天的二氧化氮（$NO_2$）浓度如果是$100\mu g/m^3$，用AQI评价为3级、超标，但用API评价是2级、达标的。这主要是因为AQI依据新标准计算，而API依据老标准计算，新标准更严。 | |

# 2.3 典型大气污染

## 2.3.1 雾霾及 $PM_{2.5}$

### 2.3.1.1 雾霾及其危害

雾是由大量悬浮在近地面空气中的微小水滴或冰晶组成的气溶胶系统，是近地面层空气中水汽凝结（或凝华）的产物，多出现于秋冬季节。当纯粹的雾不含任何其他杂质时，对人体健康不会有任何损害。霾是由空气中的灰尘、硫酸、硝酸等颗粒物组成的可造成视觉障碍的气溶胶系统。雾和霾常常相互结合在一起共同出现，统称为雾霾。在湿度较低、雾的影响较小、为强调纯粹霾的影响时，又可将霾称为灰霾（haze）。雾霾主要由二氧化硫、氮氧化物和细颗粒物（$PM_{2.5}$）3项组成。根据能见度大小可把霾或灰霾划分为轻微霾、轻度霾、中度霾和重度霾等，如表2-9所示。

表 2-9　灰霾天气分级标准

| 级别 | 能见度 $V$/km | 防护措施描述 |
|------|------|------|
| 轻微 | $5.0 \leqslant V < 10.0$ | 适当减少户外活动 |
| 轻度 | $3.0 \leqslant V < 5.0$ | 减少户外活动，停止晨练 |
| 中度 | $2.0 \leqslant V < 3.0$ | 避免户外活动，驾驶人员小心驾驶，呼吸道疾病患者尽量减少外出 |
| 重度 | $V < 2.0$ | 尽量留在室内，驾驶人员谨慎驾驶，呼吸道疾病患者尽量避免外出 |

雾霾中的有毒、有害颗粒物对人类身体和人类活动及生态系统会造成不同程度的危害。（1）严重影响人类健康。灰霾天气中的主要成分$PM_{2.5}$含有毒、有害物质达20多种，其中除了酸、碱、盐、胺、酚等成分外，还有尘埃、花粉、螨虫、流感病毒、结核杆菌、肺炎球菌等致病物质。这些物质能直接进入肺部，甚至渗进血液，危害人类的呼吸系统、心脑血管系统、免疫系统、生殖系统，且对儿童的生长发育和人们的心理健康也有不良影响。另外，灰霾天气使有害细菌和病毒向周围扩散的速度变慢，增大疾病传播的风险。（2）破坏生态环境。雾霾通过对太阳光的吸收与散射，导致太阳辐射强度减弱与日照时数减少，从而影响植物的呼吸和光合作用，造成农业减产、绿地生态系统生长受阻。（3）危害交通安全。雾霾天气使能见度降低，容易引起交通阻塞，引发交通事故。

雾霾的形成一般需要具有两大条件：（1）人为污染物。人为污染物来源包括工业活动、农业活动、城市建设、机动车行驶、家庭活动等行为排放到空气中的硫化物、氮氧化物、一氧化碳、细小尘埃等，它们在大气中结合乃至二次化学反应极易形成细小颗粒物（$PM_{2.5}$）；（2）静稳天气。静风少雨的天气十分有利于形成大气逆温层（垂直方向上暖下冷），在逆温层中，较暖而轻的空气位于较冷而重的空气之上形成一种极其稳定的空气层，严重阻碍空气的对流运动，使雾霾污染物难以得到稀释和扩散。大气逆温层（或雾霾）在秋冬的少雨季节、高楼林立或四周群山环抱的城市最易出现，常在无风的夜里开始发生。我国城市雾霾主要分布在能源产出基地、重工业聚集区域以及人口众多的大城市区域。研究表明，雾霾与城市热岛效应之间会相互影响，相互促进（城市热岛效应：城市因其中产生大量的人工发热、包含建筑物和道路等高蓄热体以及绿地减少等因素，造成其温度明显高于外围郊区的现象）。

### 2.3.1.2　典型雾霾事件

2013 年我国各地雾霾天气频发，多地显示"重度污染"，部分地方因雾霾导致能见度小于 200m，仅第一季度，我国就出现了 11 次大范围的雾霾天气，20 多个省份出现持续雾霾，影响人口超过 6 亿。据环保部公布的资料显示：2013 年，京津冀、长三角、珠三角等重点区域及直辖市、省会城市和计划单列市共 74 个城市按照新标准开展监测，依据《环境空气质量标准》（GB 3095—2012）对二氧化硫（$SO_2$）、二氧化氮（$NO_2$）、可吸入颗粒物（$PM_{10}$）、细颗粒物（$PM_{2.5}$）年均值，一氧化碳（CO）日均值和臭氧（$O_3$）日最大 8h 均值进行评价，74 个城市中仅海口、舟山和拉萨 3 个城市空气质量达标，占 4.1%，超标城市比例为 95.9%。2014 年仅海口、拉萨、舟山、深圳、珠海、福州、惠州和昆明 8 个城市的 $PM_{2.5}$、$PM_{10}$、$SO_2$、$NO_2$、CO 和 $O_3$ 等 6 项污染物年均浓度均达标，其他 66 个城市存在不同程度超标现象。2013 年全国各地主要雾霾污染简介如下。

（1）2013 年 1 月我国大面积雾霾污染事件。2013 年 1 月，4 次雾霾过程笼罩 30 个省（区、市），在北京，仅有 5 天不是雾霾天。有报告显示，中国的 500 个大城市中，只有不到 1% 的城市达到世界卫生组织推荐的空气质量标准，雾霾污染事件造成的交通和健康直接经济损失约为 230 亿元，其中由于雾霾事件造成的急/门诊的损失约为 226 亿元，占总损失的 98%。从分布区域来看，受到雾霾损失最大的省市主要分布在东部和京津冀地区，包括浙江、江苏、山东、河北、上海、北京等省市。

（2）2013 年 10 月中国东北雾霾污染事件。2013 年 10 月 20 日，以哈尔滨为中心，包括吉林省、黑龙江省、辽宁省在内的东北地区发生了大规模雾霾污染。燃煤取暖活动产生的大量烟尘直接排到空气中，是本次污染事件的主因。哈尔滨市的 $PM_{2.5}$ 的日平均值一度达到 1000（单位 $\mu g/m^3$，以下省略单位），超出世界卫生组织安全标准 40 多倍，能见度大幅下降，机场被迫关闭，两千多所学校停课，市内各大医院的呼吸系统疾病患者激增 23%。雾霾也导致黑龙江省境内多条高速公路被迫关闭。从 10 月 20 日至 23 日，东北地区一直被雾霾覆盖，$PM_{2.5}$ 平均浓度保持在 200 以上。

（3）2013 年 12 月我国中东部严重雾霾污染事件。我国中东部严重雾霾污染事件是指起始于 2013 年 12 月 2 日至 12 月 14 日的重度雾霾污染事件，是我国 2013 年入冬后范围最大的雾霾污染，几乎涉及中东部所有地区。天津、河北、山东、江苏、安徽、河南、浙江、上海等多地空气质量指数达到六级严重污染级别，使得京津冀与长三角雾霾连成片。首要污染物 $PM_{2.5}$ 浓度日平均值超过 150，部分地区达到 300~500，其中上海市在 12 月 6

日达到 600 以上, 局部至 700 以上。此次重霾污染最为严重的区域位于江苏中南部, 南京市空气质量连续 5 天严重污染、持续 9 天重度污染, 12 月 3 日 11 时的 $PM_{2.5}$ 瞬时浓度达到 943。

### 2.3.1.3 雾霾治理之路

纵观世界工业化发展历程, 由工业化引发的大气污染事件屡见不鲜, 其中比较典型的是 1952 年英国伦敦烟雾事件和 20 世纪 40 年代开始的美国洛杉矶光化学烟雾事件。英美等发达国家深受大气污染之害, 对于治理雾霾也实施了很多行之有效的措施。他们总体上是以立法为根本, 将法律作为重要保障, 同时转变经济发展方式, 倡导绿色健康的生活方式, 强调公众参与和公众监督, 加强环保教育。借鉴发达国家雾霾治理经验, 对于我国雾霾的治理具有一定的意义。

(1) 加强立法建设。英国于 1956 年制定了大气污染防治法案——《清洁空气法》; 美国在 1955 年颁布实施《空气污染控制法》, 1963 年制定的《清洁空气法》成为大气污染防治的主要法律依据。英美等发达国家通过法律来明确国家和地方政府间的权责划分, 并划定各项空气污染标准, 并通过法律来规定污染治理的经费来源。我国的环保立法进程明显滞后于经济社会发展, 立法不全、执法不严、贯彻不力等, 导致许多环保法规形同虚设, 难以起到应有的作用。因此, 必须借鉴发达国家经验, 结合我国实际情况, 制定切实有效的相关法律法规。

(2) 加快产业升级和能源结构转型。20 世纪 80 年代随着全球制造业向发展中国家转移, 发达国家着力于发展高科技产业、服务业和绿色产业, 大力倡导发展循环经济, 将工业污染降到最低。1973 年的石油危机使得发达国家不得不降低能源需求, 提高能源利用率, 并加快能源结构的转型。1970 年, 英国的能源消费结构中煤炭、天然气、石油、电力的比例约为 39.1∶2.5∶47.1∶11.4, 而到了 2011 年其比例已调整为 1.8∶20.7∶45∶19.8, 并计划在 2020 年将再生能源的比例提高到 15%。我国目前的能源利用结构中仍是以煤炭为主导, 提高清洁能源在能源利用中的比例是解决雾霾问题的必由之路。此外, 应加快促进产业结构升级, 鼓励发展高新技术产业, 同时注重区域平衡发展, 创造平等的发展机会和发展环境。

(3) 加强环保教育, 鼓励公众参与。1970 年, 美国《清洁空气法》修正案首次将公民诉讼条款纳入环保立法中, 规定任何人都可以作为私人公民对触犯环保法规及未能履行职责的环保机构和官员在法院进行起诉。德国幼儿教育的法规规定, 幼儿园要把教导儿童维护自己以及周围环境的卫生作为一项重要内容。日本的环保教育分为学校、家庭、社会 3 个方面, 学校环保教育从小学到高中都有, 而且是必修课, 既有理论又有实践。雾霾治理与公众利益息息相关, 也是一种公众感受度极高的社会问题。因而, 政府在雾霾治理工作中, 应通过加大宣传力度、积极引导, 努力提升公众的环保意识, 普及雾霾污染的危害与应对知识, 倡导使用公共交通, 减少冬季个人的燃煤污染排放。在相关政策制定及调整过程中, 政府及有关部门应充分尊重社会公众、民间环保组织的发言权和知情权, 听取他们对雾霾问题的利益诉求和合理建议, 并可尝试授权部分公众、第三方组织对地方排污企业进行监管。此外, 基于环境治理社会协商对公众参与、公众监督的要求, 政府还可将公众满意度作为雾霾治理工作成效的重要测评标准, 强化雾霾治理的多元主体约束, 增强环境决策的透明性和执行力度。

（4）加强节能减排，倡导低碳的生活方式。鼓励公众使用节能电器，20世纪70年代，英国政府开始鼓励市民和商家使用节能电器，其后日美等国也相继建立了电器使用的"节能标签"制度和"能源之星"标识体系，并给予使用者财政补贴和税收优惠。同时积极发展城市公共交通，限制私家车行驶，鼓励人们健康出行，改善城市交通状况，减少汽车尾气所带来的污染。对于我国公民而言，低碳生活的内容也是多方面的。例如，在城市应多选用公交或自行车的出行方式，购车时考虑选用节能环保车型，在农村尽量减少农作物废料的燃烧处理，在节日期间尽量减少烟花爆竹的燃放，取暖加热时尽量使用清洁能源等等。

### 2.3.2　光化学烟雾

#### 2.3.2.1　光化学烟雾及其危害

大气中的碳氢化合物及氮氧化物等一次污染物，在受到太阳光线照射后发生光化学反应，可生成二次污染物（主要有 $O_3$、醛、酮、酸、PAN、气溶胶等）、反应物（一次污染物）和生成物（二次污染物）的特殊混合物称为光化学烟雾（photochemical smog）。它是一种呈蓝色、棕色或白色并有特殊气味的烟雾，能显著地降低大气能见度，同时刺激人的眼睛、鼻黏膜，使之引起发炎和不同程度的头痛以致呕吐症状，甚至危及生命，光化学烟雾污染典型事例如表2-10所示。

自从20世纪40年代初首次在美国洛杉矶发现了这种污染现象之后（光化学烟雾因此也称为"洛杉矶型烟雾"），光化学烟雾在世界各地不断出现（如日本的东京、大坂，英国的伦敦以及澳大利亚、德国等国的大城市）。近年来随着我国经济的发展，汽车用量的增多，部分城市如北京、上海、鞍山、武汉等都已具有发生光化学烟雾的潜在危险。

表 2-10　光化学烟雾污染典型事例

| 地　区 | 洛杉矶（美国）1955年 | 东京（日本）1970年 | 中国甘肃省某地1974年 | 圣地亚哥（智利）1997年 |
|---|---|---|---|---|
| 被害症状 | 眼、鼻、肺等黏膜出现持续反复刺激；家畜、植物、建筑物受损；$O_3$对橡胶制品破坏严重；65岁以上者死亡4百多人 | 重患者突然倒地，眼睛受刺激，呼吸困难，手足抽搐，一年内大约1万人患病 | 感觉眼酸、眼痛，流泪、胸闷，呼吸困难，喉痛，身体乏力，大气能见度极差 | 学校停课、工厂停工、影院歇业，孩子、孕妇和老人被劝告不要外出 |

#### 2.3.2.2　光化学烟雾产生机理

光化学烟雾主要是由于大气中的几种一次污染物在光照作用下发生光化学反应生成了二次污染物所造成，其生成条件是高度的大气污染以及适合于产生光化学烟雾的气象状况。虽然光化学烟雾的产生机理十分复杂，但其产生过程大致可以分为如下3个主要步骤。

（1）二氧化氮、一氧化氮和臭氧在光照下发生光化学循环反应。

$$\begin{cases} NO_2 + h\nu(290 \sim 430nm) \longrightarrow NO + O \\ O + O_2 + M \longrightarrow O_3 + M \\ O_3 + NO \longrightarrow NO_2 + O_2 \end{cases}$$

其中，M 是其他分子，O 是基态氧原子。在循环反应中，二氧化氮接受光能（$h\nu$ 代表光能）从而分解为一氧化氮和基态的氧原子，氧原子和氧分子在有其他碰撞分子存在的情况下结合成臭氧，臭氧分子与一氧化氮反应又生成了二氧化氮和氧分子。三个反应构成了二氧化氮、一氧化氮和臭氧的循环变化。

（2）碳氢化合物的氧化促使大量 NO 向 $NO_2$ 转化。大气中含有 1%～3%的水蒸气，由于它的存在使 $NO_x$ 生成亚硝酸并在太阳光照射下进行光解产生 OH 自由基

$$HNO_2 + h\nu(<400nm) \longrightarrow OH + NO$$

这类活泼的自由基（高活性自由基）能将碳氢化合物氧化产生新的自由基（烃类自由基），而且不需消耗臭氧就能将 NO 转化成 $NO_2$，这就使得 $O_3$ 达到一定的浓度有了可能。新的自由基也可以由碳氢化合物与基态氧原子 O、氧分子 $O_2$ 或臭氧 $O_3$ 之间的氧化反应产生。

（3）过氧乙酰硝酸酯（PAN）的生成。当 $NO_2$ 积聚到一定量而形成烟雾时，烯烃、醛类等与自由基作用能导致过氧乙酰硝酸酯（PAN）系列的生成，现以乙醛与 OH 自由基的反应为例说明。

$$\begin{cases} OH + CH_3CHO \longrightarrow H_2O + CH_3CO \\ CH_3CO + O_2 \longrightarrow CH_3CO_3 \\ CH_3CO_3 + NO \longrightarrow CH_3CO_2 + NO_2 \\ CH_3CO_3 + NO_2 \longrightarrow CH_3CO_3NO_2(PAN) \end{cases}$$

光化学烟雾的特征污染物主要是臭氧（$O_3$，约 85%）和过氧乙酰硝酸酯（PAN，约 10%）。光化学烟雾反应链过程如图 2-3 所示。

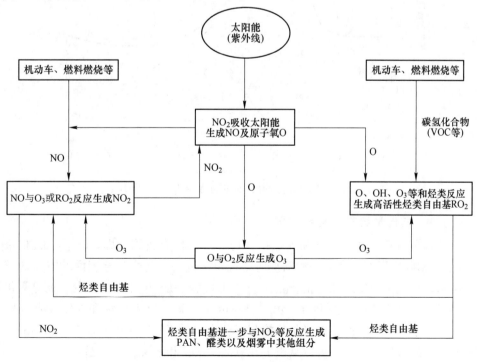

图 2-3 光化学烟雾反应链示意图

　　气象因素特别是太阳辐射是光化学烟雾形成的重要条件。太阳辐射强，阳光充足，高温低湿，无风或风力不大时，污染物不易扩散稀释，是形成光化学烟雾的有利条件。在副热带高压控制区域，每年的 5~10 月，晴天多、气温高，是最易发生光化学烟雾的季节。深秋以后阳光减弱，光化学烟雾较难出现。同样，在一天里，由上午 9~10 点钟开始形成烟雾，到下午 2 点左右，浓度达到高峰，然后随太阳西下，烟雾也逐渐消失。图 2-4 显示了某地区大气中 NO、NO$_2$、烃（非甲烷烃，即除甲烷以外的所有可挥发的碳氢化合物）、醛和 O$_3$ 从早至晚的日变化曲线，可以直观地看出光化学烟雾在白天生成，傍晚消失，污染高峰出现在中午或稍后。由图 2-4 可知，烃和 NO 的最大值发生在早晨交通繁忙时刻，此时 NO$_2$ 浓度很低。随着太阳辐射的增强，NO$_2$、醛、O$_3$ 的浓度迅速增大，中午时刻已达到较高浓度，它们的峰值通常比 NO 的峰值晚 4~5h。因此可以看出 NO$_2$、醛、O$_3$ 是日光照射下由大气光化学反应产生的，属于二次污染物。早晨由汽车排出的尾气是产生这些光化学反应的直接原因。傍晚交通繁忙时刻，虽然仍有较多汽车尾气排放，但由于日光已较弱，不足以引起光化学反应，因而不能产生光化学烟雾现象。

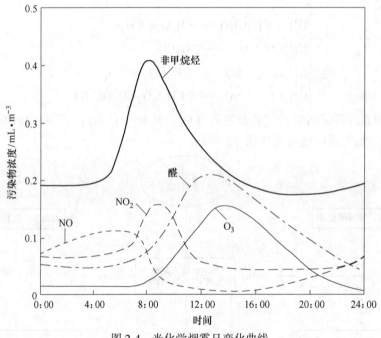

图 2-4　光化学烟雾日变化曲线

### 2.3.2.3　光化学烟雾污染的控制

　　光化学烟雾污染是氮氧化物和碳氢化合物（挥发性有机物，即 VOC：volatile organic compounds）相互作用而产生的一种新型污染现象，也是目前全球范围内城市大气环境中的焦点问题。空气中的挥发性有机物主要来自汽车等机动车辆排放的尾气，而氮氧化物既可来自尾气，也可来自燃料的燃烧。由于臭氧的生成是受氮氧化物和挥发性有机物制约的，因此光化学烟雾污染的控制必须从控制氮氧化物和挥发性有机物入手，必须减少氮氧化物和有机物的排放。因此，可以从以下几方面来改善和解决这个问题。

　　（1）控制机动车尾气排放。光化学烟雾的产生主要是由机动车尾气的排放造成的，所以要严格遵守排放标准，提高汽车性能，提高油品质量，使用清洁燃油，改善汽车发动机工作状态以及在排气系统安装催化反应器等。

（2）加强对化工厂的废气排放管理。要对石油、氮肥、硝酸等化工厂的排废严加管理，严禁飞机在航行途中排放燃料等，以减少氮氧化物和烃的排放。现在已研制开发成功的催化转化器，就是一种与排气管相连的反应器，它使排放的废气和外界空气通过催化剂处理后，氮的氧化物转化成无毒的氮气，烃可转化成二氧化碳和水。

（3）使用化学抑制剂抑制。根据光化学烟雾形成机理，使用化学抑制剂，即诸如二乙基羟胺、苯胺、二苯胺、酚等对各种自由基可产生不同程度的抑制作用，从而终止链反应，达到控制烟雾的目的，但在使用前要慎重考虑抑制剂的二次污染问题，并避免其对人体和动植物的毒害作用。

（4）设立检测点。这样可以及时了解光化学烟雾的情况，许多国家都很重视监测工作。例如，洛杉矶市设有 10 个监测站，经常监测光化学烟雾的污染状况。同时，该市还制定了光化学烟雾的三级警报标准，以便及时采取有效的防止措施。

### 2.3.3 室内空气污染

#### 2.3.3.1 室内空气污染概述

室内空气污染是有害的化学性、物理性和（或）生物性因子进入室内空气中并已达到对人体身心健康产生直接或间接，近期或远期，或者潜在有害影响的程度或状况。据加拿大卫生组织的调查，现代人 68% 的疾病与室内污染有关。而最容易受到室内空气污染危害的人群主要是孕妇、儿童、工作压力大的白领、老人等，尤其母婴和儿童受到的危害最为明显。2012 年，全球有 430 万人死于室内空气污染，其中空气污染主要与心血管疾病、呼吸道疾病和癌症等有关。专家研究发现，继"煤烟型""光化学烟雾型"污染后，现代人正进入以"室内空气污染"为标志的第三污染时期。现代家居环境空气污染物来源广、种类多、危害大，室内空气污染的严重程度是室外空气的 2~3 倍，在某些情况下甚至可高达 100 倍。现代人平均有 70% 以上的时间生活和工作在室内，特别是城市人口在室内度过的时间甚至超过了 90%，因此，室内空气污染对人类健康的影响比大环境的污染更为直接、严重。

每年的 10 月 10 日是世界居室卫生日，旨在引起人们对室内卫生环境的高度重视。世界卫生组织已将室内环境污染与高血压等并列为人类健康的"十大杀手"，同时列举了 10 种"病态居室"表现：每天清晨起床时感到胸闷、恶心，甚至头晕目眩；家庭成员经常容易患感冒；不吸烟也很少接触吸烟环境，但经常感到嗓子不舒服、有异物感，呼吸不畅；孩子经常咳嗽、打喷嚏、免疫力下降；家人经常有皮肤过敏等，而且是群发性的；家人共同患有一种疾病，但是一旦离开原居住环境，症状就会有明显的变化和好转；新婚夫妇长时间不育不孕，而且查不出不育不孕的具体原因；孕妇孕育情况正常，但胎儿畸形；新搬家或新装修后，室内植物不易成活；宠物莫名其妙地死掉。

#### 2.3.3.2 室内空气污染来源

（1）室内装饰材料及家具的污染。室内装饰材料及家具是造成室内空气污染的主要来源，油漆、胶合板、刨花板、泡沫填料、内墙涂料、塑料贴面等材料均含有甲醛、苯、甲苯、乙醇、氯仿等挥发性有机物（VOC）。

（2）建筑物自身的污染。例如，建筑施工中加入的化学物质（如冬季施工加入的防冻剂可渗出有毒气体氨），由地下土壤和建筑物中石材、地砖、瓷砖中的放射性物质形成的氡等。此外，房屋建筑中为了隔热、防火所广泛使用的石棉，也会引起石棉纤维的污染。

（3）室外污染物引起的污染。室外天气的严重污染和生态环境的破坏，加剧了室内空气的污染。

（4）燃烧产物造成的室内空气污染。采暖、烹饪、吸烟及其他家务劳动也是室内空气污染的重要来源，其产生的烟雾成分极其复杂，目前已经分析出含有3800多种物质，它们在空气中以气态、气溶胶态存在。其中气态物质占90%，许多物质具有致癌性。例如，在采暖和烹饪的过程中，如果使用煤、煤气或其他燃料，常会产生 CO、$NO_x$、$SO_2$、$CO_2$ 及未完全氧化的烃类和微粒。一般说来，煤的污染比液化气和煤气严重，尤以氧气供给不足时更为严重。再如，室内吸烟产生的化学物质竟有1200多种，其中重要的有害物质就有30余种，会严重造成室内空气污染。不少人认为 $PM_{2.5}$ 主要是在室外，其实不然。以北京为例，民间环保组织"达尔问环境研究所"（网址为http://www.bjep.org.cn/）2012年底发布的一项室内公共场所空气质量研究报告指出，北京43家公共场所室内 $PM_{2.5}$ 严重超标，其中烟草烟雾是室内 $PM_{2.5}$ 超标的主要因素之一。

（5）人体自身的新陈代谢及各种生活废弃物的挥发成分污染。人体通过呼吸道、皮肤、汗腺可排出大量污染物，人活着就在不断地向外界呼出二氧化碳、水蒸气，释放出多种细菌和多种气味。据研究，肺呼吸可排出25种有毒物质，其中竟含有16种挥发性毒物，打一个喷嚏可能会喷射出数百万悬浮颗粒，这些颗粒可以带有数千万以上的病菌。另外，日常生活中所使用的染发、消毒、杀虫、灭鼠等化学用品都会给室内空气造成程度不同的污染。

（6）汽车内空气污染。车内空气污染源主要来自车体本身、装饰用材（地胶、座套垫、胶黏剂等）等，其中甲醛、二甲苯、苯等有毒 TVOC 污染后果最为严重。2012年9月，一份《健康汽车检测报告》表明有11款主流车型可能存在致癌风险（注：TVOC 即 total volatile organic compounds，意为总挥发性有机物，是各种被测量 VOC 的总称。TVOC 一般包括苯系物、有机氯化物、氟利昂系列、有机酮、胺、醇、醚、酯、酸和石油烃类化合物等）。

### 2.3.3.3　室内空气污染危害

（1）挥发性有机物（VOC）。苯类有机物是室内主要挥发性有机物，它是一种无色并具有特殊芳香气味的强烈致癌物质。当室内的苯化合物含量在 $2.4mg/m^3$ 以上时，就会引起中毒。轻度中毒会造成嗜睡、头痛、头晕、恶心、胸部紧束感等，并可有轻度黏膜刺激症状，重度中毒可出现视物模糊、呼吸浅而快、心律不齐、抽搐和昏迷。当室内的甲醛含量在 $0.08mg/m^3$ 以上时，也可引起恶心、呕吐、咳嗽、胸闷、哮喘甚至肺气肿。长期接触低剂量甲醛可引起慢性呼吸道疾病、女性月经紊乱、妊娠综合征，引起新生儿体质降低、染色体异常。

（2）氨。氨是一种无色有强烈刺激性臭味的气体。当室内的氨含量在 $0.5mg/m^3$ 以上时，短期内吸入大量氨气后可出现流泪、咽痛、声音嘶哑、咳嗽、痰可带血丝、胸闷、呼吸困难等症状，可伴有头晕、头痛、恶心、呕吐、乏力等，严重时可发生肺水肿、成人呼吸窘迫综合征。

（3）氡。氡是一种放射性惰性气体，无色，无味。国家规定新建的建筑物中最高浓度为 $100Bq/m^3$，已使用的旧建筑物中最高浓度为 $200Bq/m^3$。氡是人一生所接触的最主要的辐射来源，人所受天然辐射的年有效剂量的 40% 来自于氡及其子体。国内外大量调查证实，高浓度的氡及其子体可引起肺癌。世界卫生组织的统计结果认为，氡已成为仅次于吸烟的第二个肺癌起因。

（4）石材放射性。石材放射性主要为镭、铀、钍三种放射性元素在衰变中产生的放射性物质，会造成人体内的白细胞减少，可对神经系统、生殖系统和消化系统造成损伤，长时间照射会导致癌症。

（5）重金属。许多建筑材料中都含有铅，包括燃料、油漆涂料等。铅对神经系统、造血系统、生殖系统有明显的影响，尤其对发育未成熟的儿童来讲危害更大。据英国某室内卫生调查组织的调查发现，室内的尘埃中平均铅的含量比室外高出一倍以上，危害极大。

（6）其他气体。当 CO、$NO_x$、$SO_2$、$CO_2$ 等气体含量较高时，对人体也会造成不同的影响，严重时还可能引起死亡。

### 2.3.3.4 室内空气污染控制

#### A 规范标准及其适用范围

目前，我国涉及室内空气质量检测的标准主要有《室内空气质量标准》（GB/T 18883—2002）和《民用建筑工程室内环境污染控制规范》（GB 50325—2010）两项。GB/T 18883—2002 是卫生部和国家环境保护总局发布的推荐性标准，它可针对各类建筑物内的空气质量，考虑的因素较为广泛；GB 50325—2010 是住房和城乡建设部发布的强制标准，其规范的对象是因建筑、装修而产生的室内污染物，可作为民用建筑工程验收中的室内环境检测的主要依据。

GB/T 18883—2002 将室内空气质量分为物理性 4 项、化学性 13 项、生物性和放射性各 1 项，共 4 类 19 项，并规定了明确的限值（如表 2-11 所示）。后 3 类是针对室内空气的污染物，提出了明确的控制要求。值得关注的是对室内物理性环境质量（温度、相对湿度、空气流速和新风量）也提出明确要求，这几项指标不仅直接影响人体在室内的舒适度，还能影响其他空气污染物的产生和扩散。例如，保证一定数量的新风量，就必须加强室内外空气流通，引进新鲜空气，降低室内污染物浓度。再如，控制室内相对湿度，能有效遏制室内霉菌类生物的繁殖扩散，减轻生物污染引起的室内空气质量的下降。

表 2-11 室内空气质量标准

| 序号 | 参数类别 | 参数 | 单位 | 标准值 | 备注 |
|---|---|---|---|---|---|
| 1 | 物理性 | 温度 | ℃ | 22~28 | 夏季空调 |
| | | | | 16~24 | 冬季采暖 |
| 2 | | 相对湿度 | % | 40~80 | 夏季空调 |
| | | | | 30~60 | 冬季采暖 |
| 3 | | 空气流速 | m/s | 0.3 | 夏季空调 |
| | | | | 0.2 | 冬季采暖 |
| 4 | | 新风量 | $m^3/(h \cdot 人)$ | 30 | |

| 序号 | 参数类别 | 参数 | 单位 | 标准值 | 备注 |
|---|---|---|---|---|---|
| 5 | 化学性 | 二氧化硫 $SO_2$ | $mg/m^3$ | 0.50 | 1h 均值 |
| 6 | | 二氧化氮 $NO_2$ | $mg/m^3$ | 0.24 | 1h 均值 |
| 7 | | 一氧化碳 CO | $mg/m^3$ | 10 | 1h 均值 |
| 8 | | 二氧化碳 $CO_2$ | % | 0.10 | 日平均值 |
| 9 | | 氨 $NH_3$ | $mg/m^3$ | 0.20 | 1h 均值 |
| 10 | | 臭氧 $O_3$ | $mg/m^3$ | 0.16 | 1h 均值 |
| 11 | | 甲醛 HCHO | $mg/m^3$ | 0.10 | 1h 均值 |
| 12 | | 苯 $C_6H_6$ | $mg/m^3$ | 0.11 | 1h 均值 |
| 13 | | 甲苯 $C_7H_8$ | $mg/m^3$ | 0.20 | 1h 均值 |
| 14 | | 二甲苯 $C_8H_{10}$ | $mg/m^3$ | 0.20 | 1h 均值 |
| 15 | | 苯并 [a] 芘 BaP | $ng/m^3$ | 1.0 | 日平均值 |
| 16 | | 可吸入颗粒物 $PM_{10}$ | $mg/m^3$ | 0.15 | 日平均值 |
| 17 | | 总挥发性有机物 TVOC | $mg/m^3$ | 0.60 | 日平均值 |
| 18 | 生物性 | 细菌总数 | $cfu/m^3$ | 2500 | 依据仪器定 |
| 19 | 放射性 | 氡$^{222}$Rn | $Bq/m^3$ | 400 | 年平均值<br>（行动水平） |

注：1. cfu（colony forming units），细菌群落形成单位。2. Bq（贝可，Becquerel），放射性活度单位。3. 行动水平是指达到此水平时建议采取干预行动以降低室内氡浓度。

　　GB 50325—2010 规范明文规定民用建筑竣工时必须同时接受室内环境质量的监测，不达标者一律不得备案使用，违反者将受处罚。GB 50325—2010 明确指出了室内环境污染物浓度需检测 5 个项目，并根据民用工程的类别作出不同的限量规定（如表 2-12 所示）。

表 2-12　民用建筑工程室内环境污染物浓度限量

| 污染物 | I 类民用建筑工程 | II 类民用建筑工程 |
|---|---|---|
| 氡$/Bq \cdot m^{-3}$ | ≤200 | ≤400 |
| 甲醛$/mg \cdot m^{-3}$ | ≤0.08 | ≤0.1 |
| 苯$/mg \cdot m^{-3}$ | ≤0.09 | ≤0.09 |
| 氨$/mg \cdot m^{-3}$ | ≤0.2 | ≤0.2 |
| TVOC$/mg \cdot m^{-3}$ | ≤0.5 | ≤0.6 |

注：表中污染物浓度测量值，除氡外均指室内测量值扣除同步测定的室外上风向空气测量值（本底值）后的测量值。

　　GB/T 18883—2002 的监测项目比 GB 50325—2010 多，二者相同的 5 项污染物是：氨（$NH_3$）、甲醛（HCHO）、苯（$C_6H_6$）、TVOC、氡（$^{222}$Rn）。虽然两个标准的 5 项污染物的标准值（限量）较为接近，但由于采样要求、检验方法的不同，其实质意义仍存在一定差异。建筑工程检测机构在严格执行 GB 50325—2010 强制性条款的基础上，可根据实际情况或客户要求，采取协议、备注等的方式，选择使用 GB/T 18883—2002。

　　除了 GB/T 18883—2002 和 GB 50325—2010 之外，还有《住宅装饰装修工程施工规范》（GB 50327—2001），该规范是由中国建筑装饰协会会同有关科研、设计、施工单位和地方装饰协会共同编制的住宅装饰装修工程施工规范，它结合我国家庭装修行业的现状，集中全行业先进的、普遍适用的技术和施工工艺，特别是在关系保护环境、保护公共利益、保护人民生命财产安全和健康等方面做了强制性的规定。

以上这些标准或规范构成了一套相对完备的法律法规体系，涉及范围包括房屋的建筑施工、装饰评价及污染物检测等。

B 控制技术

室内空气污染控制措施包括源控制、通风、空气净化和利用花草植物等几个方面。

a 源控制

（1）从建筑设计和环境设计入手，推行环保设计，有效减少室内污染源的数量。2006年6月1日，我国第一部《绿色建筑评价标准》（GB/T 50378—2006）正式实施。标准中确定了我国目前绿色建筑的6大指标，同时对住宅建筑和公共建筑的室内环境质量分别提出要求，特别在住宅建筑标准中突出强调了室内环境的采光、隔声、通风、室内空气质量4个方面。

改善住宅周围环境的质量、室外空气质量好，也可减少室外源带来的污染。

（2）使用不含污染或低污染的材料，合理装修，减少污染。2002年，国家发布并实施了关于室内装饰装修材料有害物质限量的10部强制性国家标准，该系列标准包括的建筑材料为人造板及其制品、内墙涂料、溶剂型木器涂料、胶黏剂、地毯和地毯衬垫以及地毯胶黏剂、壁纸、木家具、聚氯乙烯卷材地板、混凝土外加剂中释放氨和建筑材料放射性核素。自2002年7月1日起，市场上停止销售不符合该10部国家标准的产品。在家居环境装修中，选用低污染、高质量的绿色环保型装修材料是关键。

（3）改变生活习惯，控制吸烟和燃烧产生的排放。不健康的生活习惯（如吸烟和高温烹饪等）都是造成室内空气质量下降的重要原因。因此，应杜绝在各种室内环境中吸烟，有儿童、孕妇、老人的场合更要注意；厨房内应尽量用清洁的能源（在各种燃料中，以电能最为清洁，其次为天然气、煤气等），要选用优质灶具和精制食用油，改进烹饪方式，减少油烟产生。

b 通风

通风是借助自然作用力（自然通风）或机械作用力（机械通风）将不符合卫生标准的污浊空气排至室外或空气净化系统，同时将新鲜的空气或经过净化的空气送入室内。只要室外污染物浓度低于室内污染物浓度，加强通风换气是改善室内空气质量的既简单而又有效的方法。新建和新装修的住宅尤其要加强通风。

c 空气净化

室内空气净化是指借助特定的净化设备收集室内空气污染物，将其净化后循环到室内或排至室外。近年来，国内外开发出多种室内空气净化方法，主要有：

（1）光催化氧化技术。采用光催化剂（如二氧化钛 $TiO_2$），在能量较低的光源（如荧光黑光灯）照射下，大多数气相有机污染物几乎能被完全氧化成无机物，反应速度快，光利用率高，对人体无伤害，是目前治理室内空气污染研究的热点，相信在室内空气净化方面具有广阔的应用前景。

（2）等离子、负离子净化技术。该技术多用于对颗粒物及细菌的去除上，若要去除有机污染物，则需与其他技术联合运用。

（3）臭氧净化技术。基于臭氧的氧化性将室内有机污染物氧化从而去除，但臭氧本身对人体有害，并且也不能将所有有机污染物彻底氧化，会产生一定的二次污染，所以应用臭氧净化时会有一定的负面作用。

（4）活性炭和HEPA滤网过滤技术。HEPA（high efficiency particulate air filter）的中文意思为高效空气过滤器，达到HEPA标准的过滤网对直径为 $0.3\mu m$（头发直径的1/200）以下的微粒去除效率可达到99.7%以上，是烟雾、灰尘以及细菌等污染物最有效的过滤媒介，在各种室内空气净化器中应用普遍。新买或新装修的车辆以及长时间密闭和暴晒的车辆内部常常充斥着甲醛等有毒有害物质，进入车内时，应该先打开车窗进行通风，同时在车内放一些活性炭包，对有毒有害物质有一定的吸附作用。

（5）分子络合技术。将甲醛等装修污染物通入甲醛捕捉剂和水组成的络合分解体系，使其最终转化为沉淀，达到净化的目的。

由于室内空气污染物种类繁多，治理难度大。以上介绍的各种方法在特定环境下都有其特点，在去除效果和所去除的污染物种类上存在局限性，因此，应用组合技术去除室内空气污染物必将成为室内空气净化的发展趋势。

d　利用花草植物

利用花草植物可以长期和持续地净化室内空气污染物。例如，吊兰、常青藤对吸收甲醛、乙醛十分有效，芦荟、菊花可减少居室内的苯污染，雏菊、万年青可以有效消除三氟乙烯的污染，月季、蔷薇可吸收硫化氢、苯、苯酚、乙醚等有害气体等。由于植物在晚上也需要呼吸，会减少室内的氧气并增加二氧化碳，故室内不宜摆放太多的盆栽植物。

知识专栏

# 联合国环境规划署（UNEP）

联合国在环境治理领域的核心机构——联合国环境规划署（United Nations Environment Programme，简写为UNEP或UN Environment，以下简称环境署）成立于1973年1月，总部设在肯尼亚首都内罗毕。作为环境问题的全球政府间决策组织，环境署的主要作用是提供权威的环境评估、监测和信息，制定全球和区域环境协定，推动各国政府的环境行动和协调联合国系统内各机构在环境领域的协调行动。为确保各项工作方案的落实，环境署设立了由各国自愿捐款的环境基金作为开展工作的主要资金渠道。环境署的官方网址为 https://www.unenvironment.org/。

环境署自成立以来，在国际环境治理方面发挥了重要作用，特别是在审查评估全球环境状况和多边环境协定的发展方面做出了重要贡献，具有举足轻重的地位。例如，定期发布《全球环境展望报告》，为各国政府制定环境政策提供有价值的参考；开启政府间谈判进程，先后制定了《生物多样性公约》《保护臭氧层维也纳公约》《关于消耗臭氧层物质的蒙特利尔议定书》《关于持久性有机污染物的斯德哥尔摩公约》等一系列具有重大国际影响力的国际环境公约与协定。环境署是政府间气候变化专门委员会（IPCC）的母机构，IPCC一直以来通过全球大规模气候评估报告推动全球政治共识的达成。与环境署进行合作的主要联合国机构有：联合国教科文组织、联合国开发计划署、联合国粮农组织、世界银行、世界气象组织以及世界卫生组织等。此外，环境署还与各国政府、国家机构和国际非政府组织以及与环境有关的其他机构共同工作。环境署主要是通过理念传播、技术支撑、国际规范、项目示范、能力建设等一整套运作机制来完成其行动。

环境署在设立之初具有法律地位的参与国家只有58个，受联合国经济和社会理事会监管，不能直接向联大报告，在联合国系统的政治、法律地位远低于其他联合国专门机构。为适应国际环境治理改革的需要，在2012年的联合国可持续发展大会上，明确了环境署是全球环境问题的领导机构，担当全球环境问题的权威倡导者，其目的是要加强环境署在联合国系统内的发言权及其履行协调任务的能力。为此，在2013年2月举办的环境署第27届理事会上，决定将原来由58个成员国参加的理事会升级为普遍会员制的联合国环境大会（United Nations Environment Assembly，简称为UNEA）。这意味着环境署拥有投票权的成员由过去58个理事国扩展为联合国的所有成员国。今后，联合国193个成员国以及观察员国将可通过联合国环境大会，在部长级层面商讨和制定影响全球环境和可持续发展的议题和政策。当前，UNEA已经被UNEP定义为全球环境问题的最高决策机制，近年召开的三届环境署联合国环境大会简介如下：

（1）UNEA第一届会议。2014年6月，环境署联合国环境大会第一届会议在肯尼亚环境规划署总部内罗毕召开。来自各国政府、商界和民间的1200多名会议代表讨论了可持续发展、野生动物保护、绿色经济融资等议题。大会期间，由各国部长和国际组织领导人参与的高级别会议重点探讨了可持续发展目标和非法野生动植物贸易两大问题。

（2）UNEA第二届会议。2016年5月，世界各国的环境部长及上千名代表再次齐聚肯尼亚首都内罗毕，举行了第二届联合国环境大会，这是《2030年可持续发展议程》和《巴黎协定》之后的第一个重要环境会议。此次大会主题围绕《2030可持续发展议程》的落实，通过了25项重要决议和行动，在海洋垃圾、野生动植物非法贸易、空气污染、化学品和废物以及可持续消费和生产等问题上做出了一系列重要决定。

（3）UNEA第三届会议。2017年12月，第三届联合国环境大会在肯尼亚首都内罗毕联合国环境规划署总部召开。会议以"迈向零污染地球"为主题，吸引全球环境领域的最高决策者和各界数千名代表共同商议并积极达成相关决议，呼吁全球采取行动应对当前的环境污染挑战。环境署执行主任索尔海姆向联合国环境大会提交了题为《迈向零污染地球》的报告，用具体数据揭示了当前环境领域的各类问题。例如，每年1260万人因在不健康环境中生活或工作而死亡，平均每4名死者中就有1人死于环境问题；大气污染每年导致约650万人死亡，全球80%的城市居民呼吸的空气质量不良；每年60万儿童因铅中毒智力受损；20亿人无干净安全的厕所可上；海洋污染导致约500个海洋"死区"中的生命无法生存，35亿人临近污染的海水而居；世界上约80%以上的废水未经处理直接排入环境，污染了3亿人赖以为生的湖泊和河流。

## 思 考 题

2-1 简述大气层的五层结构。如何理解对流层内大气温度随海拔升高而降低的现象？人类活动排放的污染物主要聚集于大气中的哪一层？

2-2 大气污染与哪些因素有关？其可分为哪几种类型？

2-3 大气污染物有哪些类型？衡量大气中颗粒物污染的重要指标是什么？

2-4 人们经常谈论的 $PM_{2.5}$ 属于气溶胶态污染物，请写出气溶胶态污染物的四个类别。

2-5 $PM_{10}$ 和 $PM_{2.5}$ 是如何定义的？其对人体有哪些伤害？

2-6 用具体实例说明我国大气污染现状，论述如何推进我国大气污染防治。

2-7 查找相关资料分析你所在城市近年的大气污染现状及其治理形式，给出若干治理建议。

2-8 AQI 数值与空气质量分级的对应关系如何？如何理解空气质量指数 AQI？查阅相关文献了解 AQI 的具体计算方法。

2-9 简述我国环境空气质量标准的发展历程。空气质量新标准的发布对我国环境保护工作有何意义？

2-10 何为《大气十条》？查阅相关文献明确其实现目标并分析其实施效果。

2-11 雾霾指的是什么？其主要污染物有哪些？简述雾霾的危害。

2-12 分析我国当前雾霾的成因并论述合理的治理途径。

2-13 汽车产业在拉动经济增长同时，给环境质量、能源供给、道路交通等带来了哪些负面影响？如何采取应对措施？

2-14 光化学烟雾易发于哪个季节？为什么光化学烟雾易在白天生成而在傍晚消失？简述光化学烟雾的形成机理、危害及控制措施。

2-15 世界居室卫生日是哪一天？室内空气污染主要有哪些？如何有效规避室内空气污染的危害？

# 3　越境污染

**本章要点**

（1）化石燃料过度使用所导致的酸雨，对人体健康、生态系统及建筑设施等都有直接和潜在的危害。全球三大酸雨区分布于西欧、北美和东南亚，解决酸雨问题的根本途径是控制 $SO_2$ 和 $NO_x$ 的排放。

（2）臭氧层是地球生命的保护伞，其损耗主要是人为污染物进入平流层所引起的。国际保护臭氧层的成功合作已成为世界环保行动的范例。

　　一个地区或国家的局部环境污染可以超越国境，对其他区域产生影响。所谓"越境污染"，一般是指污染源国的有害物质（如气体、粉尘、污染物等）直接或间接进入他国国境，造成他国的环境污染。限于篇幅，本书仅对酸雨、臭氧层损耗、全球暖化等典型的越境污染现象予以讨论。越境污染属于全球性环境问题，是 20 世纪 70 年代后第二次环境问题高潮的特征所在，需要全人类团结起来共同应对才能解决。本章仅对酸雨及臭氧洞问题予以论述，全球暖化问题另辟一章。

## 3.1　酸　　雨

### 3.1.1　空中死神——酸雨

　　酸雨又称为酸沉降（acid deposition），是指 pH 值小于 5.6 的大气降水（包括雨、雪、雹、露、雾、霜等降水形式），其形成主要是 $SO_x$（主要为 $SO_2$，仅有少量 $SO_3$）和 $NO_x$ 在大气或水滴中转化为硫酸和硝酸所致（经过一系列催化反应、光化学反应等）。在没有大气污染物存在的情况下，降水酸度主要受大气中的二氧化碳所形成的碳酸影响，其 pH 值稳定在 5.6~6.0 之间（弱酸性）。值得注意的是，由于 pH 是溶液中氢离子浓度的对数负值（中性 pH=7，酸性 pH<7，碱性 pH>7），所以当 pH 值相差 1 时酸度将相差 10 倍，而当 pH 值相差 2 时酸度将相差 100 倍。pH 的定义及无大气污染条件下的降水中 $CO_2$ 的溶解平衡可表示为

$$pH = -\lg[H^+]$$
$$CO_2 + H_2O \rightleftharpoons H_2CO_3 \rightleftharpoons H^+ + HCO_3^-$$

　　随着现代工业的发展、人口剧增和城市化扩张趋势的增大，化石燃料能源即煤和石油等的消耗量日益增加，燃烧过程中排放的硫氧化物和氮氧化物越来越多，导致这些气态化合物在大气中反应生成硫酸和硝酸，这些酸性物质随雨雪等从大气层降落，由此便形成了

"空中死神"——酸雨。酸雨形成的简单反应式可表示为

$$SO_2 + \frac{1}{2}O_2 + H_2O \longrightarrow H_2SO_4 \longrightarrow 2H^+ + SO_4^{2-}$$

$$SO_3 + H_2O \longrightarrow H_2SO_4 \longrightarrow 2H^+ + SO_4^{2-}$$

$$NO_x + O_2 + H_2O \longrightarrow HNO_3 \longrightarrow H^+ + NO_3^-$$

早在19世纪中叶，随着英国工业的急速发展，用煤量大幅度增加，大气污染导致了建筑物四壁出现脱落现象。1852年英国化学家罗伯特·安格斯·史密斯（Robert Angus Smith）在英格兰调查了酸沉降现象，并在1872年出版的 *Air and Rain: the Beginnings of a Chemical Climatology*（大气和降雨：化学气候学的开端）一书中叙述了世界工业发展先驱城市曼彻斯特市郊区降水中含有高浓度硫酸或酸性硫酸盐，是致使纤维制品褪色、金属腐蚀、植物损害等的重要原因，并首次提出了酸雨（acid rain）概念，但当时并未引起人们足够的重视。到20世纪30年代末，瑞典、挪威等国先后发现了由邻近国家英国飘移来的酸性二氧化硫致使水中鱼和森林的生长受到影响的现象，随后酸雨逐渐成为欧洲的一种大范围现象且酸度不断增加。到了20世纪50年代后期，在比利时、荷兰和卢森堡也相继发现了酸雨。到20世纪60年代时，美国、德国等也出现酸雨，酸雨几乎覆盖了整个西北欧。以英国为例，当时的英国环保部门颁布的资料显示英国国土都已酸化，全国年均降水pH值为4.1~4.7。到20世纪70年代，酸雨几乎蔓延到所有的国家，1972~1973年间美国东北部与加拿大交界地区发现了大面积酸雨区域，此后全北美几乎2/3的陆地都受到了酸雨的威胁。

目前，除欧洲、北美出现酸雨区域外，中国、日本、朝鲜半岛等东南亚国家也未能幸免（全球三大酸雨地区：西欧、北美和东南亚），甚至在被认为是"净土"的南北两极也检测到了酸雨。形成酸雨的$SO_2$和$NO_x$可以是当地排放的，也可以是从远处迁移来的。在遭受酸雨危害的许多国家中，有的国家（如英国、美国）充当着酸雨污染的净出口者，而另外一些国家（如瑞典、挪威、加拿大等）则是净进口者。酸雨可穿越国界，已成为举世瞩目的全球性环境问题。

### 3.1.2　酸雨的危害

酸雨的影响主要表现在对生态系统（如农作物、土壤、水体、森林等）的危害以及对各种建筑材料的腐蚀，严重的甚至危及一个城市的生态平衡。据有关统计，目前酸雨污染每年给中国造成的损失超过1100亿元。中国长江以南存在连片的酸雨区域，在酸雨区域内，湖泊酸化，渔业减产，森林衰退，土壤贫瘠，粮菜减产，建筑物腐蚀，文物面目皆非。酸雨的危害有如下几个方面。

#### 3.1.2.1　水体酸化

酸雨可造成江河湖泊等水体的酸化，致使生态系统的结构与功能发生紊乱。水体的pH值降到5.0以下时鱼的繁殖和发育会受到严重影响。水体酸化还会导致水生物的组成结构发生变化，耐酸的藻类、真菌增多，有根植物、细菌和浮游动物减少，有机物的分解率则会降低。流域土壤和水体底泥中的重金属可被溶解进入水体中而毒害鱼类。在我国还没有发现酸雨造成水体酸化或鱼类死亡等事件的明显危害，但在全球酸雨危害最为严重的

北欧、北美等地区，有相当一部分湖泊已遭到不同程度的酸化，造成鱼虾死亡，生态系统破坏。例如，挪威南部5000个湖泊中有近2000个湖泊鱼虾绝迹，加拿大的安大略省已有4000多个湖泊变成酸性，鳟鱼和鲈鱼已不能生存。

### 3.1.2.2 土壤贫瘠

酸雨可导致土壤酸化，加速土壤释放大量铝离子致使植物长期过量吸收铝而中毒死亡。酸雨还能加速土壤矿物质营养元素的流失，导致土壤贫瘠，影响植物生长。酸雨降低了土壤中的微生物繁殖速率，诱发植物病虫害的发生。酸雨还可使土壤色素发生变化，破坏农作物细胞的正常代谢，导致作物细胞死亡，使作物大面积减产。

酸雨使土壤肥力降低、产量下降，造成大面积森林衰退（土壤肥力是指土壤具有连续不断地供应植物生长所需要的水分和营养元素，以及协调土壤空气和温度等环境条件的能力）。例如，中国重酸雨地区四川盆地受酸雨危害的森林面积达28万公顷，占林地面积的1/3，死亡面积1.5万公顷，占林地面积6%。同样受酸雨侵袭的贵州省，受危害的森林面积达14万公顷，为四川盆地的1/2。

### 3.1.2.3 引发人类疾病

酸雨对人类健康会产生直接或间接的影响。首先，酸雨中含有多种致病致癌因素，能破坏人体皮肤、黏膜和肺部组织，诱发哮喘等多种呼吸道疾病和癌症，降低儿童的免疫能力。其次，酸雨还会对人体健康产生间接影响。在酸沉降作用下，土壤和饮用水水源被污染，其中一些有毒的重金属会在鱼类机体中沉积，人类因食用而受害。

据统计，欧洲一些国家每年因酸雨导致老人和儿童死亡的病例达千余人。美国国会调查表明，美国和加拿大在1990年一年中约有5200人因受酸雨污染病死。1973年6月28~29日，在日本静冈县和山梨县约50km范围内，有144人因酸雨而出现眼疼，咳嗽等症状。1974年7月3日在日本关东地区有3万人有同样的症状，这天的雨水pH值最低达到2.85。1981年瑞典马克郡发现有一家3名孩子为绿头发，原因是酸雨使其饮用井水酸化，井水腐蚀了铜制的水管，洗涤过的头发被溶出的铜化合物所染绿。在墨西哥市，pH值为3.4~4.9的酸雨并不罕见。该国卫生部调查表明，墨西哥的呼吸器官疾病死亡率为93/10万（1989年），属世界最高，每年公害病死亡人数超过10万人，其中3万是孩子。

### 3.1.2.4 腐蚀建筑物及文物

酸雨能与金属、石料、混凝土等材料发生化学反应或电化学反应，致使表面硬化水泥溶解，出现空洞和裂缝，导致强度降低，从而加快楼房、桥梁、历史文物、珍贵艺术品、雕像的腐蚀损坏。例如，罗马和希腊的古建筑在近50年内受到的损坏远超过过去2000年的损害。美国的铁轨损坏有1/3是与大气污染及酸雨有关。欧洲的许多文物古迹，如雅典的巴特农神殿、伦敦的英王理查一世塑像以及其他珍贵的古代纪念碑和雕像，都不同程度地遭受酸雨的腐蚀，变得面目全非。再如，我国著名的杭州灵隐寺的"摩崖石刻"近年经酸雨侵蚀后，佛像眼睛、鼻子、耳朵等剥蚀严重，虽经修补但很难恢复到古迹原貌。重庆市1956年建成的重庆市体育馆水泥栏杆，由于酸雨腐蚀，石子外露达1cm之多，按时间估计，平均每年侵蚀0.4mm，十分惊人。这种水泥栏柱石子外露现象，在路旁电线杆上也每每发生。除了影响材料强度外，还影响市容观瞻。

### 3.1.3　中国酸雨特点

#### 3.1.3.1　酸雨分布特点

20 世纪 80 年代以来，随着经济的发展，中国酸雨污染呈加速上升趋势，已成为继欧洲和北美的世界第三大酸雨区（东南亚）的重要酸雨提供者。我国北方气候干燥，土壤多属碱性，这些碱性土壤颗粒被风扬到空中，可对降雨酸度起到中和作用；南方土壤多偏酸性，气候湿润，大气中飘尘较少，对酸的中和能力较低，这就导致我国降酸雨的程度由北向南逐渐加重，最严重的是长江以南地区，个别地区曾出现过酸性较高的酸雨。例如，苏州（pH = 4.0）、广州（pH = 3.8）、贵阳（pH = 3.7）、重庆（pH = 3.7）等。以上海为首的长三角地区是我国最大的城市群，每年排入大气的 $SO_2$ 和 $NO_x$ 数量巨大，因而酸雨的污染较为严重。近年来我国酸雨污染状况有所改善，但总体形势依然严峻。以 2013 年和 2016 年为例，我国酸雨状况变化情况如表 3-1 所示。2016 年我国酸雨区面积约为 69 万平方千米，占国土面积的 7.2%，其中较重酸雨区和重酸雨区面积占国土面积的比例分别为 1.0% 和 0.03%。酸雨污染主要分布在长江以南-云贵高原以东地区，主要包括浙江、上海、江西、福建的大部分地区，湖南中东部、广东中部、重庆南部、江苏南部和安徽南部的少部分地区。

此外，中国酸雨还呈现区域性分布和明显的季节性变化特点，如城市强于郊区（远离城市的广大农村接近正常，pH 值在 5.6 左右）、工业区强于非工业区、冬春季 pH 值低，夏秋季 pH 值高。

**表 3-1　我国酸雨状况变化情况**（2013 年和 2016 年相关数据对比）

| 年份 | 监测降水的城市数量 | 出现酸雨的城市比例 | 酸雨频率在 25% 以上的城市比例 | 酸雨频率在 75% 以上的城市比例 |
|---|---|---|---|---|
| 2013 | 473 | 44.4% | 27.5% | 9.1% |
| 2016 | 474 | 38.8% | 20.3% | 3.8% |

注：酸雨频率是指酸雨次数占总降雨次数的比例。

#### 3.1.3.2　酸雨组成特点

酸雨的形成很复杂，它是大气污染物与空气中水和氧之间反应的产物，是一种复杂的化学和物理反应过程。酸雨中不仅含有大量的 $H^+$，而且还含有高浓度的具有酸化作用的 $SO_4^{2-}$ 和 $NO_3^-$ 等，同时也含有许多金属阳离子、微量元素及各种有机污染物。

研究表明，一般情况下大气降水中阴离子为 $SO_4^{2-}$、$NO_3^-$、$Cl^-$、$HCO_3^-$，阳离子为 $NH_4^+$、$Ca^{2+}$、$Na^+$、$K^+$、$Mg^{2+}$、$H^+$。对我国降水酸度影响最大的阳离子是 $NH_4^+$ 和 $Ca^{2+}$，阴离子是 $SO_4^{2-}$ 和 $NO_3^-$。图 3-1 为 2013 年我国南方某地区典型酸雨离子成分，可见其中 $SO_4^{2-}$ 与 $NO_3^-$ 的含量比值较高（约 5.72）。一般可将酸雨中硫酸根离子浓度 $[SO_4^{2-}]$ 与硝酸根离子浓度 $[NO_3^-]$ 的比值作为衡量酸雨类型的特征参数，即

$$A = \frac{[SO_4^{2-}]}{[NO_3^-]}$$

当 $A \leqslant 0.5$ 时为硝酸型或燃油型酸雨，当 $0.5 < A < 3.0$ 时为混合型酸雨，当 $A \geqslant 3$ 时为硫酸型或燃煤型酸雨。中国酸雨中 $A$ 值可高达 5~10，远高于欧洲、北美和日本的比值

（国外酸雨 $A$ 值约为 2），因此中国酸雨是典型的硫酸型酸雨。中国的矿物燃料主要是含硫量较高的煤，它成为大气中硫的主要来源。相比 $NO_x$，$SO_2$ 在我国的酸雨形成过程中起着更加重要的影响，这是造成我国硫酸型酸雨的主要原因。

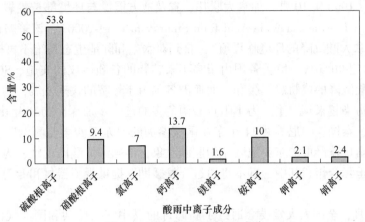

图 3-1　我国典型酸雨离子成分

1998 年我国"两控区"（酸雨控制区和二氧化硫控制区）政策的实施使得 $SO_2$ 的排放得到了一定的控制，但是随着我国汽车保有量的显著增加，另一重要的致酸物质 $NO_x$ 的排放量却在持续增长，并慢慢导致我国酸雨污染类型发生转变，即由原来的硫酸型逐步转变为硫酸、硝酸混合型。位于沿海发达地区的厦门、珠海降水中硝酸根与硫酸根的离子浓度大体相当，酸雨已是硫硝混合型酸雨，而内陆的绝大多数城市硫酸根浓度远大于硝酸根浓度，仍然是硫酸型酸雨。

### 3.1.4　酸雨防治措施

#### 3.1.4.1　国际协作和政策

1972 年瑞典政府首次将酸雨作为一个国际性环境问题向人类环境会议提交了报告，1975 年第一次国际性酸雨和森林生态系统讨论会在美国举行，该会议讨论了酸雨对地表、土壤、森林和植被的严重危害，自此酸雨问题受到了普遍重视。1977 年联合国会议承认酸雨是属于全球性的污染问题。

1979 年以欧洲国家为主的 33 个国家签订了远距离越境大气污染公约（LRTAP：Convention on Long-Range Transboundary Air Pollution），是国际社会第一部以控制越境空气污染为目的的区域性多边公约，于 1983 年 3 月 16 日生效。公约签订的目的在于各缔约国尽力地去限制，尽可能逐渐地减少和防止长距离越境空气污染的排放，尤其在控制二氧化硫的排放和酸雨等方面。各国在 LRTAP 协定下签订了《削减硫排放议定书》（《赫尔辛基议定书》，1985）和《稳定 $NO_x$ 排放议定书》（《索非亚议定书》，1988），之后各国逐渐开始采取了一系列的有效措施削减各种污染排放。

针对大气污染问题，美国早在 1970 年就制定了一部联邦法律——《清洁空气法案》（Clean Air Act，CAA），用以控制来自面源、固定源和移动源的大气污染排放物。1985 年加拿大建立了酸雨控制计划，要求将 $SO_2$ 的排放量在 1980 年的水平上降低 40%。1990 年美国国会通过了《清洁空气法案》修正案，提出了"酸雨计划"（Acid Rain Program，

ARP），正式确立了排污交易的法律地位，提出在全国范围内利用排污交易机制削减二氧化硫排放、降低酸雨污染危害，这是世界首个为控制大气污染而建立的大规模总量控制与交易计划。1991 年，美国和加拿大签署了加拿大与美国大气质量协议，正式开始了对酸雨问题的合作。1998 年 10 月，加拿大联邦、省及地方能源与环境部长签署了加拿大跨越 2000 酸雨策略（The Canada-Wide Acid Rain Strategy for Post-2000），该策略的主要长期目标是"满足加拿大酸沉降的环境临界值"，直到对水生和陆地生态系统不再构成危害。

进入 20 世纪 90 年代，欧美各国由于多年来签署的各项协议的实施，$SO_2$ 排放量得以削减，酸雨和酸沉降的威胁趋于缓和，而亚洲各国由于经济的快速发展，污染物排放量急剧增加，酸雨污染越来越严重。为了阻止酸雨危害的进一步加深，2001 年由中国、日本、俄罗斯、蒙古、泰国、印尼等共 11 个东亚国家参加的"东亚酸雨监测网"正式启动。这个计划是将酸雨日益严重的东亚地区作为监测对象，准确评估酸雨现状，为抑制酸雨的进一步恶化进行国际合作。其中，日本将通过开发援助、提供观测器材和专门人才进修等给予合作。

1995 年 8 月，全国人大常委会通过了新修订的《中华人民共和国大气污染防治法》，其中明确规定要在全国划定酸雨控制区和二氧化硫污染控制区，以求在两控区内强化对酸雨和二氧化硫的污染控制。1998 年 1 月，国务院批准了"两控区"划分方案，并提出了相应的配套政策。1998 年 2 月，国家环保总局召开了"两控区"工作会议，会上发布了《"两控区"酸雨和 $SO_2$ 污染综合防治行动方案》和《"两控区"酸雨和 $SO_2$ 污染综合防治规划编制大纲》。

我国酸雨控制地区的面积约为 80 万平方公里，占国土面积 8.4%，主要包括上海市、重庆市以及浙江、安徽、福建、江西、湖北、湖南、广东、广西、四川、贵州、云南等省的部分城市地区。我国二氧化硫污染控制区面积为 29 万平方公里，占国土面积 3%，主要包括北京市、天津市以及河北、山西、内蒙古、辽宁、吉林、江苏、河南、陕西、甘肃、宁夏、新疆等省或自治区的部分城市。实施"两控区"政策后，酸雨状况有了一定改进。1999 年底，列入"两控区"的 175 个城市中已有 98 座城市实现了二氧化硫浓度达标。近年来，我国治理酸雨和 $SO_2$ 污染的力度进一步加大，期待未来我国酸雨状况会有明显好转。

### 3.1.4.2 具体对策

控制酸雨的根本途径是减少或消除酸沉降的污染源，最根本的途径是控制 $SO_2$ 和 $NO_x$ 的排放。

（1）控制污染源的排放。要减少酸雨的危害，必须从污染源的排放抓起。酸雨的污染源主要是燃料燃烧、工业生产过程释放的废气及交通工具排放的尾气。要减少污染源，就要对其排放加以控制。例如，在使用煤炭过程中可变散煤为型煤及采用原煤脱硫脱氮技术，以减少燃煤过程中二氧化硫和氮氧化物的排放量。

（2）切断酸雨形成的途径。在排放到大气之前，使用石灰法对煤燃烧后形成的烟气进行烟气脱硫。对于汽车尾气，现在也有一些石化脱硫催化剂和气体吸收吸附及催化净化的试验和研究，这些新技术的应用将会有效切断酸雨形成的循环途径。

（3）开发和利用新能源。开发和利用可替代燃煤的新能源，如太阳能、风能、核能、地热能等将会对二氧化硫及酸雨危害的控制做出重大贡献。

（4）加大行政执法力度。加大政府扶持、行政立法和管理力度，完善环境法规，加大环保执法力度，抓好工业二氧化硫的排放治理。

# 3.2 臭 氧 洞

### 3.2.1 地球生命的保护伞——臭氧层

臭氧（$O_3$）是大气的微量气体之一，是 $O_2$ 的同素异形体，具有强氧化性。臭氧在大气中的平均含量约为 $0.4×10^{-6}$，主要浓集（>90%）在平流层内的臭氧层中（高度约 20~25km 的高空）。在标准状态（0℃、101325Pa）下，如果把大气中的臭氧收集起来，全球平均累积厚度仅为 3mm 左右，即只相当于两个一元硬币的厚度。臭氧总量通常用多布森单位（Dobsonunit，简称 DU）来度量，1 个多布森单位指的是标准状态下臭氧累积厚度为 0.01mm 的浓度状态，3mm 就是 300DU（正常大气臭氧浓度）。

臭氧层中的臭氧主要来源于紫外线。太阳光线中的紫外线分为长波和短波，当大气中含有 21% 的氧气分子受到短波紫外线照射时，氧分子会分解成原子状态（氧的自由基，表示为 $O^*$）。氧自由基的不稳定性极强，极易与其他物质发生反应，如与 $H_2$ 反应生成 $H_2O$，与 C 反应生成 $CO_2$，同样，与 $O_2$ 反应时便形成了 $O_3$。臭氧形成后，由于其密度大于氧气，会逐渐向臭氧层的底层降落，在降落过程中随着温度的上升，臭氧不稳定性越加明显，再受到长波紫外线的照射，再度还原为氧。臭氧层就是保持了这种氧气与臭氧相互转换的动态平衡。由于臭氧和氧气之间的平衡，在大气中形成了一个较为稳定的臭氧层。氧气与臭氧相互转换的动态平衡化学反应如下：

$$O_2 + h\nu(<243nm) \longrightarrow O^* + O^*$$

$$O_2 + O^* + M \longrightarrow O_3 + M$$

$$O_3 + h\nu(<312nm) \longrightarrow O_2 + O^*$$

$$O_3 + O^* \longrightarrow 2O_2$$

式中，$h\nu$ 为光粒子所具有的能量（$h$ 为普朗克常数，$\nu$ 为光粒子振动频率）；$O^*$ 为氧的自由基；M 为氮、氧分子等可以吸收或放出能量从而加速反应进行的物质。在无其他干扰因素时，臭氧层中的臭氧维持着生成与分解的平衡，使大气中臭氧浓度保持在一定的范围之内。

平流层中有足够多的氧分子和氧原子，从而为臭氧形成创造了条件，臭氧混合比（指单位质量干空气中的臭氧质量）最大。平流层以上的高层大气因太阳紫外辐射强度更大，使氧分子几乎全部分解成氧原子，因此很少有氧原子和氧分子相遇的机会，所以难以形成臭氧。到达对流层的太阳紫外线，因臭氧层吸收了约 70%~90% 以上的紫外辐射，强度大为减弱，只有很少氧分子发生分解，所以对流层臭氧含量相对也很少。

低层大气中的少量臭氧一般可由闪电等原因生成。对流层与平流层的臭氧间存在着一定影响，如上部大气臭氧浓度的减少会使得到达低层大气的紫外辐射增加，从而加速光化学反应的速率，在低层大气生成臭氧。对流层中的臭氧对人类是有害的，是当前城市大气光化学烟雾污染的主要物质，吸入量稍微超剂量就会出现呼吸困难、咳嗽、眼睛过敏等症状。

紫外线（ultraviolet rays，简称 UV）波长在 180~400nm 之间，其中波长大于 320nm 的称为紫外线 A（UV-A），波长在 280~320nm 之间的称为紫外线 B（UV-B），波长小于 280nm 的称为紫外线 C（UV-C）。紫外线 C 对机体细胞有强烈的刺激破坏作用，可以杀死地面上的一切生命，所幸它可被臭氧层完全吸收（即使平流层的臭氧发生损耗，UV-C 波段的紫外线也不会到达地表造成不良影响）；紫外线 B 可以严重损伤地球生命，但其中波长小于 290nm 的有害部分基本上也可被臭氧层所吸收，而没有被臭氧层吸收的那部分可使人体内合成维生素 D，有抗佝偻病和红斑作用；适量紫外线 A 对人类是有益的，有杀菌等作用，可全部通过臭氧层。

臭氧层在保护生态环境方面起着十分重要的作用，这可从两方面体现：一方面臭氧层吸收太阳紫外辐射把电磁能变为热能，使平流层大气因吸收太阳短波辐射而增温，这好比对流层上的"热盖子"（对流层大气温度随高度升高而降低，对流层顶温度约为-83℃；另一方面，因臭氧层的存在，平流层上部明显增温，平流层顶的大气温度可达-3~ -17℃，比对流层温度增高约 60~70℃之多），使我们行星上的生命得以持续下去。此外，由于臭氧层有强烈吸收太阳紫外辐射的功能，特别是有效吸收对人类健康有害的 UV-B 段紫外线，使地球生命免受伤害。与此同时，让对地球生命无害的紫外线和可见光等太阳辐射通过，支持各种生物生长，构成食物链的基础，透过的少量紫外线，还可起到杀菌治病的作用。

从地球生命的历史看，直到臭氧层形成之后，生命才有可能在地球陆地上生存、延续和发展。所以，臭氧层是地球生命的保护伞，这一天然屏障若遭破坏，生活在地球上的生物将受到严重的影响。

### 3.2.2 臭氧层的"漏洞百出"——臭氧洞

1985 年，英国南极科学家福曼（Farmen）等人根据英国哈利湾南极站 30 年的臭氧观测资料，首次发表 1980~1984 年间南极上空每年春季（10 月）臭氧含量比过去有大幅度下降的消息，这一事件引起了美国国家航空航天管理局（NASA）的注意，他们对卫星观测数据进行分析，证实了这个事实，并形象地提出"臭氧洞"概念。世界气象组织规定，大气中臭氧总量减少到 200DU 以下时就认为出现了臭氧洞。按照这个标准，南极上空于 1982 年 10 月就已经首次出现了臭氧洞。臭氧洞（臭氧层空洞）其实并不是真正的"洞"，而只是表示臭氧含量异常稀少的区域。

从 20 世纪 80 年代初开始臭氧洞的面积急剧增大，80 年代中期至 2000 年其增大速度开始放缓，如图 3-2 所示。图中右侧的纵坐标是臭氧洞面积与南极大陆面积的比值，从该比值的变化状况可清晰看出臭氧洞面积的变化规模。一般来说，从每年 8 月中下旬开始，南极臭氧含量就开始减少，9 月下旬开始出现臭氧洞，10 月上旬前后臭氧洞达到最深，面积达到最大，然后于 11 月底或 12 月初迅速恢复到正常数值。2000 年 9 月，南极上空臭氧洞的面积达到创纪录的 2830 万平方千米，相当于美国领土面积的 3 倍。2015 年 10 月，南极臭氧层空洞面积达历史第四水平，约 2820 万平方千米，几乎是澳大利亚国土面积的 4 倍。

南极冬天的极低温度使极地空气受冷下沉，形成一个强烈的西向环流，称为极地涡旋

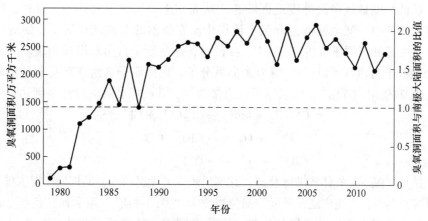

图 3-2　臭氧洞面积的最大值在 1979 年后的历年变化

（polar vortex），该涡旋使南极空气与大气的其余部分隔离，从而使涡旋内部的大气成为一个巨大的"反应器"。当春天来临时，在该"反应器"内的平流层云团表面开始发生有大量氯原子生成的光解反应，氯原子作为催化剂开始了破坏臭氧层的反应。

科学考察还表明，北极地区臭氧层破坏也相当严重，平均减少 10%～25%，但还没有出现臭氧洞。这是因为南北两极的地理环境和大气环流形势存在差异所致，然而，由于北极附近中高纬度地区人烟较为稠密，居住者大多是白种人，而白种人皮肤最易受到紫外线伤害，因此，北极臭氧层减薄的影响实际上比南极出现臭氧洞的影响还要大。

中国大气物理和气象学家观测发现，在被称为地球"第三极"的青藏高原上空的臭氧正以每 10 年 2.7% 的速度在减少，尤其是在 6～9 月间存在臭氧低谷现象，比同纬度地区最大减少 10%。此外，我们生活的中纬度地区上空的臭氧含量也降低了 8%～10%。同时，我国设在昆明、北京的臭氧监测站在 1980～1987 年间观测到昆明上空臭氧平均含量减少 1.5%，北京减少 5%。监测结果证实了臭氧层的破坏已遍及全球，成为人们所关注的全球性环境问题。

### 3.2.3　臭氧层破坏原理及其危害

在有机化学中，碳和氢的饱和化合物被称为烷烃，以最简单的烷烃甲烷（$CH_4$）为例，当其中的四个氢原子被卤族元素中的氟（F）、氯（Cl）、溴（Br）原子取代后就出现了一系列的衍生物，其中完全取代后的氯氟烷烃（$CF_xCl_{4-x}$）称为 CFCs（chlorofluorocarbons）或氟利昂（freon，与 CFCs 基本相同，但有时含有 Br 原子），完全取代后的溴氟烷烃（$CF_xBr_{4-x}$，有时也含有 Cl 原子）称为哈龙（Halons）。氟利昂及哈龙一般广义定义为饱和烃（主要指甲烷、乙烷和丙烷）的卤代物，其中氟利昂主要指氯氟烃类物质，而哈龙则是指含溴的氯氟烃类物质。研究表明，消耗臭氧层物质（ODS：ozone depleting substances）主要包括氟利昂（主要是 CFCs）、哈龙、含氢氯氟烃（HCFCs：hydrochlorofluorocarbons）、甲基溴（$CH_3Br$）、四氯化碳（$CCl_4$）等。

ODS 在对流层几乎是化学惰性的，自由基对其的氧化作用也可以忽略，因此，它们在对流层十分稳定，不能通过一般的大气化学反应去除。经过一定时间后，这些化合物会在全球范围内的对流层分布均匀，然后主要在热带地区上空被大气环流带入到平流层，风又将它们从低纬度地区向高纬度地区输送，从而在平流层内混合均匀。这样，ODS 一旦被释放进入大气中，就会慢慢上升到平流层中。在强烈的紫外线辐射下，ODS 可被光解出氯原子自由基和溴原子自由基（ $Cl^*$ 、 $Br^*$ ），这些原子自由基即成为破坏臭氧的催化剂（一个氯原子自由基可以破坏 10 万个臭氧分子，而溴原子自由基对臭氧的破坏能力是氯原子自由基的 30~60 倍）。以氯原子自由基为例，其破坏臭氧的过程举例如下：

$$CF_2Cl_2 + h\nu \longrightarrow CF_2Cl^* + Cl^*$$
$$Cl^* + O_3 \longrightarrow ClO^* + O_2$$
$$ClO^* + O^* \longrightarrow Cl^* + O_2$$

氟利昂在常温下呈气体或液体状态，它不易燃烧，无腐蚀性，易挥发，对人体无害，多种物质可溶于其中，用途广泛，开发当初曾被赞为"梦幻物质"。氟利昂广泛用于冰箱和空调制冷、泡沫塑料发泡、电子器件清洗；而哈龙则用于特殊场合灭火，特别是哈龙 1211（ $CF_2ClBr$ ）、哈龙 1301（ $CF_3Br$ ）由于其在灭火防爆和抑爆方面均具有独特的效果，并且不导电、无残留，一直是固定灭火系统和手提灭火器中首选的灭火药剂。由于 CFCs 和 Halons 类物质的化学性质较为稳定，在大气同温层中很容易聚集起来，因而其影响可持续一个世纪或更长的时间。对臭氧层构成破坏作用的一些常用卤化烷烃类物质如表 3-2 所示。

**表 3-2　常用卤化烷烃类物质**

| 名称 | 英文名 | 构成元素 |
|---|---|---|
| CFCs | chlorofluorocarbons | 仅 C、Cl、F |
| 氟利昂 | freon, fron（原来皆为商标名） | 与 CFCs 基本相同（有时包含原子 Br） |
| 哈龙 | halons | C、Br、F（有时包含原子 Cl） |
| HCFCs | hydrochlorofluorocarbons | C、Cl、F、H |

研究结果表明，进入大气平流层的哈龙比氟利昂更危险，前者的消耗臭氧潜能值（ODP：ozone depleting potential）远远大于氟利昂。表 3-3 列出了一些消耗臭氧物质的 ODP 值。

**表 3-3　一些消耗臭氧物质的 ODP 值**

| 物质 | 化学式 | ODP | 物质 | 化学式 | ODP |
|---|---|---|---|---|---|
| CFC11 | $CFCl_3$ | 1.0 | HCFC124 | $C_2HF_4Cl$ | 0.022 |
| CFC12 | $CF_2Cl_2$ | 1.0 | Halon1211 | $CF_2ClBr$ | 4 |
| CFC113 | $C_2F_3Cl_3$ | 1.07 | Halon1301 | $CF_3Br$ | 16 |
| CFC114 | $C_2F_4Cl_2$ | 0.8 | Halon2402 | $C_2F_4Br_2$ | 7 |
| CFC115 | $C_2F_5Cl$ | 0.5 | $CCl_4$ | $CCl_4$ | 1.08 |
| HCFC22 | $CHF_2Cl$ | 0.055 | $CH_3CCl_3$ | $CH_3CCl_3$ | 0.12 |
| HCFC123 | $C_2HF_3Cl_2$ | 0.02 | $CH_3Br$ | $CH_3Br$ | 0.6 |

注：通常用三个数字来对 CFCs 或 HCFCs 体系进行命名，其中最后一个数字表示分子中氟原子的数量，中间数字表示分子中的氢原子数加 1，第一个数字表示分子中碳原子数减 1。对于甲烷系列的衍生物，第一个数字等于 0 通常将其省略了。分子中所有没被表示出来的原子被认为是氯原子。对于哈龙类化合物，通常使用由 5 个数字组成的体系来对它进行命名，这五个数字依此分别表示分子中 C、F、Cl、Br、I 的原子数，如 Halon1211 就代表分子式为 $CF_2ClBr$ 的化合物。

近年来随着航空航天事业的发展，大量氮氧化物进入平流层，在那里滞留几个月甚至几年，对平流层中的臭氧也起了一定破坏作用。氮氧化物与臭氧的化学反应如下：

$$NO + O_3 \longrightarrow NO_2 + O_2$$

$$NO_2 + O^* \longrightarrow NO + O_2$$

净反应为

$$O^* + O_3 \longrightarrow 2O_2$$

虽然臭氧层破坏所涉及的因素较多，需要开展进一步研究，但已有资料足以证明其破坏是由以上所述的人为污染物进入平流层而引起的。人工合成的一些含有氯、溴的物质是造成南极臭氧洞形成的罪魁祸首（与原子 F 无关），最早由美国科学家马里奥·莫林纳（Mario Molina）和舍伍德·罗兰德（F. Sherwood Rowland）在 1974 年首次发现，根据他们的科学研究成果，人类表现出前所未有的合作精神，最终缔结了限制和停止生产 ODS 类化合物（如氟利昂）的国际协定，他们也因此获得了 1995 年度诺贝尔化学奖。

臭氧层的破坏会导致过量有害紫外线（UV-B）到达地球表面。据预测，臭氧层每减少 10% 则到达地面的紫外线会增加 20%。研究表明，UV-B 主要损害生物的 DNA 并影响人体免疫系统，会导致皮肤癌、白内障的发病率增加，使包括艾滋病在内的多种病毒的活力增强。此外，过量 UV-B 还会影响植物的光合作用，造成农作物减产，破坏浮游生物的繁殖和生长，减少水产资源，加速橡胶、塑料等材料的老化以及使对流层大气组成和空气质量受到不利影响。

### 3.2.4 保护臭氧层的世界行动

国际上第一次关于臭氧层破坏的讨论会议是在 1976 年由联合国环境规划署（UNEP：United Nations Environment Programme）召开的。随后联合国环境规划署与世界气象组织（WMO：World Meteorological Organization）共同设立臭氧层协调委员会（CCOL：Coordinating Committee of the Ozone Layer），定期来监测臭氧层含量。各国政府之间就淘汰 ODS 物质的内部讨论于 1981 年开始，并于 1985 年出台了《保护臭氧层维也纳公约》（Vienna Convention for the Protection of the Ozone Layer，以下简称公约），该公约旨在鼓励各缔约国之间在监督生产全氯氟烃、研究及观测臭氧层等各个方面进行交流。

为了保护臭氧层免受氯氟碳化物的损害，联合国继承《保护臭氧层维也纳公约》的原则，邀请 26 个国家，于 1987 年 9 月在蒙特利尔签署了《关于消耗臭氧层物质的蒙特利尔议定书》（Montreal Protocol on Substances that Deplete the Ozone Layer，以下简称议定书）。该议定书开始对生产五种氯氟碳化物和三种哈龙共 8 种 ODS 物质在控制限额、控制时间和评估机制等方面做出严格的限制，并强调保护臭氧层免受破坏是世界各国的共同义务，各国均应采取有效措施进行防治。

1995 年 9 月 16 日是议定书签订 8 周年纪念日，因此联合国大会决定从 1995 年起，每年的 9 月 16 日定为"国际保护臭氧层日"，要求所有缔约国根据议定书及其修正案的目标，采取具体行动纪念这一特殊的日子。截至 2015 年，议定书已经过五次重大调整和四次修订，公布了一系列 ODS 受控物质清单（绝大多数的 ODS 都是温室气体，所以保护臭氧层同时也意味着减缓气候变暖）。保护臭氧层行动得到了全球 197 个国家和地区的广泛参与，全球履约取得显著成效，实现了巨大环境、健康和气候效益。

中国政府于 1989 年加入公约，于 1991 年加入议定书。1992 年，中国政府组织各方专家编制了《中国逐步淘汰消耗臭氧层物质国家方案》并于 1993 年正式批准实施。1994 年，我国生产出国内最早的绿色产品——无氟利昂冰箱。1999 年 7 月 1 日，我国按议定书的要求冻结了氯氟烃产量，1999 年 11 月 25 日，公布实施新修订的国家方案，将淘汰时间表提前，完全淘汰哈龙 1211 灭火剂的限期由原来的 2010 年提前到 2006 年，汽车空调、清洗等行业的某些消耗臭氧层物质也将提前完成淘汰，而且新的国家方案还确定了更加切实可行的控制目标、淘汰机制和方式，为各相关行业推荐了适合中国国情的替代品和替代技术。截至 2014 年，中国已经具备较高水平的 ODS 替代品开发以及生产能力，国际上所给出的 ODS 物质替代品中国都已经可以生产，并达到每年数十万吨的生产能力，某些替代品的出口数量大大超过其国内销售量。

我国积极参加了历次议定书缔约方会议和有关国际会议，努力推动国际履约谈判，并向国际社会派送了多名国内专家，参与有关工作，维护了发展中国家利益。1999 年 11 月 29 日～12 月 3 日在北京举行了第十一次蒙特利尔议定书缔约国大会，会上通过了《北京宣言》，呼吁各国采取更加有效的行动，特别是发达国家应该向发展中国家继续保持足够的资金支持和技术转让，帮助他们履行其义务。联合国环境规划署副执行主席卡海尔先生赞扬说："中国政府始终站在淘汰消耗臭氧层物质战斗的最前线，是达到议定书要求目标最好的国家之一。"高度评价此次大会是国际社会合作保护臭氧层的里程碑。

国际保护臭氧层行动是成功的，议定书已成为国际各项环境条约中执行较好的范例。到 1995 年，全球消耗臭氧层物质的生产和消费已减少了近 70%。发达国家及发展中国家分别于 1996 年、2010 年前基本停止生产和使用消耗臭氧层物质。科学家预测，如果议定书要求的时间表能按时落实，则地球大气中消耗臭氧层物质总量大约在 21 世纪初达到高峰，然后逐渐缓慢下降，并将于 2050～2070 年恢复到过去的正常水平。

**知识专栏**

## 酸雨指标 pH=5.6 的由来

在天然条件下，大气中的二氧化碳溶入纯净的雨水中，使雨水具有 pH=5.6 左右的微酸性。这是考虑到二氧化碳与水中碳酸氢根的平衡：

$$CO_2 + H_2O \rightleftharpoons H_2CO_3 \qquad (1)$$
$$H_2CO_3 \rightleftharpoons H^+ + HCO_3^- \qquad (2)$$
$$\overline{CO_2 + H_2O \rightleftharpoons H^+ + HCO_3^-} \qquad (3)$$

$H_2CO_3$ 的二级离解一般不予考虑。式（1）和式（2）在 25℃时的平衡常数为 $10^{-1.46}$ 和 $10^{-6.35}$，由此得：

$$\frac{\left(\frac{[H^+]}{1mol/L}\right)\left(\frac{[HCO_3^-]}{1mol/L}\right)}{\frac{[CO_2]}{1.013\times10^5 Pa}} = 10^{-7.81}$$

式中，$[H^+]$、$[HCO_3^-]$ 分别为相应物质在水溶液中的浓度，mol/L；$[CO_2]$ 为大气中 $CO_2$ 的分压，等于 $3.16 \times 10^{-4} \times 1.013 \times 10^5 Pa$，则

$$[H^+][HCO_3^-] = 10^{-7.81} \times 3.16 \times 10^{-4}$$
$$= 3.16 \times 10^{-11.81}$$

对于纯水，假定 $HCO_3^-$ 仅来自大气 $CO_2$，且水离解的 $H^+$ 可忽略不计，则 $[H^+]$ 与 $[HCO_3^-]$ 应相等，即

$$[H^+]^2 = 3.16 \times 10^{-11.81} = 10^{-11.31}$$
$$[H^+] = 10^{-5.65} mol/L$$

所以

$$pH = 5.65$$

如果大气受到酸性物质的污染，降水的 pH 值就会进一步降低。因此，一般把 pH<5.6 的降水称为人类活动造成的酸雨。

然而，即使在未受人类活动影响的天然条件下，除了二氧化碳，空气中还有其他的酸性和碱性物质，降水 pH 值也不一定是 5.6。不同地区空气中酸碱物质有多有少，例如海洋大气中酸性气体较多，而干旱大陆大气中碱性粉尘则较多。因此，未受人类活动影响的降水的本底 pH 值也就可能高于或低于 5.6。

## 思 考 题

3-1 什么是酸雨，酸雨是怎样形成的？酸雨的危害主要体现在哪些方面？

3-2 全球三大酸雨地区是指哪些区域？酸雨防治的国际协作或协议有哪些？简述酸雨防治的国际合作历程。

3-3 简述中国酸雨的分布和组成特点，举例说明防治酸雨的具体方法。

3-4 什么叫"两控区"？酸雨区是否就是酸雨控制区？论述我国实施"两控区"的目的和意义。

3-5 根据波长范围，太阳光线中的紫外线可分为哪几种？各有何特点？

3-6 臭氧层主要集中于大气层中的哪一层？臭氧层在保护生态环境方面的重要作用体现在哪些方面？

3-7 臭氧浓度是如何定义的？臭氧层中一般正常臭氧浓度应是多少？

3-8 ODS 表示何种物质？主要的 ODS 有哪些？含氯和溴的人造化学物质破坏臭氧层的原理是什么？如何避免或将这种危害降低到最小？

3-9 简述国际保护臭氧层日的来历及其意义。

3-10 国际和我国在保护臭氧层方面做了哪些努力？保护臭氧层的国际协作效果如何？

3-11 专家告诫："臭氧层薄了，太阳光强了，出门在外要防晒。"请说明其机理并请收集实例，讨论臭氧层损耗对人体健康的影响及相应的防护措施。

3-12 试比较平流层臭氧和对流层臭氧对人类环境的影响。有人说："平流层臭氧减少，对流层臭氧增加，正好平衡，不会对人类环境产生重大影响。"这种说法是否正确？

# **4** 全球暖化

**本章要点**

（1）根据政府间气候变化专门委员会（IPCC）报告可知，全球变暖的事实毋庸置疑，全球暖化极其可能是人类活动所导致的人为温室效应造成的。根据风险预防原则，人类只有采取必要措施，减缓并适应气候变化，才能建立一个更加繁荣可持续的未来。

（2）为应对全球暖化问题，世界各国经历了艰难曲折的国际合作过程。其中，《联合国气候变化框架公约》《京都议定书》《巴黎协定》是具有里程碑意义的合作成果文件。中国在应对全球暖化过程中，面临严峻挑战并作出了积极贡献。

在当前的诸多全球环境问题中，气候变化最为引人注目。目前国际社会所讨论的气候变化问题，主要是指由于温室气体增加而造成的气候变暖，即全球暖化问题。本章从温室气体、温室效应等基本概念出发，在介绍 IPCC 报告、分析全球暖化的现状及其变化趋势的基础上，探讨全球暖化产生的影响及应对策略，展示解决气候变化问题艰难曲折的国际合作过程以及中国的应对行动及贡献。

## 4.1 地球暖化机理及趋势

### 4.1.1 温室效应

一些大气中的组分（如 $CO_2$、$CH_4$ 等温室气体）可无阻挡地让太阳的短波辐射到达地球使地球升温，同时能够部分吸收太阳和地球表面发射的长波辐射从而产生使大气增温的作用，称为"温室效应"（greenhouse effect）。生活中我们见到的玻璃育花房和蔬菜大棚就是典型的温室。太阳光直接照射进温室加热室内空气，而玻璃或透明塑料薄膜又可以阻止室内的热空气向外散发，使室内的温度保持高于外界的状态，以提供有利于植物快速生长的条件。假设来自太阳的总辐射能为 100 的条件下地球温室效应机理如图 4-1 所示。由图可见，地表所吸收的能量除了太阳直接辐射到地表的能量（49）外，还有温室气体辐射到地表的能量（95），合计能量为 144，比太阳提供的总能量（100）大了 44。可见，大约有一半的太阳辐射能量被地球吸收，通过湍流显热（上升暖流）、潜热以及地表辐射，这些能量又被传递到大气中，大气通过外逸长波辐射将这些能量辐射到太空的同时通过反向辐射使地表升温，此即为温室效应。

其实，在人为因素干扰大气组成之前，地球的温室效应和温室气体就已经存在。拥有一定数量的温室气体是有益的，它可以帮助地球表面温度保持在一个宜人的水平。没有温

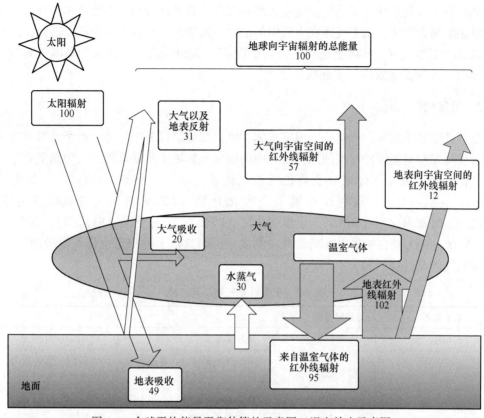

图 4-1　全球平均能量平衡估算的示意图（温室效应示意图）

室气体，地球表层的平均温度将只有−18℃，那将使人类无法生存。例如，月球与地球同
太阳等距，但由于没有大气层，月球表面平均温度只有−20℃，由此可见温室效应有无的
巨大差异。太阳系八大行星的表面平均温度如表 4-1 所示，表中与太阳的距离由小到大的
顺序为：水星、金星、地球、火星、木星、土星、天王星、海王星。距太阳越远，则行星
的表面平均温度越低（金星除外）。由于金星表面存在强烈的温室效应，使其表面温度
（477℃）高于距太阳更近的水星温度（430℃）。适于人类居住的地球的平均温度为15℃，
这得益于地球与太阳间的合适距离和温室效应。

表 4-1　太阳及行星的表面平均温度

| 太阳及行星 | 表面平均温度/℃ |
| --- | --- |
| 太阳 | 6000 |
| 水星 | 430 |
| 金星 | 477 |
| 地球 | 15 |
| 火星 | −47 |
| 木星 | −150 |
| 土星 | −180 |
| 天王星 | −210 |
| 海王星 | −230 |

　　然而由于人类活动，尤其是大量化石燃料燃烧、森林砍伐和工业生产等，使大气层的组成发生了很大变化，温室气体在大气中的浓度快速增加，导致全球变暖。因此，现在普遍所说的"温室效应"实际上是"人为温室效应"。地球变暖主要是人为原因引起的，即主要是由"人为温室效应"引起的。

### 4.1.2　温室气体

　　能够产生温室效应的气体称为温室气体，也称红外活性分子气体。由于人类对自然资源的过度开发和对能源的过度使用，大气中的温室气体浓度不断增加，人为温室效应导致全球气候变暖。温室气体成分主要包括二氧化碳（$CO_2$）、甲烷（$CH_4$）、一氧化二氮（$N_2O$）、臭氧（$O_3$）、氟利昂或氯氟烃类化合物（CFCs）、氢代氯氟烃类化合物（HCFCs）、氢氟碳化物（HFCs）、全氟碳化物（PFCs）、六氟化硫（$SF_6$）等。其中 $CO_2$、$CH_4$、$N_2O$、和 $O_3$ 是自然界中本来就存在的成分，而其余5种则完全是人类活动的产物。主要温室气体及其特征如表4-2所示。

**表 4-2　主要温室气体及其特征**

| 温室气体 | | 全球增温潜能（GWP） | 性　　质 | 来　　源 |
|---|---|---|---|---|
| $CO_2$ | | 1 | 最有代表性的温室气体 | 化石燃料的燃烧等 |
| $CH_4$ | | 23 | 天然气主要成分，常温为气态，易燃。 | 水稻田、动物反刍、垃圾填埋等 |
| $N_2O$ | | 296 | 氮氧化物中最为安定的物质，无其他氮氧化物（例如 $NO_2$）的有害作用 | 燃料燃烧、工业过程等 |
| 破坏臭氧层类 | CFCs HCFCs | 数千～数万 | 含有氯原子等对臭氧层有破坏作用的氟利昂物质，《关于消耗臭氧层物质的蒙特利尔议定书》中规定限制其生产及消费 | 喷雾剂、空调、冰箱等的制冷剂，半导体清洗剂，建筑绝热材料等 |
| 不破坏臭氧层类 | HFCs | 数百～数万 | 无氯氟利昂，强烈温室气体 | 喷雾剂、空调、冰箱等的制冷剂，化学工艺过程，建筑绝热材料等 |
| | PFCs | 数百～数万 | 碳原子及氟原子构成的氟利昂，强烈温室气体 | 半导体制造工艺过程等 |
| | $SF_6$ | 数万 | 硫原子及氟原子构成的类似氟利昂物质，强烈温室气体 | 电器绝缘介质等 |

　　表中的全球增温潜能（global warming potential，GWP）表示的是各个温室气体对温室效应贡献的大小程度。作为比较标准的 $CO_2$ 的 GWP 为1，其他温室气体的 GWP 值越大则说明该气体的温室效应越强（其实质是将某种温室气体在一定时间范围内产生的增温效应折换成等效的 $CO_2$，即 $CO_2$ 当量）。全球增温潜能包含了某时刻一定量气体的影响以及该气体在大气中全部停留时间内的连续影响两方面因素（即温室气体的浓度及寿命两个因素对温室效应的贡献），是考察全球暖化问题时的重要参数。

　　根据 GWP 值及各个气体的排放量的分析计算结果，工业革命后对温室效应影响最大

的人为排放气体是 $CO_2$，其次是 $CH_4$、$N_2O$、氟利昂类物质，各个温室气体所占比重如图 4-2 所示（图中数据是以 $CO_2$ 当量进行计算的 2004 年的数据值，根据 IPCC 第五次报告绘制）。虽然 $CO_2$ 的 GWP 值最低，但其排放量巨大，工业革命后人类活动使其连续不停地大量排放，今后其排放量还将持续增加。世界能源署（The International Energy Agency，IEA）公布的世界 $CO_2$ 排放总量随时间（1971~2014 年）的变化如图 4-3 所示，1990~2014 年间 $CO_2$ 排放量排名在前四位的国家（中国、美国、印度、俄罗斯）的排放占比的变化情况如图 4-4 所示。由图可见，在全球 $CO_2$ 排放总量不断增长的背景下，中国的排放增幅较为显著，美国则经历了由渐增到渐减的过程，印度的排放也呈现出渐增的趋势，2006 年中国开始超越美国（此时，中国排放量为 59.6 亿吨，美国为 56.0 亿吨，中美两国合计排放量占世界的 40% 以上）。显然，解决全球暖化问题首先要考虑的就是减排 $CO_2$ 问题。以下对各主要温室气体作一简要介绍。

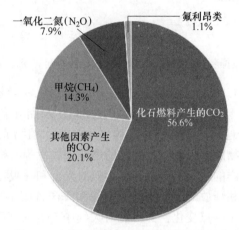

图 4-2　人类活动排放的温室气体百分组成

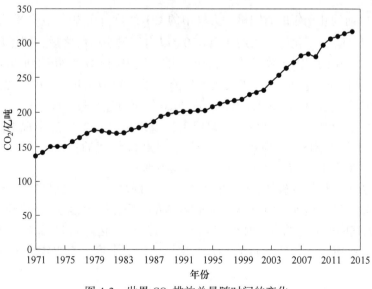

图 4-3　世界 $CO_2$ 排放总量随时间的变化

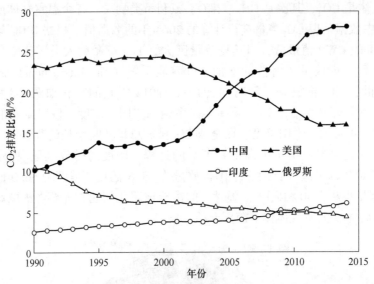

图 4-4　$CO_2$ 排放量排名在前四位的国家排放占比随时间的变化（1990~2014 年）

（1）二氧化碳（$CO_2$）。对于几年到几百年的时间尺度，全球碳循环主要是以 $CO_2$ 的形式在陆地生物圈（地球上所有生物与其环境的总和）、水圈（各种液态、气态和固态水的总和）和大气圈（围绕地球周围的混合气体）中进行。植物光合作用将大气中的 $CO_2$ 固定到陆地生物圈，而生物的呼吸以及生物体的燃烧和腐烂等有机物的分解则以相反的方式将碳返还到大气中。海洋的透光层中也存在相似的光合和呼吸作用，海洋的非生物物理化学过程也在不断地吸收和释放 $CO_2$。陆地生物圈和海洋含碳量远大于大气中的含碳量，所以，这些大的碳库的很小一点变化，都可能对大气中 $CO_2$ 浓度产生重要影响。$CO_2$ 在大气中的寿命约为 50~200 年。有关碳循环还可参见本书"生态危机"一章中"物质循环"一小节。

工业革命以前的几千年的时间里，大气中的 $CO_2$ 浓度（体积分数）平均值约为 $280\times10^{-6}$（约 6000 亿吨），变化幅度大约在 $10\times10^{-6}$ 以内。工业革命之后，碳循环的平衡开始被破坏，造成大气中的 $CO_2$ 浓度的增加，1995 年大气中的 $CO_2$ 浓度达到 $360\times10^{-6}$，增加了约 $80\times10^{-6}$（约 1650 亿吨）。近年来的增加速度平均约为每年 $2\times10^{-6}$，2005 年已达约 $379\times10^{-6}$，2013 年达到 $393\times10^{-6}$，据预测到 2020 年有可能超过 $400\times10^{-6}$。最近五十年间（1960~2010 年），南极点、莫纳罗亚（夏威夷）及绫里（日本）三个观测点处的 $CO_2$ 浓度随时间的增加状况如图 4-5 所示，全球过去 2000 多年间的推测 $CO_2$ 浓度与莫纳罗亚（夏威夷）过去 50 年间相应观测值的对比如图 4-6 所示。

由于森林遭到大规模的破坏，$CO_2$ 的生物汇在不断减少，加之煤炭、石油和天然气等化石燃料的消费一直在增加，而海洋和陆地生物圈并不能完全吸收多排放到大气中的 $CO_2$（每年排放到大气中的 $CO_2$ 约有 50% 留在大气中，净增 38 亿吨），从而导致大气中的 $CO_2$ 浓度不断增加。据推算，若实现目前 $CO_2$ 吸收与排放的平衡，至少需要消减目前排放量的 60%。

（2）甲烷（$CH_4$）。甲烷是仅次于 $CO_2$ 的重要温室气体。它在大气中的浓度虽然比 $CO_2$ 少得多，但增长率则大得多。世界每年排入大气中的甲烷约为 $(2.98~3.37)\times10^8 t$，

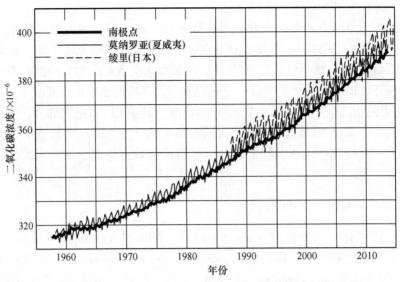

图 4-5 大气中二氧化碳浓度随时间的变化

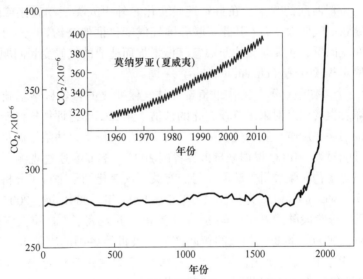

图 4-6 全球过去 2000 多年间的推测 $CO_2$ 浓度与莫纳罗亚（夏威夷）过去 50 年间相应观测值对比

其中 2/3 与农业生产有关，1/3 与化石能源有关。甲烷主要来源于水稻田、动物反刍、天然气开发，垃圾填埋、生物质燃烧，以及缺氧条件下有机物的腐烂（例如堆肥和畜粪）等。甲烷在大气中的寿命较短，约为 12 年。

（3）一氧化二氮（$N_2O$）。一氧化二氮（$N_2O$）通常用作麻醉剂并被称为笑气。它目前在大气中的浓度（体积分数）约是 $0.3 \times 10^{-6}$，每年增加 0.25% 左右（年增加量约为 390 万吨）。$N_2O$ 在大气中平流层光解成 $NO_x$，进而转化成硝酸或硝酸盐而通过干、湿沉降过程被清除出大气。由于 $N_2O$ 是平流层 $NO_x$ 的主要来源，且其在大气中的寿命较长（约 114 年），因而它对平流层 $O_3$ 的光化学过程极其重要。大气 $N_2O$ 均来源于地面排放，其中 40% 来自于人为源，其产生和排放涉及的领域主要包括工业、农业、交通、能源生产与转换、土地变化和林业等。

（4）卤化碳及相关化合物。卤化碳是由碳和氟、氧、溴、碘等合成的化合物，如含氯的氟利昂（CFCs、HCFCs）、无氯氟利昂（HFCs）、含溴的哈龙等，属于长寿命（一般在大气中的寿命为 50~100 年）的温室气体，主要由人类活动产生。一部分卤化碳化合物对臭氧层有破坏作用，其生产和消费已经受到限制，其增加速率正逐渐减小。

PFCs 主要包括 $CF_4$、$C_2F_6$ 及 $C_4F_{10}$ 等三种物质，其中 $CF_4$ 占绝大部分，主要在冶炼等工业过程中产生。$SF_6$ 全部是人为产物，大量应用于铝镁冶炼或电力行业的气体绝缘体及高压转换器等。PFCs 和 $SF_6$ 在大气中的寿命相当长（数万年），GWP 值大，对未来气候影响同样不可忽视。

### 4.1.3 气候变化的权威——IPCC 报告

政府间气候变化专门委员会（Intergovernmental Panel on Climate Change，IPCC）于 1988 年由联合国环境规划署（United Nations Environment Programme，UNEP）及世界气象组织（World Meteorological Organization，WMO）共同组建，其任务是为政府决策者提供气候变化的科学基础，以使决策者认识人类对气候系统造成的危害并采取对策。气候变化是指"经过相当一段时间的观察，在自然气候变化之外由人类活动直接或间接地改变全球大气组成所导致的气候改变"（引自《联合国气候变化框架公约》），而目前国际社会所讨论的气候变化问题，主要是指由于温室气体增加而造成的气候变暖问题，在国际正式文书中，一般使用气候变化（climate change）一词。

IPCC 下设三个工作组。第一工作组负责评估气候变化的自然科学基础，致力于回答全球变暖是怎样发生的以及对未来气候变化的预估；第二工作组评估气候变化对自然系统和社会经济系统的潜在影响、脆弱性及适应对策；第三工作组评估限制温室气体排放和减缓气候变化的可能对策。IPCC 根据来自世界各国 2000 多名专家通过观测、记录、理论研究、计算机模拟等多种科学分析方法所获得的有关气候变化结果进行了分析总结并汇总为评估报告（assessment report），先后于 1990 年、1996 年、2001 年、2007 年和 2013 年（2013 年 9 月开始分阶段陆续发布直至 2014 年为止）共发表了 5 次有关气候变化的权威报告。这些报告已成为气候变化领域的权威产品，被世界各国的决策者、科学家广泛使用。1992 年的《联合国气候变化框架公约》、1997 年的《京都议定书》以及 2015 年的《巴黎协定》都是在参考了 IPCC 报告的基础上作出的。

自 1988 年成立以来，IPCC 以其独有的专业性与权威性，在气候变化的全球治理工作中发挥了独特的作用，构建了世界各国政府决策者与科学家沟通交流的平台。IPCC 通过其历次评估报告赢得了极大尊重，并因为支撑气候政策和提高全球公众意识而获得 2007 年诺贝尔和平奖。

有关全球暖化的 IPCC 报告的重点结论如表 4-3 所示。可以看出，历经 20 多年的努力，科学界对气候变化的界定从 1990 年（FAR）对气候变暖归因的模糊认识到 2013 年（AR5）包含三个数量（50、50%、95%）的清晰结论的变化历程。

2016 年 4 月 IPCC 决定将于 2022 年完成第六次评估报告（AR6）。最新的 IPCC 报告为第五次评估报告（AR5），在 2014 年 11 月获得批准并通过。AR5 内容丰富，详情可在其主页中查阅（http://www.ipcc.ch/），以下为其主要结论。

表 4-3 IPCC 报告中有关全球暖化的重点结论

| 年份，报告简称 | 全球暖化归因 |
| --- | --- |
| 1990，FAR | 过去 100 年全球平均地面温度已经上升 0.3~0.6℃，如果不对温室气体的排放加以控制，到 2025~2050 年间，大气温室气体浓度将增加一倍左右，全球平均温度到 2025 年将比 1990 年之前升高 1℃ 左右，到 21 世纪末将升高 3℃ 左右（比工业化前高 4℃ 左右）。气温升高可能是自然波动或人类活动或两者共同造成的，预测中有很多不确定性 |
| 1996，SAR | 当前出现的全球变暖 "不太可能全部是自然界内部造成的"，并预测如果不对温室气体排放加以限制，到 2100 年全球气温将上升 1~3.5℃。越来越多的各种事实表明了可觉察的人类活动的影响（a discernible human influence，可能性>30%） |
| 2001，TAR | 从 1861 年开始，地球出现变暖趋势，平均气温大约上升了 0.6℃。在全球范围内 20 世纪 90 年代是最热的十年，其中 1998 年是最热的一年。新的、更坚实的证据表明人类活动可能导致全球变暖（likely，可能性>66%） |
| 2007，AR4 | 过去 100 年（1906~2005 年）中全球平均气温升高 0.74℃，过去 50 年中平均气温是过去 1300 年最高值。过去 50 年气候变化很可能由人类活动所引起（very likely，可能性>90%） |
| 2013，AR5 | 过去 50 年以来的全球平均地表温度升高的一多半（>50%）极其可能是人类活动所引起的（probably，可能性>95%） |

注：FAR，First Assesment Report；SAR，Second Assesment Report；TAR，Third Assesment Report；AR4，Assesment Report 4；AR5，Assesment Report 5。

（1）全球气候系统变暖的事实是毋庸置疑的，自 1950 年以来，气候系统观测到的许多变化是过去几十年甚至近千年以来史无前例的。全球几乎所有地区都经历了升温过程，变暖体现在地球表面气温和海洋温度的上升、海平面的上升、格陵兰和南极冰盖消融和冰川退缩、极端气候事件频率的增加等方面。

（2）1880~2012 年的 130 多年间，全球地表平均气温大约上升了 0.85℃（0.65~1.06℃），其中北半球升温高于南半球，冬半年升温高于夏半年。过去 30 年中的每个 10 年地表温度的增暖幅度高于 1850 年以来的任何时期。在北半球，1983~2012 年可能是过去 1400 年中最暖的 30 年，21 世纪的第一个 10 年是最暖的 10 年。1971~2010 年间，气候系统增加的净能量中有 90% 以上储存于海洋，造成海洋上层（0~700m）变暖。世界年平均气温变化如图 4-7 所示，图中纵坐标是以 1961~1990 年的平均温度为基准（作为 0℃）。

（3）自 1971 年以来，全球冰川普遍出现退缩现象，格陵兰冰盖和南极冰盖的冰储量减少。1979~2012 年间北极海冰面积以每 10 年 3.5%~4.1% 的速率缩小。20 世纪以来（1901 年~2010 年），全球海平面上升 19cm，平均每年上升约 1.7mm。

（4）IPCC 设计了四种情景条件下的模拟分析，分别称为 RCP8.5、RCP6.0、RCP4.5 以及 RCP2.6（RCP 是 "representative concentration pathways" 的缩写，意为典型浓度目标，其后面的数字越大，表示到 2100 年时温室气体的浓度越高）。根据模型预测结果，在不采取任何应对措施、任凭温室气体排放的 RCP8.5 情景条件下（悲观条件），到本世纪末（2081~2100 年）世界平均气温将上升 3.7℃（2.6~4.8℃）；而在对温室气体进行彻底减排的 RCP2.6 情景条件下（乐观条件），该上升值为 1.0℃（0.3~1.7℃），即可控制在 2℃ 以内。模拟预测结果如图 4-8 所示（RCP6.0 及 RCP4.5 情景的结果介于以上二者之间，图中未画出），图中所有温度变化值是以 1986~2005 年的地表平均温度为基准（作为 0℃），阴影代表不确定度。根据模拟结果，为达到维持地表温度升高不超过 2℃ 的目标，2050 年的全球排放量应该比 2010 年减少 40%~70%，且在 2100 年前要减少至零排放。

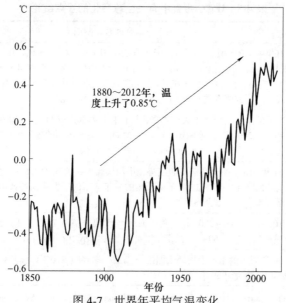

图 4-7 世界年平均气温变化

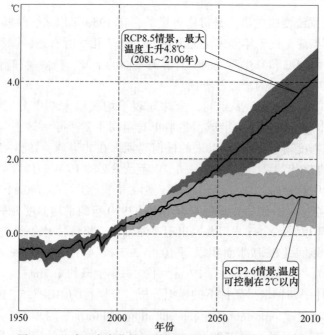

图 4-8 地球温度变化的观测与预测结果（1950~2100 年）

（5）目前，大气中温室气体浓度持续显著上升，$CO_2$、$CH_4$ 和 $N_2O$ 等温室气体的浓度已上升到过去 80 万年来的最高水平，人类使用化石燃料和土地利用变化是温室气体浓度上升的主要原因。在人为影响因素中，向大气排放 $CO_2$ 的长期积累是主要因素，但非 $CO_2$ 温室气体的贡献也十分显著。

由以上结论可知，人类对气候系统的影响越来越明显，人类对气候的干扰越大，其所面临的风险就越高；人类必须采取更多的措施减缓并适应气候变化，才能建立一个更加繁荣可持续的未来。

# 4.2　全球暖化的影响及对策

## 4.2.1　全球暖化的影响

2007 年发表的 IPCC 第四次评估报告中指出，地球的自然环境（陆地、海洋）已经受到全球暖化的影响，主要影响项目总结如表 4-4 所示。

表 4-4　全球暖化的影响

| 系统 | 影　　响 |
|---|---|
| 自然 | 冰川湖泊范围扩大，数量增加；多年冻土区土地的不稳定状态增大，山区出现泥石流和雪崩；北极和南极部分生态系统发生变化，包括那些存在于海冰生物群落的生态系统，以及处于食物链高端的食肉动物 |
| 水文 | 在许多由冰川和积雪供水的河流中，径流量和早春最大溢流量增加；许多地区的湖泊和河流变暖，对热力结构和水质产生影响 |
| 陆地生物 | 树木出新叶、鸟类迁徙和产蛋等春季特有现象出现时间提前；动植物物种的地理分布朝两极和高海拔地区推移；许多地区春季植被提前"返青"，变暖造成了生长季延长 |
| 海洋和淡水生物 | 高纬度海洋中藻类、浮游生物和鱼类的地理分布发生变化；高纬度和高山湖泊中藻类和浮游动物增加；河流中鱼类的地理分布发生变化并提早迁徙。人为碳排放的增多导致海洋更加酸化，pH 值平均下降了 0.1 个单位 |

未来全球暖化将对自然和人类生活造成的威胁总结如下。

（1）淡水资源。本世纪中期以前，在高纬度和部分热带潮湿地区，年平均河流径流量和可用水量预计会增加 10%～40%，而在一些中纬度和热带干燥地区会减少 10%～30%。干旱面积增加，强降水频率上升增大洪涝风险。在本世纪，冰川和积雪的储水量下降，将影响世界上 1/6 以上人口的用水量。

（2）生态系统。许多生态系统将不能适应气候变化以及其他全球变化因素（如土地利用变化、污染、资源过度开采）的综合影响。如果全球平均温度增幅超过 1.5～2.5℃，20%～30% 的动植物物种面临灭绝的风险。伴随着二氧化碳（$CO_2$）浓度增加，生态系统结构和功能、物种的生态相互作用、物种的地理范围等方面，会出现重大变化，并在生物多样性、水和粮食供应等方面产生不良后果。大气 $CO_2$ 浓度升高导致的海水酸化，不利于海洋带壳生物（如珊瑚）及其寄生物种的生存。

（3）粮食、纤维和林业产品。在中高纬度地区，如果平均温度增加 1～3℃，农作物产量预计会有少量增加。如果升温超过这个范围，农作物产量则会降低。在低纬度地区，特别是热带季节性干旱地区，即使增温小于 1～2℃，农作物产量也会降低，增大饥荒风险。从全球角度看，增温 1～3℃ 农业产量有所增加，如果超过这一范围则会降低，而商业木材产量会因温度升高而增长。

（4）海岸带系统和低洼地区。气候变化和海平面上升，使海岸带侵蚀加剧，盐沼和红树林的海岸带湿地将受负面影响。升温使珊瑚更为脆弱，而且适应能力低下。海表温度升高 1～3℃，会导致珊瑚的白化和大范围死亡。到 2080 年代前，由于海平面上升，人口稠密和低洼地区，如亚洲和非洲的大三角洲地区，洪涝、热带风暴或局地海岸带沉降的风险更大。

（5）工业、人居环境和社会。气候变化越剧烈，净影响就越趋向于负面，最脆弱的是那些位于海岸带和江河平原的地区、经济与气候敏感性资源联系密切的地区、极端天气事件易发的地区、特别是城市化发展快速的地区。在高风险区的贫穷社区更难适应气候的变化，而且采取适应措施所需的经济和社会成本也更高。气候变化的影响还会通过社会和经济领域的复杂联系，间接地影响到其他的地区和部门。

（6）人类健康。气候变化对健康的综合影响在不同地区存在差异，也会随温度持续升高的时间而有所不同，还与教育、卫生保健、公共卫生预防和基础设施以及经济发展等因素有关。总体上看，全球范围增温对人类健康带来的负面影响更大，特别是在发展中国家。气候变化可能影响几百万人口的健康状况：营养不良及营养失调增加；由于热浪、洪水、风暴、火灾和干旱导致的死亡、疾病和伤害增加；腹泻疾病增加；与气候变化相关的地面臭氧（$O_3$）浓度增高，使心肺疾病的发病率增加；某些传染病传播媒介的空间分布发生改变。有科学家认为，全球暖化还与热带太平洋赤道附近水域的大面积异常升温（厄尔尼诺现象）或异常降温（拉尼娜现象）现象有关。伴随全球暖化的加剧，这些现象出现的概率和强度都在增加，可导致各种暴风雨、风暴潮、洪水泛滥和持续干旱等自然灾害，严重威胁人类生存环境，造成巨大经济损失。

## 4.2.2　全球暖化的对策

### 4.2.2.1　减缓与适应

应对气候变化对环境的影响有两个基本途径，即减缓（mitigation）和适应（adaptation）。减缓是指人类通过减少温室气体排放源或增加吸收汇（能够从大气中清除温室气体、气溶胶或温室气体前体物质的任何过程、活动或机制称为温室气体吸收汇，目前主要指碳的吸收汇，即碳汇）来减轻气候变化可能带来的影响，它是预防气候变化的行为，旨在降低气候变化的速度和频率，如使用清洁能源和采用新能源等手段降低向空气中排放温室气体以及利用森林植被吸收空气中的二氧化碳等，减缓更倾向于长期性的目标和减排行动落实；适应是指在承认气候变化不可避免的前提下，人类为应对现实的或预期的气候变化对生态系统和人居环境的影响而做出调整及采取相应措施，旨在减轻气候变化的不利影响和损害，如采用抗旱抗涝作物品种、加固海岸堤防或保护沿海生态系统等，适应主要倾向于应急防御和近期行动规划，同时兼顾长期发展利益。减缓和适应气候变化是应对气候变化挑战的两个有机组成部分，应对气候变化需要坚持减缓与适应并重的原则。

虽然适应和减缓都是应对气候变化的措施，但两者有很大区别。适应措施见效快，减缓措施见效慢；适应措施创造局部效益，减缓措施创造全球效益；适应措施所需的基本技术已大量存在，减缓措施所需的技术尚不完全成熟；适应措施对经济增长的负面影响小，甚至在某些情况下会拉动经济增长，而减缓措施在现有技术条件下则会对经济增长产生较大的负面影响。此外，减缓和适应行为存在一定的相互影响关系。例如，提高植被覆盖率在减少碳排放的同时也可提高生态承载力，既有利于适应又有利于减缓气候变化，是双效行为；增加水电开发虽然可以减少碳能源消耗，但同时增加了相关流域的生态脆弱性，虽有利于减缓但不利于适应，是偏减缓的单效行为；环境风险应急设施的建设加强了灾害适应能力，但建设和运行过程增加了碳排放，有利于适应但不利于减缓，是偏适应的单效行为。

面对全球变暖,任何国家都不能独善其身,也没有哪个国家可凭借一己之力予以应对。唯有通过国际合作,携手应对才是解决气候变化问题的唯一可行选择。在应对气候变化问题上,国际社会长期以来对减缓气候变化高度关注,减排温室气体是国际气候变化谈判的主旋律,而适应气候变化战略却没有得到应有的重视,更缺乏具体行动计划和时间表。近年来,越来越多的人士已经认识到,由于减缓带来的积极影响不是即时的,具有滞后性,而且气候变化本身具有惯性,即使既定的减排目标能够实现,全球变暖的趋势至少在今后几十年内还将继续存在。所以,世界各国都在综合考虑"适应和减缓"这两个相辅相成的手段,将其列为气候变化政策的重要内容,并纳入到了国家可持续发展的大框架下。在 2002 年气候变化公约第八次缔约方会议通过的《德里宣言》中,强调了应在可持续发展的框架下应对气候变化的原则,强调要重视气候变化的影响和适应问题以及采取适当的适应气候变化的行动。2004 年第十次缔约方会议通过了《气候变化适应和相应措施的布宜诺斯艾利斯工作计划》,把适应气候变化问题提到前所未有的高度。在 2007 年《联合国气候变化框架公约》第十三次大会通过的《巴厘行动计划》中,将适应气候变化与减缓气候变化置于同等重要位置。有关应对全球暖化的国际合作曲折历程及历次世界气候大会的概要简介见本章 4.3 节。

#### 4.2.2.2 发展中国家的"适应"

对于广大发展中国家来说,减缓全球气候变化是一项长期、艰巨的挑战,而适应气候变化则是一项现实、紧迫的任务。只有适应气候变化,才能实现可持续发展。与技术先进的发达国家相比,发展中国家对气候变化的适应能力有一定差距,对气候变化更为敏感和脆弱,因此,适应战略对发展中国家更为重要,是发展中国家最为关心的问题。2007 年12 月 4 日,联合国环境规划署在印度尼西亚巴厘岛的新闻发布会上,发表了《气候变化的影响和适应评估报告》,呼吁各国政府采取行动适应气候变化,希望将适应气候变化问题纳入各国经济发展计划之中,特别是易受气候变化影响的发展中国家更应如此。

近年来,我国高度重视适应气候变化工作,积极实施适应气候变化的政策和行动,取得了显著成效。2013 年 12 月 9 日,我国发布了《国家适应气候变化战略》,这是我国首部专门针对适应气候变化的战略规划,对于提高国家适应气候变化综合能力具有重大意义。《国家适应气候变化战略》在充分评估了当前和未来气候变化对中国影响的基础上,明确了国家适应气候变化工作的指导思想和原则,提出了适应目标、重点任务、区域格局和保障措施,为统筹协调开展适应工作提供指导。此外,我国积极推进适应气候变化的国际合作,与联合国以及其他国际组织、国外研究机构合作,实施了一批研究项目,还与加拿大、意大利、英国等国家开展了适应气候变化的务实合作。

### 4.2.3 不确定性与风险预防原则

#### 4.2.3.1 气候变化的不确定性

地球的气候系统受到大气圈、水圈、生物圈、岩石圈以及人类圈的交互影响,组成复杂、变化多样,应对全球变暖,必须基于科学认识。目前尽管对气候系统的科学研究已经取得了一些重要结论,但由于人类的认识水平所限,尚无法完全了解气候变化的全部内在规律。因此,目前人类对于气候变暖的认识问题确定性与不确定性并存,这主要是人类对气候系统的物理化学过程与反馈认识不足以及可用于气候研究和模拟的气候系统资料缺乏（如对深海、永冻土等的认识）等原因造成，对气候变暖认识的确定性与不确定性的一些问题举例如表 4-5 所示。

　　气候变化的观测和预估都存在不确定性，不确定性可用某些数值范围来表述（用概率表示）或用信度（以定性方式表示）来表达。目前，对于温室效应和气候变化等论断已经不存在重大分歧，但对气候变化的范围、速度、程度等问题，人们的认知仍然有限。科学存在不确定性也是导致气候变化国际谈判充满变数的原因之一。

表 4-5　　对气候变暖认识的确定性与不确定性问题举例

| 编号 | 有关问题 | 确 定 性 | 不 确 定 性 |
|---|---|---|---|
| 1 | 气候变暖 | 近百年全球气候存在变暖趋势 | 变暖为何出现停滞现象？ |
| 2 | 大气温室气体浓度变化 | 工业革命以来大气温室气体快速升高 | 未来如何变化？ |
| 3 | 温室气体排放与气温升高的关系 | 近百年来大气 $CO_2$ 浓度加倍则导致全球平均增温约 3.0℃ | 在其他更长时间尺度上气候敏感度如何？ |
| 4 | 气候情景模式 | 对近百年的气候变暖趋势模拟较好，并证明人类活动可能是现代气候变暖的主要原因 | 模式是否可信？（模式仅表征了地球系统变化的部分特征，而非全部） |
| 5 | 气候预估 | 根据排放情景预估的本世纪气候会继续变暖 | 还将变暖多少？ |
| 6 | 2℃阈值 | 它是人类控制升温的一个设想，作为应对气候变化的约束性目标 | 未来何时升温超过 2℃？ |
| 7 | 地球系统的临界点 | 地球系统已经出现一些危险信号 | 何时达到临界点？ |

#### 4.2.3.2　气候变化的风险预防原则

　　虽然全球变暖在一定程度上已成为气候变化的代名词，但仍有一些科学家对温室效应与全球变暖理论持怀疑态度，认为气候变化是一个"伪命题"，当前的气候根本没有变暖，甚至有科学家认为一个新的冰川期正在来临，相对温和的时期正在走向结束。全球变暖与反变暖之争所反映的是气候变化的科学不确定性，而科学不确定性也成为反对为气候变化采取行动的最常见理由。

　　应对气候变化的不确定性的主要原则是风险预防原则（precautionary principle）。风险预防原则是指"为了保护环境……不得以缺乏充分确实的科学证据为理由，延迟采取符合成本效益的措施防止环境恶化"（《里约环境与发展宣言》原则 15），即尽管存在科学上的不确定性，但为了预防不可逆的全球变暖发生，所有国家都不能推卸采取措施的责任。根据风险预防原则，只要一种行为对人类健康或环境造成了威胁，就应当采取预防措施，即使一些因果关系还没有被科学所完全确认也应如此。

　　如果仅仅因为气候变化的科学不确定性就拒绝采取任何行动，或者认为"什么都不做"的自由放任才是回应科学不确定性的最佳策略，那就是拒绝正视全球气候变化问题，是对现实的逃避。在气候变化的科学不确定性问题解决之前，人类负有保护大气环境的强烈伦理义务，不应等到所有的科学不确定性问题都得到解决后再降低排放，因为到那时或许为时已晚。毋庸置疑，应对气候变化必须关注科学结论，但却不能仅仅依靠具有高度确定性的科学结论而采取行动。

风险预防原则最初由德国在 1974 年提出，后来欧洲很多国家也开始接受这项原则。至 20 世纪 90 年代，这项原则逐渐进入国际法，包括 1992 年签署的《欧洲联盟条约》以及在 1992 年联合国环境与发展大会上通过的《生物多样性公约》《联合国气候变化框架公约》等等，而对该原则的内涵作出比较完整表述的，当属 1992 年联合国环境与发展大会上通过的《里约环境与发展宣言》。目前，在国际层面，风险预防原则得到了广泛的接受，但在包括我国在内的许多国家的国内法律中，这项原则还没有得到承认和确立。

# 4.3　应对全球暖化的国际合作

全球气候变化问题是当今世界的热点问题，居全球环境问题之首，正在深刻影响着人类的生存和发展，直接关系到各国利益，是当今国际社会共同面临的重大挑战，受到了国际社会的普遍关注。对全球暖化问题，任何国家都不能独善其身，唯有通过国际合作，携手应对才是解决气候变化问题的唯一可行选择。

遏制全球变暖，必须减少温室气体的排放。为此，世界各国进行了艰难曲折的国际合作过程。历次世界气候大会及其概要如表 4-6 所示。由表可见，虽然各国在国际气候谈判中已经形成了减排温室气体的共识，但针对具体减排的责任分担谈判却一波三折，充满矛盾、挑战和博弈。以下仅对几个具有里程碑意义的重点国际气候大会及相关重要结果进行介绍。

**表 4-6　联合国气候变化大会历程**

| 年份（编号） | 大 会 概 要 |
|---|---|
| 1992 | 《联合国气候变化框架公约》（简称《公约》）制定，中国成为缔约国之一 |
| 1994 | 《联合国气候变化框架公约》正式生效。 |
| 1995（COP1） | 1995 年 3 月底至 4 月初，首次缔约方德国柏林气候大会。会议通过了《柏林授权书》、工业化国家和发展中国家《共同履行公约的决定》等，决定最迟于 1997 年签订一项议定书，议定书应明确规定在一定期限内发达国家所应限制和减少的温室气体排放量。新的谈判不应增加发展中国家的义务 |
| 1996（COP2） | 1996 年 7 月 8 日，日内瓦气候大会。大会就"柏林授权"所涉及的"议定书"起草问题进行讨论，会议发表声明，争取在 1997 年 12 月前缔结一项"有约束力的"的法律文件 |
| 1997（COP3） | 1997 年 12 月，日本京都气候大会。会议通过《京都议定书》，对 2012 年前主要发达国家减排温室气体的种类、减排时间和额度等作出了具体规定，是设定强制性减排目标的第一份国际协议，中国加入了《京都议定书》 |
| 1998（COP4） | 1998 年 11 月，布宜诺斯艾利斯气候大会。会议制定了落实《京都议定书》的工作计划，一直以整体出现的发展中国家集团分化为 3 个集团 |
| 1999（COP5） | 1999 年 10 月底至 11 月初，德国波恩气候大会。通过了《公约》附件并就技术转让、发展中国家及经济转型国家的能力建设问题进行了协商。会议通过了商定《京都议定书》有关细节的时间表，但在《京都议定书》所确立的 3 个重大机制上未取得重人进展 |
| 2000（COP6） | 2000 年 11 月，荷兰海牙气候大会。世界上最大的温室气体排放国美国坚持要大幅度折扣它的减排指标，因而使会议陷入僵局。最终因无法达成协议，会议被迫中断 |
| 2001（COP7） | 2001 年 10 月底至 11 月初，摩洛哥马拉喀什气候大会。会议结束了"波恩政治协议"的技术性谈判，通过了有关京都议定书履约问题的一揽子高级别政治决定，形成了马拉喀什协议文件 |

| 年份（编号） | 大 会 概 要 |
|---|---|
| 2002（COP8） | 2002 年 10 月底至 11 月初，印度新德里气候大会。会议通过了《德里宣言》，强调应对气候变化必须在可持续发展的框架内进行 |
| 2003（COP9） | 2003 年 12 月，意大利米兰气候大会。会议通过了约 20 条具有法律约束力的环保决议，会议没有发表宣言或声明之类的最后文件 |
| 2004（COP10） | 2004 年 12 月，布宜诺斯艾利斯气候大会。与会代表围绕《公约》生效 10 年来取得的成就和未来面临的挑战、气候变化带来的影响、温室气体减排政策以及在公约框架下的技术转让、资金机制、能力建设等重要问题进行了讨论。会议在几个关键议程上的谈判进展不大，其中资金机制的谈判最为艰难 |
| 2005（COP11） | 2005 年 11 月底至 12 月初，加拿大蒙特利尔气候大会。2005 年 2 月 16 日《京都议定书》正式生效。会议最终达成了 40 多项重要决定，其中包括启动《京都议定书》新一阶段温室气体减排谈判。本次大会取得的重要成果被称为"控制气候变化的蒙特利尔路线图" |
| 2006（COP12） | 2006 年 11 月，肯尼亚内罗毕气候大会。会议取得了两项重要成果：一是达成包括"内罗毕工作计划"在内的几十项决定；二是在管理"适应基金"的问题上取得一致 |
| 2007（COP13） | 2007 年 12 月，印尼巴厘岛气候大会。会议着重讨论了"后京都"问题，取得了里程碑式的突破，确立了"巴厘路线图"，启动了加强《公约》和《京都议定书》全面实施的谈判进程，致力于在 2009 年年底前完成《京都议定书》第一承诺期 2012 年到期后全球应对气候变化新安排的谈判并签署有关协议，会议为气候变化国际谈判的关键议题确立了明确议程 |
| 2008（COP14） | 2008 年 12 月，波兰波兹南气候大会。会议总结了"巴厘路线图"一年来的进程，正式启动 2009 年气候谈判进程，同时决定启动"适应基金" |
| 2009（COP15） | 2009 年 12 月，丹麦哥本哈根气候大会。会议决定了 2012~2017 年的全球减排协议，发表了不具法律约束力的《哥本哈根协议》。会议决定延续"巴厘路线图"的谈判进程，授权《公约》及《京都议定书》两个工作组继续进行谈判，并在 2010 年底完成工作。中国和美国作为两个最大的温室气体排放国成为世界的焦点。时任国务院总理温家宝出席 |
| 2010（COP16） | 2010 年 11 月底至 12 月初，墨西哥坎昆气候大会。大会通过了《公约》和《京都议定书》两个工作组分别递交的决议，推动气候谈判进程向前。大会确定创立"绿色气候基金"，承诺到 2020 年发达国家每年向发展中国家提供至少 1000 亿美元，帮助后者适应气候变化 |
| 2011（COP17） | 2011 年 11 月底至 12 月初，南非德班气候大会。大会通过了 4 项决议，体现了发展中国家的根本诉求，建立"加强行动德班平台特设工作组"（简称"德班平台"），决定实施《京都议定书》第二承诺期并启动绿色气候基金 |
| 2012（COP18） | 2012 年 11 月底至 12 月初，卡塔尔多哈气候大会。大会通过包括《京都议定书》修正案、有关长期气候资金、《公约》长期合作工作组成果、德班平台以及损失损害补偿机制等方面的一揽子决议，宣布 2013 年开始实施《京都议定书》第二承诺期 |
| 2013（COP19） | 2013 年 11 月，波兰华沙气候大会。大会对德班平台进程、损失损害补偿机制、资金问题最后作出了决定，取得了大家都不满意但都能接受的成果 |
| 2014（COP20） | 2014 年 12 月，秘鲁利马气候大会。大会通过的最终决议进一步细化了 2015 年协议的各项要素，为各方进一步起草并提出协议草案奠定了基础 |
| 2015（COP21） | 2015 年 12 月，法国巴黎气候大会。大会通过《巴黎协定》 |
| 2016（COP22） | 2016 年 11 月，摩洛哥马拉喀什气候大会，大会达成《巴黎协定》具体程序安排。各成员国代表发表了《马拉喀什行动宣言》，宣称将进入"履约和采取行动的新时代" |

续表 4-6

| 年份（编号） | 大 会 概 要 |
|---|---|
| 2017（COP23） | 2017 年 11 月，德国波恩气候大会，就《巴黎协定》的实施细则展开进一步商讨，落实《巴黎协定》目标，通过了加速 2020 年前气候行动的一系列安排。大会第一次由面临全球变暖危机第一线的岛国——斐济任主席国 |

注：编号以"COP+数字"的形式表示。COP 为"Conference of the Parties"的缩写，意为缔约方大会。例如，COP3 表示第 3 次缔约方大会。

### 4.3.1 《联合国气候变化框架公约》

为了使人类免受全球暖化的威胁，1992 年 6 月 4 日，在巴西里约热内卢，由各国首脑参加的联合国环境发展大会通过了《联合国气候变化框架公约》（United Nations Framework Convention on Climate Change，UNFCCC，简称《公约》），这是第一个为全面控制温室气体排放，以应对全球气候变暖给人类经济和社会带来不利影响的国际公约，也是国际社会在应对全球气候变化问题上进行国际合作的一个基本框架，这一里程碑性质的国际公约确立了国际社会普遍认可的低碳发展原则。《公约》的最终目标是将大气中温室气体浓度稳定在不对气候系统造成危害的水平。该公约明确指出作为排放"大户"的发达国家应对温室气体排放现状负主要责任，并基于"共同但有区别的责任"这一原则，确定发达国家率先减排，并给发展中国家提供资金和技术支持，发展中国家在得到发达国家技术和资金支持下，采取措施减缓或适应气候变化，对发展中国家并没有提出量化的强制要求。《公约》于 1994 年 3 月 21 日正式生效，有 190 多个国家批准了《公约》，这些国家被称为《公约》缔约方。

然而，《公约》毕竟只是规定了一个框架，缺乏具体内容。为此，1995 年在德国柏林召开的第 1 次缔约方大会（COP1）通过的《柏林授权书》中决定，最迟于 1997 年签订一项议定书，议定书应明确规定在一定期限内发达国家所应限制和减少的温室气体排放量。

### 4.3.2 《京都议定书》

按照《柏林授权书》规定的计划，1997 年 12 月 149 个国家和地区的代表在日本京都召开的《公约》缔约方第 3 次会议（COP3）通过了具有法律约束力的旨在限制发达国家温室气体排放量以抑制全球变暖的《京都议定书》（Kyoto Protocol），其主要内容如表 4-7 所示。

表 4-7　京都议定书中确定的主要项目内容

| 项　目 | 内　容 |
|---|---|
| 发达国家减排目标 | 从 2008 年到 2012 年期间（第一个承诺期），主要工业发达国家的温室气体排放量要在 1990 年的基础上平均减少 5.2%（全球总量抑制目标），具体个别国家的减排目标根据具体情况而定。例如，欧盟削减 8%，美国削减 7%（美国在 2001 年退出议定书）、日本和加拿大削减 6% |
| 指定的温室气体 | 二氧化碳（$CO_2$）、甲烷（$CH_4$）、一氧化二氮（$N_2O$）、氢氟碳化物（HFCs）、全氟化碳（PFCs）和六氟化硫（$SF_6$）共六种温室气体 |

续表 4-7

| 项 目 | 内 容 |
|---|---|
| 京都机制 | 《京都议定书》建立了旨在减排的 3 个灵活合作机制，即国际排放贸易机制（emission trade scheme，ETS）、联合履行机制（joint implementation，JI）和清洁发展机制（clean development mechanism，CDM），这些机制允许发达国家通过碳交易市场等灵活完成减排任务，而发展中国家可以获得相关技术和资金。2006 年，全球碳交易市场规模已达到 300 亿美元 |
| 吸收源 | 造林、再造林和毁林（afforestation，reforestation，deforestation，ARD） |
| 议定书的有效条件 | 《京都议定书》需要总排放量占全球温室气体排放量 55%（以 1990 年的排放为基准）以上的至少 55 个发达国家缔约方批准，才能成为具有法律约束力的国际公约。2005 年 2 月 16 日，《京都议定书》正式生效 |
| 发展中国家问题 | 《京都议定书》遵循《公约》制定的"共同但有区别的责任"原则，要求作为温室气体排放大户的发达国家采取具体措施限制温室气体的排放，而发展中国家不承担有法律约束力的温室气体限控义务，但将来可有具体减排目标作为探讨课题 |

注：ETS（国际排放贸易机制）——达成并超过减排目标的发达国家，可将多余的减排额度出售给其他成员国。JI（联合履行机制）——发达国家间相互提供资金或技术，以利进行减排。CDM（清洁发展机制）——发达国家通过帮助在发展中国家进行有利于减排或者吸收大气温室气体的项目，作为本国达到减排指标的一部分，减排的额度由双方共享。

2001 年，《公约》第 7 次缔约方大会召开，通过了具体落实《京都议定书》的《马拉喀什文件》。中国于 1998 年 5 月签署并于 2002 年 8 月核准了该议定书。欧盟、俄罗斯分别于 2002 年和 2004 年签署该议定书。2005 年 2 月 16 日，《京都议定书》正式生效，这是人类历史上首次在全球范围内以强制性法规的形式限制温室气体排放，欧盟等发达国家开始履行减排承诺。截至 2005 年 8 月，全球已有近 150 多个国家和地区签署该议定书，其中包括 30 个工业化国家，批准国家的人口数量占全世界总人口的 80%。

美国人口仅占全球人口的 3%～4%，而排放的二氧化碳却占全球排放量的 23% 以上，为当时全球温室气体排放量最大的国家。美国曾于 1998 年签署了《京都议定书》，但 2001 年 3 月，布什政府以"减少温室气体排放将会影响美国经济发展"和"发展中国家也应该承担减排和限排温室气体的义务"为借口，宣布拒绝批准《京都议定书》。2002 年世界温室气体排放总量约为 241 亿吨（换算为 $CO_2$），2002 年主要国家的排放比例如图 4-9 所示（注意：目前中国的温室气体排放量已超过美国，位居世界第一，相关数据可参见前面的图 4-4 及后面的表 4-9）。

### 4.3.3 后《京都议定书》谈判

《京都议定书》是具有突破意义的里程碑，但由于没有纳入美国，而且以中国、印度为首的其他发展中大国温室气体排放量正在迅速增加，主要发达国家在第一承诺期（2008～2012 年）的减排义务并不足以实现 IPCC 关于全球的减排目标，各国在《京都议定书》达成后仍就《京都议定书》的第二承诺期和全球范围内更多国家参与减排的国际协议进行了艰苦谈判。

2007 年，《公约》第 13 次缔约方大会达成《巴厘岛路线图》，要求发达国家在 2020 年前将温室气体排放量比 1990 年减少 25%～40%。2008 年 7 月，八国集团（G8）峰会达

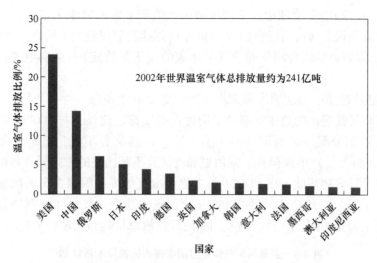

图 4-9　主要国家的排放比例（2002 年）

成了到 2050 年全球温室气体排放比 1990 年减少 50% 的长期目标。2009 年，2℃阈值（即将全球增暖幅度控制在较工业革命前高 2℃以内）作为政治共识列入《哥本哈根协议》，并作为全球努力减排的参考目标，这是第一次在世界范围内确定了温室气体排放控制的量化目标。此外，发达国家在 2020 年前要在快速启动资金之外继续增加出资，到 2020 年达到每年 1000 亿美元的规模。哥本哈根会议还呼吁建立新的绿色气候基金（GCF），以帮助发展中国家应对气候变化。2010 年坎昆会议通过决议，决定建立绿色气候基金，将该基金作为缔约方协议的资金机制的运作实体，以支持发展中国家减缓气候变化的计划、项目、政策及其他活动。

2011 年 12 月德班会议上，各方同意将努力达成一个全球性的减排协议，同时，绿色气候基金得以正式启动。2012 年，多哈会议最终就执行《京都议定书》第二承诺期（2013~2020 年）达成一致，欧盟开始履行第二承诺期的减排义务（但美国、加拿大、日本、新西兰和俄罗斯等国家先后明确不参加《京都议定书》第二承诺期，使得减排之路依然前途未卜，绿色气候基金的注资问题也未取得实质性的进展）。在 2013 年 12 月的华沙会议的推进下，绿色气候基金成为法律上独立的机构，总部确定设在韩国仁川。2014 年 12 月，在秘鲁利马举行的《公约》第 20 次缔约方大会上，190 个缔约方达成了协议，决定提交各自的自主贡献减排预案，协助贫穷国家为此做好准备，同意全球减排协议将于 2020 年以前开始生效。

### 4.3.4　《巴黎协定》

法国当地时间 2015 年 12 月 12 日，在巴黎北郊的勒布尔歇博览中心，《公约》的 196 个缔约方在第 21 次大会中（COP21）以一致同意的方式，通过了具有历史意义的缔约方大会 1 号决定文件及其附件《巴黎协议》，两者共同简称为《巴黎协定》。当不少于 55 个缔约方，且排放占全球温室气体总排放量至少约 55% 的缔约方签署批准时，《巴黎协定》即可正式生效。《巴黎协定》于 2016 年 11 月 4 日正式生效，成为《公约》之下继《京都议定书》后第 2 个具有法律约束力的协定，是人类历史上应对气候变化的第 3 个里程碑式的国际法律文本。2015 年全球通过了两项事关人类未来发展的重大议程，一项是 9 月在纽约联合国首脑会议上通过的联合国《2030 年可持续发展议程》（见绪论部分），另一项就是 12 月在巴黎举办的联合国气候会议上达成的《巴黎协定》，这两项议程的目标年均为 2030 年。

《巴黎协定》包括了发达国家和发展中国家近 200 个国家，"一个都不少"，对 2020 年以后全球应对气候变化的总体机制做了制度性的安排。此外，与 2009 年哥本哈根气候变化大会采取强制分配（即所谓"自上而下"）减排义务不同，巴黎大会以自主贡献（即所谓"自下而上"）的新模式、采用更加灵活且不断递进的方式联合各国共同应对气候变化，奠定了其成功基础。在 COP21 前主要温室气体排放国家提出的减排承诺计划如表 4-8 所示。截至 2016 年全球已经有 160 多个国家向联合国气候变化框架公约秘书处提交了"国家自主减排贡献"文件，这些国家的碳排放总量达到全球排放量的 90%。

表 4-8　主要温室气体排放国家提出的减排承诺计划

| 区分 | 国家或地区 | 减排目标 | | | 温室气体排放所占份额（2010 年）/% |
|---|---|---|---|---|---|
| | | 终止年 | 基准年 | 减排量/% | |
| 发达国家 | 美国 | 2025 | 2005 | 26~28 | 14 |
| | 欧盟 | 2030 | 1990 | 40 | 10 |
| | 俄罗斯 | 2030 | 1990 | 25~30 | 5 |
| | 日本 | 2030 | 2013 | 26 | 3 |
| 发展中国家 | 中国 | 2030（排放量达到峰值） | 2005 | 60~65（单位 GDP 排放） | 22 |
| | 印度 | 2030 | 2005 | 33~35（单位 GDP 排放） | 6 |
| 合　计 | | | | | 60 |

巴黎大会成果为全球绿色发展和低碳转型指明了方向，并为各缔约方以及各关键利益方的气候行动提供了重要的国际法律基础。巴黎会议实现了历史性突破，让全球气候治理从理想主义的争论，转入切实的行动阶段，并将引领全球进入"低碳时代"。巴黎大会是"合作共赢、公平正义、共同发展"这一全球治理模式新理念的成功实践。

值得一提的是，2017 年 8 月 4 日美国特朗普政府向联合国递交了退出《巴黎协定》的文书，该举动与此前布什政府退出《京都议定书》的做法如出一辙，引发国际社会强烈不满，遭到多国政府官员、学者和媒体的批评。根据《巴黎协定》中有关退出的规定，美国要完成退出协定的全部流程，要等到 2020 年美国总统选举之后。到那时，任何新当选的美国总统都可以决定是否重新加入这一协定。

巴黎协定的主要内容如下。

（1）坚持公约原则并灵活表述。《巴黎协定》坚持了公平原则、共同但有区别的责任原则，以及各自能力原则，在减排、资金等重要条款上灵活表述，明确各方责任和义务。在资金方面，发达国家有义务出资帮助发展中国家减缓和适应气候变化，鼓励其他国家自愿出资。在减排方面，明确要求发达国家要继续带头，实现全经济体绝对减排目标，而发展中国家要继续加强减缓努力，鼓励根据各自国情，逐渐实现全经济体绝对减排目标。具体到我国，要从"相对强度减排"逐步过渡到"碳排放总量达峰"，再到"碳排放总量绝对减排"。

（2）设定全球应对气候变化长期目标。《巴黎协定》的长远目标是加强对气候变化威胁的全球应对，将全球平均气温升幅与前工业化时期相比控制在2℃以内（称为"2℃阈值"），并继续努力，争取把温度升幅限定在1.5℃之内，以大幅减少气候变化的风险和影响。研究显示，目前全球气候平均气温已经比工业化前水平升高大约1℃。与会各方承诺将尽快实现温室气体排放不再继续增加，到2050年后（本世纪下半叶）的某个时间点，使人为碳排放量降至森林和海洋能够吸收的水平（即实现温室气体的净零排放）。

IPCC第五次评估报告认为2℃目标所对应的温室气体浓度大致为$450 \times 10^{-6}$。目前，温室气体浓度依然在不断攀升，2013年5月温室气体浓度达到近$400 \times 10^{-6}$。如果要达到本世纪末升温幅度不超过2℃或温室气体浓度控制在$450 \times 10^{-6}$以内的目标，直观看只剩1.0℃或者$50 \times 10^{-6}$的上升空间，当然这还存在着一定的不确定性。

（3）国家自主决定贡献减排模式。为实现该协定的长远目标，《巴黎协定》采取"自下而上"模式促进全球减排，各国提出国家自主贡献（intended nationally determined contributions，INDCs）目标，不再强制性分配温室气体减排量。协定要求各国每隔5年重新设定各自的减排目标，根据国情逐步提高国家自主贡献，尽最大可能减排。全球已有180多个国家在巴黎气候大会前递交了国家自主贡献文件（从2020年起始5年期限内的减排目标），涉及全球95%以上的碳排放。根据要求，我国今后要在每个五年规划的最后一年更新国家自主贡献文件。

该协定对发达国家的减排目标规定了绝对值要求。鉴于发展中国家的减排能力仍在不断发展中，该协定未对其减排目标提出绝对值要求，但鼓励发展中国家根据自身情况变化尽可能做到这一点。

（4）定期盘点机制。《巴黎协定》设置了每5年定期盘点机制，以总结协定的执行情况，评估实现协定宗旨和长期目标的进展情况。协定要求在2023年进行第一次全球总结，此后每5年进行一次全球应对气候变化总体盘点，以此鼓励各国基于新的情况、新的认识不断加大行动力度，确保实现应对气候变化的长期目标。此外协定还要求在2018年建立一个对话机制，盘点减排进展与长期目标的差距，以便各国制定新的国家自主贡献时参考。

（5）减缓成果的国际转让机制。《巴黎协定》允许使用国际转让的减缓成果来实现协定下的国家自主贡献目标，但要避免双重核算，即如果有适宜的交换条件，那么A国做出的减排，可以被算作B国对国际社会的贡献，而不再算作A国的贡献，类似《京都议定书》中所设置的清洁发展机制（CDM）形式的国家间的合作。协定要求为此建立一个机制，供各国自愿使用，在减缓温室气体排放的同时支持东道国的可持续发展。该机制在巴黎大会上并未确定下来，协定要求在《巴黎协定》缔约方第一次会议上通过该国际转让机制的具体规则、模式和程序。

（6）发达国家资金支持。《巴黎协定》对于发展中国家最关心的资金议题也进一步明确。协定要求发达国家提高资金支持水平，制定切实的路线图，以实现在2020年之前每年提供1000亿美元资金的目标。同时，将"2020年后每年提供1000亿美元帮助发展中国家应对气候变化"作为底线，提出各方最迟应在2025年前提出新的资金资助目标（在

2025 年前设定一个每年不低于 1000 亿美元的定量目标）。

（7）其他。《巴黎协定》还就气候适应、损失和损害（如海平面上升所带来的威胁、灾难等）、技术转让、加强透明度（要求缔约方汇报各自的温室气体排放情况以及减排进展，但赋予发展中国家适度"弹性"）、能力建设等方面做出了相应的机制安排。

### 4.3.5　中国应对全球暖化的贡献

2015 年世界温室气体排放总量达到约 360 亿吨，其中中国碳排放量约占全球总量的 28.3%，比排名第二的美国高出近一倍（如表 4-9 所示，表中所涉及的排放是指由能源生产所引起的 $CO_2$ 排放）。由于中国以煤为主的能源结构及近年经济快速增长的特点，中国的碳排放量 2030 年很可能会超过世界总排放的一半以上，中国面临节能减排的严峻挑战。

表 4-9　世界主要国家温室气体排放比例及人均排放比例（2015 年）

| 国　名 | 排放比例/% | 人均排放比例/t·人$^{-1}$ |
| --- | --- | --- |
| 中国 | 28.3 | 6.9 |
| 美国 | 15.8 | 16.4 |
| 印度 | 6.2 | 1.6 |
| 俄罗斯 | 4.8 | 11.0 |
| 日本 | 3.6 | 9.5 |
| 德国 | 2.1 | 8.7 |
| 韩国 | 1.8 | 11.5 |
| 非洲各国总计 | 3.5 | 0.99 |

中国一直是全球应对气候变化事业的积极参与者。早在 2009 年哥本哈根会议前，我国政府就承诺到 2020 年单位 GDP 的 $CO_2$ 排放量比 2005 年下降 40%~45%，到 2020 年中国非化石能源占一次能源消费的比重达到 15% 左右等目标。2015 年 11 月 30 日，国家主席习近平出席 COP21 开幕式，他在发表题为《携手构建合作共赢、公平合理的气候变化治理机制》的重要讲话中指出，中国在国家自主贡献中将于 2030 年左右使二氧化碳排放达到峰值，并争取尽早实现。2030 年单位国内生产总值二氧化碳排放比 2005 年下降 60%~65%，非化石能源占一次能源消费比重达到 20% 左右，森林蓄积量比 2005 年增加 45 亿立方米。此外，中国政府认真落实气候变化领域南南合作政策承诺，为加大支持力度，中国在 2015 年 9 月宣布设立 200 亿元人民币的中国气候变化南南合作基金。

中国目前已成为世界节能和利用新能源、可再生能源第一大国。面向未来，中国已把生态文明建设作为"十三五"规划的重要内容，落实创新、协调、绿色、开放、共享的发展理念。通过科技创新和体制机制创新，实施优化产业结构，构建低碳能源体系，发展绿色建筑和低碳交通，建立全国碳排放交易市场等一系列政策措施，形成人与自然和谐发展的现代化建设新格局。

中国于 2016 年在发展中国家开始启动 10 个低碳示范区、100 个减缓和适应气候变化项目及 1000 个应对气候变化培训名额的合作项目，继续推进清洁能源，防灾、减灾，生态保护，气候适应型农业，低碳智慧型城市建设等领域的国际合作，并帮助他们提高融资能力。

《巴黎协定》能够最终签署，中国功不可没。中国签署的《中美联合声明》《中法联合声明》《中欧联合声明》《中印联合声明》等文件发挥了巨大作用，很多谈判最后都是依据中国和这些主要大国签署的联合声明决定。此外，中国所持的立场和理念对签署协议具有很重大的影响。中国在国内切实采取行动，主动建设生态文明，树立国家自主贡献目标。所有这些行动、政策为《巴黎协定》的签署定下大的基调，具有示范效应。特别是，中国坚决维护发展中国家的利益，和广大发展中国家站在一起，始终坚持发达国家与发展中国家的区分，《公约》的公平原则、共同但有区别的原则、各自能力的原则得以坚持。中国的坚持使《巴黎协定》成为一个相对比较平衡、兼顾各方利益的协议。

今后中国将在全球气候治理体系中进一步发挥引领作用。巴黎气候大会很可能将成为中国在全球气候治理机制中从参与者到引领者身份转变的起点。

## 知识专栏

# 地球一小时

"地球一小时"（Earth Hour）是世界自然基金会（WWF：World Wide Fund For Nature，网址为 http://wwf.org/）向全球发出的一项倡议，呼吁个人、社区、企业和政府在每年3月的最后一个星期六熄灯1h，以此来激发公众对保护地球的责任感、对气候变化等环境问题的思考，是一个全球性的节能活动。

2007年3月31日，"地球一小时"活动在澳大利亚悉尼首次展开，吸引了220多万家庭和企业的参与，据事后统计，熄灯一小时节省下来的电量足够20万台电视机用1h，5万辆车跑1h。更多参与的市民反映，当天晚上能看到的星星比平时多了几倍。随后该活动以惊人的速度迅速席卷全球。2009年，"地球一小时"来到中国，3月28日20时30分，鸟巢、水立方、东方明珠、金茂大厦等标志性建筑褪下华丽的灯光外衣，香港、澳门、南京、杭州、大连等10余个城市也开展了不同形式的熄灯活动，向全世界展示中国政府和公众应对气候变化的决心和信心。同时，埃及吉萨的狮身人面像和金字塔、巴黎的埃菲尔铁塔等全球地标建筑都关灯一小时，表达了应对气候变化的立场。目前，"地球一小时"活动已发展成为一项全球150多个国家、7000余座城市、10亿多人参与的公益活动，具有广泛的影响力。

"地球一小时"活动的宗旨是唤醒人们节约用能的意识，倡导低碳生活方式，培养节能的消费模式，最终实现降低能源消费、减少温室气体及污染物排放、减缓全球气候变暖的目的。所以，该活动所倡导的不仅仅是一种新颖时尚的现代意识，更是一种常态化节约的生活方式，例如使用节能电器、合理控制室内温度、随手关闭电灯、加强绿色出行等等，做到每个人随时随地节约能源。"地球一小时"的意义更多在于一小时之外，人们应长久地践行环保行为。节能减排的任务艰巨而漫长，既需要公众养成随时节约的生活习惯，更需要制度的约束、政策的引导和新技术的支持。

近年来"地球一小时"活动日中国区的主题举例如下：（1）"能见蔚蓝"（2015年）。"能"意味着可再生能源能够带来改变，"蔚蓝"代表我们每个人对告别雾霾、寻回蓝天的期待。（2）"为蓝生活"（2016 年），旨在鼓励公众为了蓝色天空和蓝色星球，践行可持续的生活和消费方式。（3）"蓝色 WE 来"（2017 年），即为了我们共同的蓝色未来，提倡可持续的生活方式。

## 思 考 题

4-1  什么是温室效应？主要温室气体有哪些？

4-2  什么是全球增温潜能（GWP）？其数值大小代表了何种意义？

4-3  在 IPCC 的历次报告中，重点结论有哪些？有关全球暖化及其原因的结论变化有何特点？

4-4  应对气候变化的两个基本途径是什么？二者有何区别和联系？

4-5  为什么说为应对全球暖化问题，发展中国家的适应战略更为重要？

4-6  为应对全球暖化，在日常生活中我们应该或能够做些什么？

4-7  简述全球暖化对人类社会及生态系统的影响。

4-8  什么是"厄尔尼诺"现象？什么是"拉尼娜"现象？查阅相关资料简述其成因及危害。

4-9  对气候变暖问题认识的确定性和不确定性分别指的是什么？

4-10  什么是风险预防原则？举例说明该原则的应用条件。

4-11  具有里程碑意义的重点国际气候大会有哪些？取得了哪些重要成果？

4-12  《巴黎协定》有哪些主要内容？为应对全球暖化，中国做出了哪些主要贡献？

# **5** 淡 水 资 源

**本章要点**

（1）世界微量的淡水是人类赖以生存和发展中不可缺少的自然资源。随着世界人口的剧增和经济的快速发展，有限的淡水资源正日趋减少，人类社会的可持续发展正面临严峻的水资源危机的挑战。

（2）我国人均水资源量不足世界人均占有量的1/4，且分布不均、水污染严重。为保障水资源安全，必须树立水危机意识，实行有效的保水、储水和节水措施。

（3）西亚幼发拉底河的水权分配、中亚咸海枯竭的有效治理是典型的国际河流纠纷问题。如何和平且合理地开发、保护和管理国际河流水资源是当今国际社会面临的一项关系人类可持续发展的重大挑战。

人类可利用的淡水资源与地球总水量相比极其微少，而世界对淡水资源的需求量却不断增加。目前，世界正面临水资源短缺、缺水地区不断增加、缺水状况日益恶化的窘境。跨越多个国家的国际河流常常因为水资源问题在相关国家之间引发国际争端，对世界和平造成威胁，其解决之路艰难曲折。在20世纪人类曾经为争夺石油资源而发生战争，因而有"石油的世纪"之称。21世纪将有可能成为"水的世纪"，即存在人类为争夺水资源而再次发起战争的危险。本章围绕世界及中国的水资源问题及其解决对策展开论述。

## 5.1 水 的 世 纪

### 5.1.1 世界水资源

#### 5.1.1.1 水资源量

地球总表面积约75%被水所覆盖，故地球有"水星球"的美称。然而地球上96.5%以上的水属于海水，淡水量不足3.5%。而且，淡水中约70%以冰川、冰帽的形式分布在南北极地，剩余的淡水则绝大部分存在于地下深处。地球上的水量分布如表5-1所示。

表 5-1 地球上的水量

| 水 的 种 类 | | 量/1000km³ | 占总量的百分比/% | 占淡水总量的百分比/% |
|---|---|---|---|---|
| 海水 | 盐水 | 1338000.00 | 96.5 | |
| 地下水 | | 23400.00 | 1.7 | |
| | 盐水 | 12870.00 | 0.93 | |
| | 淡水 | 10530.00 | 0.76 | 30.1 |

续表 5-1

| 水 的 种 类 | | 量/1000km³ | 占总量的百分比/% | 占淡水总量的百分比/% |
|---|---|---|---|---|
| 土壤中的水 | 淡水 | 16.50 | 0.001 | 0.05 |
| 冰河等 | 淡水 | 24064.00 | 1.74 | 68.7 |
| 永冻层区域地下水 | 淡水 | 300.00 | 0.022 | 0.86 |
| 湖水 | | 176.40 | 0.013 | |
| | 盐水 | 85.40 | 0.006 | |
| | 淡水 | 91.00 | 0.007 | 0.26 |
| 沼泽湿地水 | 淡水 | 11.50 | 0.0008 | 0.03 |
| 河川水 | 淡水 | 2.12 | 0.0002 | 0.006 |
| 生物中的水 | 淡水 | 1.12 | 0.0001 | 0.003 |
| 大气中的水 | 淡水 | 12.90 | 0.001 | 0.04 |
| 总计 | | 1385984.54 | 100 | |
| | 盐水 | 1350955.40 | 97.47 | |
| | 淡水 | 35029.14 | 2.53 | 100 |

　　人类较易开发和利用的湖沼、河川中的水仅约占淡水总量的 0.3%，约占地球总水量的 0.008%。如此微量的淡水资源，却支撑着目前世界 73 亿多人口的生活。未来的水量不会发生变化，而世界人口却在不断增长，且人均需水量也不断增大。在有些国家或地区中，水的供需平衡已达极限。本书后面所讨论的水资源，主要指陆地上可供人类开发利用的淡水资源。

　　液态水在 101325Pa 下存在的温度条件是 0~100℃。地球之所以能成为"水星球"得益于地球与太阳间的合适距离，二者相距过远或过近都将使地球上的液态水全部消失，因此可以说只有地球才适于人类生存，其中水的存在好似一种刀刃上的微妙平衡，它来之不易，是人类赖以生存和发展不可缺少的自然资源。

### 5.1.1.2　水的循环

　　地球上各种形态的水，在太阳辐射和地心引力作用下，不断地运动循环、往复交替，如图 5-1 所示。在太阳辐射作用下，洋面受热开始蒸发，蒸发的水分升入空中并被气流输

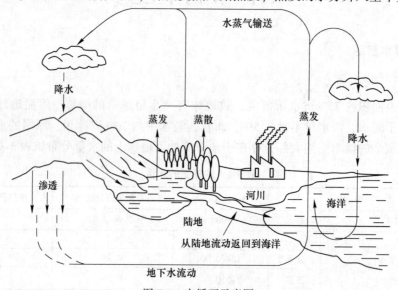

图 5-1　水循环示意图

送至各地，在适当条件下凝结而成降水，其中降落在陆地表面的雨雪，经截留、下渗等环节而转化为地表与地下径流，最后又回归海洋。这种不断蒸发、输送、凝结、降落的往复循环过程就称为水循环。有关水循环还可参见本书"生态危机"一章中"物质循环"一节。

水循环是一个巨大的动态系统，它将地球上各种水体连接起来构成水圈，使得各种水体能够长期存在，并在循环过程中渗入大气圈、岩石圈和生物圈，将它们联系起来形成相互制约的有机整体。水循环的存在使水能周而复始地被重复利用，成为再生性资源。水循环的强弱直接影响到一个地区水资源开发利用的程度，进而影响到社会经济的可持续发展。

人类通过对水资源的消耗性使用可对水循环产生巨大影响。例如，人们从河流或含水层中抽水用于工业、农业和生活，虽然其中一部分仍返回河流，但很多却直接蒸发或被作物直接吸收，减少了河水流量，从而人为改变了水循环，造成自然界可利用水资源减少或质量下降。

### 5.1.1.3　水的世纪

随着人口的急剧增加、工业化进程的加快和农业生产规模的扩大，全球淡水抽取和消耗量以惊人的速度增长，有限的淡水资源正日趋减少，人类社会的可持续发展将面临严峻的水危机挑战。水安全关系着粮食安全，目前世界40%的粮食来源于灌溉土地，在许多人口众多的发展中国家（如中国、印度等），水资源可用量已达不到灌溉的需求，而这些国家快速增长的人口及用水的低效性使这一问题更加突出。联合国环境规划署的数据显示，如按当前的水资源消耗模式继续下去，到2025年，将有40个国家占全球30%的人口受到水资源短缺的影响；到2050年，将有65个国家约占全球人口60%的人类将面临淡水危机。

联合国教科文组织（United Nations Educational, Scientific and Cultural Organization, UNESCO）发表的 *World Water Resource at the Beginning of the* 21*st Century*, *2003* 报告中指出，1995年世界水使用量是1950年的2.7倍。其中，农业用水约占70%，工业用水约占20%，生活用水约占10%，如图5-2所示。根据地区分布分析，亚洲使用量最多，其次是

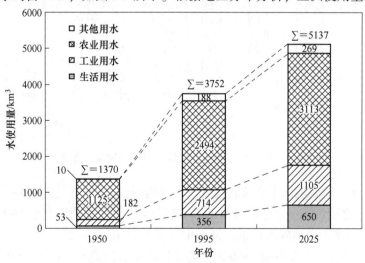

图 5-2　世界水使用量按用途分布

北美及欧洲，如图 5-3 所示（图中仅给出亚洲、北美、欧洲及非洲的数据，南美及澳洲依次排在非洲之后，图中省略）。根据预测，2025 年的水使用量将是 1995 年的 1.37 倍，其中生活用水则变为 1.83 倍。此外，由于各个国家的发展状况不同，水的消耗存在较大差别，根据联合国开发计划署（United Nations Development Programme，UNDP）所公布的数据，一个人 1t 水量可使用的日数按国家分布举例如图 5-4 所示。按照一个人所消耗的水量排名，北美最多，其次是澳洲和欧洲。显然，发达国家较多的地区所消耗的水量则较多。

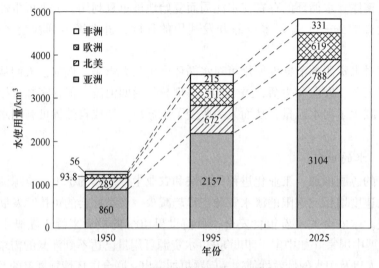

图 5-3　世界水使用量按地区分布

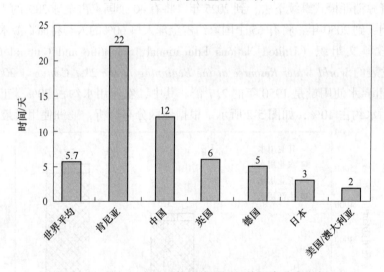

图 5-4　一个人 1t 水量可使用的时间（按国家分布举例）

早在 1977 年，联合国水事会议就曾发出这样的警告："水不久将成为一项严重的社会危机，石油危机之后的下一个危机就是水。"世界银行 1995 年的调查报告指出：占世界人口 40% 的 80 个国家正面临着水危机，发展中国家约有 10 亿人喝不到清洁的水，17 亿人没有良好的卫生设施，每年约有 2500 万人死于饮用不清洁的水。根据 2002 年在南非召开的可持续发展世界首脑会议公布的材料，全球有 24 亿人缺乏基本的排污设施，有 11 亿人未能喝上安全的饮用水，每年有数百万人，尤其是 5 岁以下儿童，死于与水相关的疾病，如疟疾、伤寒、霍乱等。在所有传染性疾病导致死亡的案例中，由水造成的传染性疾病是第三大杀手。极端水文事件，如洪水、干旱常常诱发或加剧了上述疾病的发生。发展中国家是世界大部分人口的集聚地，最易受水传播疾病的影响。此外，水污染造成了许多物种灭绝和严重的生态破坏，把人类及其赖以生存的环境置于越来越大的危险之中，严重制约着各国社会和经济的发展。世界人口膨胀和气候变化使本已棘手的水问题更加复杂化。

20 世纪初，国际上就有"19 世纪争煤、20 世纪争石油、21 世纪争水"的说法，在经历了石油危机后更有人预言：20 世纪人类已经为争夺石油资源发生战争，21 世纪将有可能为争夺水资源而再次发生战争。"21 世纪是水的世纪"之说由此而得。1993 年第 47 届联合国大会更是将每年的 3 月 22 日定为"世界水日"，号召世界各国对全球普遍存在的淡水资源紧缺问题给予高度重视。

### 5.1.2 中国水资源

#### 5.1.2.1 短缺严重

水利部公布的 2013 年水资源公报显示，我国年均自然降水量为 6 万亿立方米，其中大约 45%转化为可利用的水资源，以地表水和地下水的状态存在，其余则通过蒸发和植物散发又回到大气中。我国水资源总量约为 2.8 万亿立方米，占全球水资源的 6%，其中地表水资源为 2.68 万亿立方米，地下水资源为 8081 亿立方米（地表水与地下水资源量重复计算量为 7194 亿立方米。在进行总水量的测算时，由于所取计算断面的重复可能发生水量的重复测算）。

虽然我国水资源总量位居世界第六，但人口众多，干旱缺水严重。由于受经济技术条件及生态环境因素的限制，可利用的淡水资源有限，人均水资源量不足世界人均占有量的 1/4（也有资料说不足 1/3），耕地亩均占有水资源量为 1440m³，约为世界平均水平的 1/2。根据 2014 年的统计结果，20 世纪末，全国 600 多座城市中有 400 多个城市存在供水不足问题，其中比较严重的缺水城市达 110 个，全国城市缺水总量为 60 亿立方米。此外，由于水资源浪费、污染以及气候变暖、降水减少等原因，加剧了水资源短缺的危机。

按照国际公认标准，人均水资源低于 3000m³ 为轻度缺水，低于 2000m³ 为中度缺水，1000m³ 以下为重度缺水，低于 500m³ 为极度缺水。根据国家统计局的数据，2004～2013 年，我国人均水资源量一直徘徊在 2000m³ 左右。截至 2013 年，我国人均水资源量为 2052m³，处在中度缺水标准水平线上。同时，有 16 个省区重度缺水，6 个省区极度缺水。例如，京津冀地区人均水资源仅 286m³，远低于国际公认的人均 500m³ 的"极度缺水"标准。1999 年以来，北京市进入了连续枯水期，为缓解用水困难，北京市供水有 60%取自地下水，导致地下水长期超采，地下水位以平均每年 1m 左右的速度下降，地下水位最深处现已达 40m 以下，局部地区出现了地面沉降。

我国年用水量整体呈现递增趋势，用水结构也发生了很大变化，农业用水比例逐年下降，而工业和生活以及生态用水所占比例逐年上升。2013 年我国总用水量达到 6183.4 亿立方米，占当年水资源总量的 22.1%，其中生活用水占 12.1%，工业用水占 22.8%，农业用水占 63.4%，生态环境补水（仅包括人为措施供给的城镇环境用水和部分河湖、湿地补水）占 1.7%。按照国际经验，一个国家用水量超过其水资源的 20%，就很可能会发生水资源危机。我国已接近水资源危机的边缘，用水总量正逐步接近国务院确定的 2020年用水总量控制目标（6700 亿立方米以内），开发空间十分有限。

### 5.1.2.2 分布不均

我国水资源呈现地区分布不均和时程变化的两大特点，降水量从东南沿海向西北内陆递减，简单概括为"五多五少"，即总量多、人均少，南方多、北方少，东部多、西部少，夏秋多、冬春少，山区多、平原少。这也造成了全国水土资源不平衡现象，如长江流域和长江以南耕地只占全国的 36%，而水资源量却占全国的 80%；黄、淮、海三大流域，水资源量只占全国的 8%，而耕地却占全国的 40%，水土资源相差悬殊。

水资源丰富的省份主要集中在西藏、四川、江西、湖南、广东、广西等南方地区，而在北方地区，尤其在宁夏、甘肃、陕西等西北地区，以及河南、山东、山西、河北等中部地区，水资源量极为匮乏。水资源的分布与人口、耕地、矿藏资源和经济规模的分布形成了巨大反差，对经济可持续健康发展造成严重影响。

此外，我国降水年内年际分配不均，旱涝灾害频繁。大部分地区年内连续 4 个月降水量占全年的 70%以上，且经常出现连续丰水年或连续枯水年。降水的年内、年际剧烈变化，为防洪和水资源利用带来了很大的难度，使本来就有限的水资源难以被充分有效地利用。

为从根本上解决我国北方地区水资源严重缺乏的局面，全球瞩目的南水北调旷世工程于 2002 年 12 月正式开工建设。该工程在长江下游、中游和上游规划了 3 个调水区，分东、中、西 3 条调水线分别向黄淮海平原、胶东地区以及黄河上中游和邻近的西北内陆河部分地区供水（见图 5-5）。同时，这 3 条调水线与长江、黄河、淮河和海河等四大江河相互联接，构成了我国"四横三纵"的水资源调配网络。黄河由西向东贯穿我国北方地区，通过利用这一天然优势，还可以实现我国水资源的东西互济的优化配置。东线一期工程于 2013 年实现通水，工程从江苏扬州抽取长江水，一直输送到山东胶东和鲁北地区；中线一期工程于 2014 年实现通水，工程自河南湖北交界的丹江口水库取水，经河南、河北

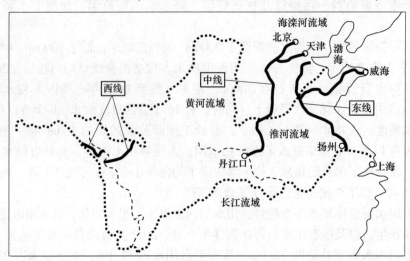

图 5-5 南水北调工程示意图

流向北京、天津。截至 2017 年 6 月，南水北调东线、中线一期工程已累计输水达到 100 亿立方米，这些水量相当于从南方向北方搬运了 700 个西湖。南水北调工程通水以来，运行平稳，水质稳定达标，北方部分地区水资源长期短缺的局面得到缓解，受水区供水格局得到了改善，受水区的生活、生产以及航运、生态等供水保障能力得到增强，同时地下水开采量压减 8 亿多立方米，有效遏制了地下水水位下降的趋势。例如，南水北调通水后，北京市地下水位于 2016 年首次出现回升，北京人均水资源量由过去的 $100m^3$ 增加到 $150m^3$，城市供水当中有 70% 用的都是南水北调的水。目前，西线工程还处于调研规划阶段，并未正式开工建设。

### 5.1.2.3 水质危机

我国在工业化和城镇化过程中，水污染已经非常严重，水质不断恶化。我国的地表水几乎全部受到了污染，全国河流 50% 左右的河水都受到了污染，长江和珠江等的水质较好，黄河、海河等的水质较差；全国 3/4 以上的湖泊都受到了污染，出现了蓝藻及水体发黑、发臭等污染现象。同时，地下水也受到工业废水的污染，调查显示 40% 以上的城市地下水受到严重污染。

根据《地表水环境质量标准》（GB 3838—2002），我国将地表水水质分为五类（Ⅰ~Ⅴ），Ⅰ类最好（如适用于源头水，国家自然保护区），Ⅴ类最差（适用于农业用水及一般景观要求水域）。2014 年，由于有约 9% 的地表水其污染程度已超过Ⅴ类水，被列为"劣Ⅴ类水"。

根据 2014 年环境保护部发布的公开报告，全国有 2.8 亿居民存在饮用水安全隐患。近年来，从水源地水质保护、取水、输水、水处理、配水到终端用水，我国的水质安全问题在每一个环节都可能集中爆发。水质危机最终会引发农业安全、食品安全、工业安全、生态安全、经济安全等方面的问题，最终会影响到国家安全。

## 5.1.3 水资源安全

水资源安全定义可分为广义和狭义两种。广义的水资源安全是指国家利益不因水资源问题而受损，水资源系统不会受到破坏或威胁，水资源可以满足国民经济的需要；狭义的水资源安全是指水资源在其承载范围内能够从质和量两方面满足人类生存及社会发展的需要。

就全世界范围看，水资源安全问题主要体现在资源性缺水、管理性缺水、水质性缺水和工程性缺水等几个方面。在干旱和半干旱地区，年降雨量少，蒸发量大，面临的是实质性水资源短缺；而在一些水资源较充沛的国家和地区，水资源安全问题主要表现在水资源管理上；至于水质性缺水和工程性缺水，世界各个国家都不同程度地存在。全世界水资源安全问题突出表现在水资源长期持续的管理不当，包括严重水渗漏、水浪费、水质污染、水资源配置不合理等。联合国在 2030 年议程（见绪论部分）中提出："到 2030 年时，人人都能公平地获得安全和可负担的饮用水"，强调"获得安全的饮用水是人类的一项基本权利"。据联合国相关机构统计，当前全球至少有 11 亿人无法获得经改善的水源，到 2025 年，全球将有 18 亿人生活在水资源稀缺的地区，其中欠发达国家的贫困人口面临的风险最大。

我国目前面临着严峻的水资源安全形势，仅凭南水北调并不能解决全部水资源安全问题，应该在国家层面建立我国水资源安全长期发展规划，对全国的水资源进行统筹宏观管理；依托于科技力量，提高水资源的利用效率，提高水质；加强水资源安全宣传教育力度，唤醒人们的水危机意识，树立节约用水、可持续用水的理念；利用物联网、云平台、大数据等技术建立全国水资源安全监控平台，实现水资源安全的网络化综合安全管理，消除水资源安全的诸多隐患。

为保障水资源安全，应采取一些行之有效的保水、储水和节水措施。各个地区可因地制宜采用或参考以下方法：（1）三水（天上水、地表水和地下水）统观统管，全面规划，合理调配；（2）发展地下蓄水，修建地下水库，增加当地水源；（3）研发简易、高效的废水处理技术，重复用水，节约水源；（4）充分利用雨水、洪水、冰川雪水、苦咸水等；（5）加强灌溉管理，推广高效灌溉节水技术；（6）扩大绿化面积，加强区域小循环，涵养水源；（7）时空、经济和生态治水，保证水资源的永续供给；（8）研究生物节水和作物精量控制用水技术；（9）研发经济、廉价的海水淡化技术；（10）构建节水型社会。

# 5.2　国　际　河　流

水资源问题如同酸雨等全球问题一样，属于跨国环境问题。世界上的国际河流（跨国河流或湖泊）共有 270 多个，流域面积约占世界陆地面积的 47%，全球约有 60% 的人口生活在国际河流流域内，世界上每 2 人中就有一个以上的人在使用国际河流中的水。

国际河流的大多数争端和纠纷一般发生在该河流的上下游国家之间且都源于建设新的设施和水流量的变化。若上游国家在跨界河流上建设大坝等设施，可能对下游其他沿岸国产生一定的影响（包括水量、水质以及生态环境等）。一般来说，主动权往往掌握在上游国家中。上游国家建设大坝对减少下游洪水灾害以及增加枯水期来水量都有重要的有益作用，但在水库蓄水期及干旱期由于运行不当以及建设大规模引水工程等对下游来水量会造成较大不利影响，由此往往引起沿岸国家间关系紧张及纠纷。例如，20 世纪 60 年代位于恒河上游的印度曾利用其所建大坝，旱季截水，雨季放闸，给下游的孟加拉国造成了巨大灾难。如何和平且合理地开发、保护和管理国际河流水资源是当今国际社会面临的一项关系人类可持续发展的重大挑战。本节以西亚幼发拉底河的水权分配、中亚咸海枯竭的有效治理为例，介绍围绕国际河流的争端和纠纷问题，揭示水资源对人类可持续发展的重要意义。

值得一提的是，英文"rival"（竞争对手、敌手）和"river"（河流）同源。"rival"来自古拉丁文"rivalis"，意思是河对面的人、共饮一江水的人。在古代，围绕一江一河常会展开激烈的争夺，由近邻演变为对手。

## 5.2.1　水权纷争

处于西亚地区的幼发拉底河和底格里斯河流域亦称两河流域，曾是古代著名的西亚文明的发祥地（如图 5-6 所示）。20 世纪 60 年代至今，由于大规模的水资源开发，引起了一系列国际纠纷，这在世界国际河流中具有很强的代表性（尤其是在干旱缺水地区），也引起了国际社会的高度关注。其中，围绕幼发拉底河的国际水权纷争最为著名。

图 5-6　两河流域示意图

　　幼发拉底河发源于土耳其，跨越叙利亚和伊拉克 2 个主要沿岸国，最终注入波斯湾，全长约 3000km，一半以上流域处于叙利亚和伊拉克境内，径流量（在某一时段内通过河流某一过水断面的水量）中 88% 来自土耳其，12% 来自叙利亚。20 世纪 60 年代前，幼发拉底河的利用基本上由伊拉克独占。60 年代后，土耳其和叙利亚逐步开始了对该河的开发利用活动。

　　土耳其为了振兴位于东南部的安纳托利亚地区的经济，开发水资源以发展水电和灌溉农业，1977 年启动了名为 GAP 的水资源开发项目——东南安纳托利亚工程（Great Anatolia Project，简称 GAP）。该工程设定的目标是：建设 35 个大坝，灌溉面积 170 万公顷，发电 270 万千瓦，解决就业 350 万人。GAP 项目中库容最大的是幼发拉底河中的阿塔图尔克大坝（Ataturk dam）。该水库总库容 485 亿立方米，装机容量为 240 万千瓦，年均发电量 89 亿千瓦时，灌溉面积 90 万公顷。该水库于 1983 年开工，1991 年完工。得益于该水库（水电站），农业生产增加了 5 倍，当地百姓的收入也大大增加，成为土耳其振兴农业的象征。

　　位于幼发拉底河下流的叙利亚和伊拉克强烈反对阿塔图尔克大坝的建设，这是因为其本国的用水量由于该水电站的建设而受到了严重限制（流入水量最大可分别减少约 70% 和 90%）。叙、伊还向世界银行和欧盟施压，阻止其为 GAP 贷款，阿拉伯国家联盟也多次向土耳其表达不满。为了化解水权争端，土耳其展开了一系列外交活动。首先，土耳其努力争取水权问题的发言权，积极利用世界水资源论坛平台宣扬其在流域开发和水权问题上的主张，努力探寻表达自身利益的途径。其次，积极同叙、伊两国展开水权外交，阐明GAP 开发在水电和粮食输出等方面对邻国的好处，尽力签署相关协议，就水资源分配问题逐步达成了一定共识。

叙、土两国于 1987 年就阿塔图尔克大坝水库蓄水期间的下泄流量达成协议，规定土耳其在土、叙边界处维持全年平均下泄流量不低于 500m³/s。叙、伊两国也在 1989 年达成了幼发拉底河水分配的协议，双方同意幼发拉底河在土、叙边界处来水量的 42%归叙利亚，58%归伊拉克。虽然达成了这些双边协议，但 1990 年阿塔图尔克大坝蓄水还是造成幼发拉底河断流 9 天。为此，叙、伊两国政府都向土提出严重抗议，伊拉克甚至威胁要炸毁大坝。土耳其辩称虽然有一段时间断流，但在截流前后时间内幼发拉底河总体上流入叙利亚的平均流量并没有低于商定的 500m³/s。叙利亚则反驳，虽然年均流量可能没有低于 500m³/s，但在蓄水期间的 2 个月的平均流量都低于了 500m³/s。

在土耳其的安纳托利亚地区，库尔德人占了绝大多数。库尔德人总人口约 3000 万，主要分布在土耳其、叙利亚、伊拉克、伊朗等国，是世界上唯一一个人口众多，却始终没有获得过自决权的民族（无国家民族）。土耳其希望通过实施 GAP 能起到消减库尔德人反政府活动的作用，同时指责叙利亚政府怂恿了这样的反政府活动。从叙利亚立场来看，叙利亚阿萨德政权的反对派就藏匿在土耳其，接受了土耳其的支援。因此，土、叙两国关系一直较为紧张。此外，从叙利亚到伊拉克的部分幼发拉底河沿岸地区曾在激进组织 ISIS（伊斯兰国）的控制范围之内，饱受战争创伤。如此复杂、动荡的政治形势也加大了该地区水资源问题的解决难度。

相对来讲，在中东地区土耳其是水资源较为丰富的国家（人均拥有水量是叙利亚的 3 倍，是以色列的 10 倍），水资源已成为土耳其的战略物资。土耳其南部的地中海岛国塞浦路斯被分为南北两部分，北塞浦路斯（主要由土耳其人居住）作为政治实体目前仅被土耳其所承认。为解决该岛长期水资源不足问题，土耳其花费近 3 亿 8000 万欧元，投资兴建了该岛连接土耳其本土的输水管道，2015 年 10 月开始了输水运作。控制着水源的土耳其可以充分利用水资源为其工农业服务，甚至可以向盟友国家出口水，而下游的邻国叙利亚和伊拉克却忍受着缺水之苦。

### 5.2.2　咸海枯竭

咸海位于里海以东，处在中亚西南部的哈萨克斯坦和乌兹别克斯坦两国之间（如图5-7 所示）。北半部属哈萨克斯坦，南半部属乌兹别克斯坦。曾被誉为"中亚草原明珠"的咸海由于其面积巨大而被称之为"海"，但咸海并不是海，而是一个美丽的大湖。至20 世纪 60 年代初期为止，咸海曾是中亚第一大咸水湖、世界第四大湖，面积将近 7 万平方公里。咸海虽然很咸，但湖里仍有鱼生息，这与著名的"死海"不同。咸海曾经有发达的渔业，沿岸的从业者超过 6 万人，捕捞量占当时苏联总捕鱼量的 1/6。咸海的英文名字"Aral Sea"意为"岛之海"，因为它曾经有上千个岛。咸海的东侧有锡尔河和阿姆河两条河流注入其中，但它没有出水河流，即咸海为封闭湖泊。处于干燥地区的咸海表面的蒸发水量与东部两河的流入水量达到平衡时，咸海即可维持一定规模的水量及含盐量。

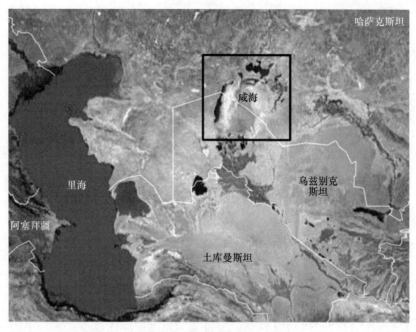

图 5-7 咸海地理位置示意图

　　苏联为将中亚建设为棉花和水稻种植基地，解决当地气候干燥、雨水不足问题，从
20 世纪 60 年代开始把原本注入咸海的阿姆河及锡尔河 85% 的河水流量通过人工运河引向
农田用于灌溉，到 20 世纪 80 年代苏联已成为世界第 2 大棉花生产国，其棉花生产绝大部
分来自该地区。然而，如此农田灌溉的大规模扩展破坏了咸海水量的收支平衡，致使其不
断萎缩，湖面水位及湖水面积急剧下降，出现大面积干涸。1987 年，咸海干涸加剧分为
南、北两部分；到 1993 年，咸海面积减小下降至 3.47 万平方公里；2003 年，南咸海又
分成东西两半；至 2006 年，咸海的面积仅剩 1.65 万平方公里。与 1960 年相比，到 2015
年咸海的水量减少了约 92%，盐分浓度增加了 9 倍，表面积缩小到原来的 12%。在此背
景下，"咸海消亡说"兴起，有人甚至推断咸海可能将在 2020 年前因干涸彻底消失。由
咸海面积萎缩而引起的咸海湖岸线的变化状况如图 5-8 所示。

　　咸海用自己的方式对人类进行了"报复"。由于咸海底部盐碱裸露，成为盐碱风暴的
策源地，每年有数以千万吨计的盐碱随强风刮起，形成盐碱沙尘暴，严重危害当地农业生
产。据有关资料统计，中亚约 30%~60% 的灌溉耕地被严重污染。乌兹别克斯坦重度盐碱
化的土地占农业用地的 60%。农业用地高度盐碱化，严重制约中亚的农业生产。此外，
随着湖水盐度的增高，还使得咸海的生态环境遭受到空前危机。夏天更热，冬天更长、更
冷，多种鱼类灭绝，周边植物受到破坏，5800 万人的健康受到影响，过去 6 万多人从事
的渔业遭到重创，丢弃在盐碱沙漠中的渔船照片已成为咸海环境破坏的象征。联合国环境
规划署曾在一份报告中这样评价："除了切尔诺贝利核电站事故受害区外，地球上恐怕再
也找不到像咸海周边这样生态灾害覆盖面如此之广、涉及人数如此之多的地区了。"

　　咸海生态灾难的主要成因是人类盲目开发自然资源，人为改变区域水资源配置，致使
注入咸海的阿姆河和锡尔河水量锐减，使咸海渐渐变成无源之湖，最终急剧干涸。此外，

图 5-8　咸海湖岸线变化示意图

当地居民无节制地滥用和严重地浪费水资源是造成咸海日益枯竭的另一原因。例如，由于在哈萨克斯坦农民用水是免费的，因此，尽管农业收成自 20 世纪 90 年代初便开始走下坡路，灌溉用水至今却未见减少。这个国家的农民浇灌 1hm² 田地平均消耗 7000 到 1 万立方米水，是正常消耗量的 1 至 2 倍。再如，乌兹别克斯坦境内长达 18 万多公里的引水渠道中只有 2%~3% 用水泥或其他加固物加固，大量地表水白白蒸发或渗入沙漠。总之，粗放的农业开发方式和灌溉模式是导致"咸海危机"的根本原因。

自苏联解体后，咸海及其周边区域的生态环境问题变为涉及多个国家的国际环境问题，"咸海危机"的治理更加艰难。咸海跨越哈萨克斯坦和乌兹别克斯坦两国；锡尔河发源于吉尔吉斯斯坦的天山山脉，流经塔吉克斯坦、乌兹别克斯坦及哈萨克斯坦；阿姆河发源于塔吉克斯坦的帕米尔高原，流经阿富汗、土库曼斯坦及乌兹别克斯坦。解决"咸海危机"，需要这些国家的共同协调和努力。

1992 年以来，哈萨克斯坦、乌兹别克斯坦、土库曼斯坦、吉尔吉斯斯坦和塔吉克斯坦这 5 个中亚国家首脑为拯救咸海频繁会晤，积极磋商。1993 年，五国成立了"拯救咸海国际基金"组织。1998 年,该组织决定,各国每年必须从本年度财政预算中调拨一定数额的经费作为咸海治理基金。世界银行、联合国开发署等国际组织也纷纷决定拨专款帮助治理咸海。然而,毁坏容易,治理难。咸海的治理是一个庞大的系统工程,尽管中亚五国为治理咸海作出了不少努力,但到目前为止仍收效甚微。咸海地区生态危机还在进一步加剧,"咸海危机"不仅困扰中亚地区,而且已经影响到全球生态,成为一个世界级的环境和生态问题。

### 5.2.3　解决之路

除了前述幼发拉底河和咸海之外,涉及多个国家、容易发生利益纷争的国际河流和湖泊流域还有很多,如尼罗河(苏丹、埃及)、约旦河(约旦、以色列)、恒河(印度、孟加拉国)、印度河(印度、巴基斯坦)、多瑙河(匈牙利、斯洛伐克)、湄公河(中国、缅甸)等等,这些国际河流一般都跨越多个国家,括弧中仅列出有代表性的两个。虽然已有相关国际条约可缓解冲突,但问题的根本解决之路还很漫长,国际水资源争端给地区乃至世界的和平与发展带来了严重威胁。

1995 年,世界银行副行长伊斯梅尔·萨拉杰丁曾预言:"20 世纪许多战争都因石油而起,而到 21 世纪水将成为引发战争的根源。"进入 21 世纪后,石油可能仍然是世界焦点之一,但水资源问题会更加引人注目。因此,21 世纪被称为水的世纪并非危言耸听。

历史反复表明,国际水资源争端只有通过和平方法解决,才能真正促进跨国水资源的有效利用和保护,维持沿岸国家的长久和平与繁荣。以武力威胁等强制手段,不仅不能从根本上解决水争端,反而会激化敌对情绪,成为冲突和战争的祸根。

和平解决争端的方式有政治方法和法律方法两种。政治方法也称为外交方法,包括谈判与协商、斡旋与调停、调查与和解、通过国际组织解决争端等;法律方法是指用仲裁或司法解决的方式来解决国际争端,具体包括国际仲裁和国际诉讼两种方式。当发生争端时,应当首先进行协商和谈判;如果协商和谈判不成,可以借助其他政治性解决办法;如果仍不能解决争端,可以使用法律方法解决。在解决争端的整个过程中,只要双方自愿,都可以随时采用任一种政治性解决办法。

根据联合国 1997 年《国际水道非航行使用法公约》和国际法协会 2004 年《关于水资源的柏林规则》,可以利用强制性事实调查作为最后的解决办法,但由于涉及国家主权问题,各国就这一办法的适用性还存在较大争议。值得注意的是,公约强调了在解决争端的任何程序中,都应坚持"公平且合理利用及参与原则"和"尽力避免可能危机他国利益的行为原则"。遗憾的是,这些公约或规则还缺乏具体内容,还没有切实可行的详细条文来解决所有实际的水资源争端问题。

### 知识专栏

## 虚　拟　水

生产商品或服务通常都需要水资源,如生产 1kg 的粮食、奶酪、牛肉分别需要 1~

2t、5~5.5t、16t 的水资源，生产 2g 的 32 兆计算机芯片需要消耗 32kg 的水资源。虚拟水（virtual water）是英国学者 Tony Allan 于 1993 年提出的新概念，是指生产商品和服务所需要的水资源数量。虚拟水不是真实意义上的水，而是以虚拟的形式包含在产品中的"看不见"的水，是以虚拟的形式体现出来的。因此，虚拟水也被称为"嵌入水"或"外生水"，"外生水"暗指进口虚拟水的国家或地区使用了非本国或本地区的水这一事实。

可以从虚拟水的生产者和使用者两种角度定量定义虚拟水：（1）从生产者的角度定义，一种产品的虚拟水含量是生产这种产品实际所利用的水资源数量，这将依赖于该产品的生产条件（包括时间和地点）和用水效益等因素。例如，在干旱地区生产 1kg 粮食可能需要比在湿润地区生产同样数量的粮食多使用 2~3 倍的水资源。（2）从使用者的角度定义，一种产品的虚拟水含量是使用该种产品的地方生产这种产品时所需要的水资源。该定义在平衡缺水地区水资源赤字时特别有用（如采用进口来替代生产一种水密集型产品可节约一定的水资源）。

虚拟水战略是指贫水国家或地区通过贸易的方式从富水国家或地区购买水密集型农产品（生产过程消耗水量大的产品，尤其是粮食）来获得水和粮食的安全。如果一个国家出口水密集型产品给其他的国家，实际上就是以虚拟的形式出口了水资源。当前，一些缺水国家事实上就是以虚拟水贸易（即由产品贸易引起虚拟水的转移）的形式来解决国内的水资源短缺问题。例如，2001 年南非向赞比亚出口了 9000t 玉米，从虚拟水的角度来说，就是南非向赞比亚出口了 $10.8 \times 10^6$t 的水；中东地区每年靠粮食补贴购买的虚拟水数量相当于尼罗河每年流入埃及的水量，埃及、约旦、以色列等国家和地区通过区域间贸易（隐含虚拟水）很大程度上缓解了本地区的水资源紧张状况；粮食自给率不足 40% 的日本大量从美国、加拿大以及澳大利亚等国进口粮食、工业产品、木材等（隐含虚拟水），表面上看似水资源丰富的日本其实严重依赖其他国家的水资源。

相对于国家甚至世界范围而言，水资源短缺通常只是局部现象。传统上人们对水和粮食安全都习惯于在问题发生的区域范围内寻求解决问题的方案。虚拟水战略从系统的角度出发，运用系统思考的方法找寻与问题相关的各种各样的影响因素，从问题发生的范围之外找寻解决问题的应对策略。虚拟水战略提倡出口高效益水密集型商品，进口本地没有足够水资源生产的粮食产品，通过贸易的形式最终解决水资源短缺和粮食安全问题。由于人口增长是水资源短缺的最原始驱动力，粮食作为人类的生活必需品携带有大量的虚拟水，是当前世界贸易中数量最大的商品。因此，人口→粮食→贸易之间的连接关系就成为虚拟水战略分析的主线，从另一个角度来看，也就是抓住水的社会属性这条主线来进行水资源管理。

自 Tony Allan 于 1993 年提出虚拟水的概念以后，经过近 10 年的时间，科学界才认识到虚拟水概念对平衡地区和全球水资源安全的重要性。2002 年 12 月在荷兰代尔夫特举行了第一次关于虚拟水的国际会议，2003 年 3 月在日本召开的"第三届世界水论坛"上对虚拟水贸易进行了专题讨论。目前，虚拟水已经成为国际前沿研究领域，诸多学者针对虚拟水的内涵、估算等开展了多方面的理论和实证研究，许多国家也正在以虚拟水的形式解决国内水资源短缺问题。

# 思 考 题

5-1 简述地球淡水资源的分布概况。解释地球被称为"水球",但很多地方却仍旧缺水的原因。

5-2 世界水日是哪一天?简述其来历及意义。

5-3 简述水循环过程,举例说明人类活动对水循环产生的影响。

5-4 中国水资源主要存在哪几方面的问题?我国降水量的"五多五少"指的是什么?

5-5 如何理解水资源安全?为保障水资源安全,应采取哪些具体措施?

5-6 我国为什么要实施南水北调工程?试分析其工程效益及对生态环境的影响。

5-7 结合国情,试分析提高我国水资源的综合利用、建设节水型社会的具体措施。

5-8 西亚两河流域水资源开发的有关经验教训对我国具有哪些启示和借鉴意义?

5-9 咸海枯竭产生的根本原因是什么?如何彻底解决"咸海危机"问题?提出你自己的理解和建议。

5-10 我国境内有哪些河川属于跨国河流?查找相关资料分析相关国家对其依赖程度、开发利用状况、对周边环境的影响等情况。

5-11 查找世界上有代表性的国际河流,论述相关国家围绕该跨国河流的开发利用及国际合作状况,分析其存在的问题及解决途径。

# 6 水 土 污 染

**本章要点**

（1）由人类活动所形成的水体污染源体系十分复杂，可造成多种水体污染。其中，水体富营养化及无机或有机有毒物质污染是典型的水体污染，COD 和 BOD 是用来描述水体中有机污染物含量的常用水质指标。污水处理技术一般可分为物理法、化学法及生物法 3 类，污水处理系统可分为一级处理、二级处理及三级处理。

（2）由人类活动所造成的土壤污染具有隐蔽性、潜伏性、不可逆性、长期性及难治理等特点。为有效防治土壤污染，应制定并有效实施土壤环境保护政策，合理利用土地资源，创建和保持良好的土壤生态环境，及时实施技术手段治理土壤污染。

（3）我国近年水体污染及土壤污染形势严峻，水土污染事件频发，加快加大水土污染防治措施迫在眉睫。当前，《水十条》、《土十条》已成为我国水土污染防治工作的行动指南，标志着我国水土环境保护工作进入了新阶段。

水资源除了前述的短缺问题之外，还存在水体污染问题，后者主要是人类不合理的经济活动造成的。与水体污染密切相关的是土壤污染，二者在污染物等方面有着惊人的相似之处。水体及土壤污染都给人类健康和生态环境带来巨大损害。本章首先讨论水体污染问题，包括水体及其污染的相关基本概念、典型水体污染及其防治措施、我国水体污染现状及《水污染防治行动计划》（《水十条》）等，然后简介土壤污染的基本概念、我国土壤污染现状、土壤污染防治措施以及《土壤污染防治行动计划》（《土十条》）等。

## 6.1 水 体 污 染

### 6.1.1 水体污染概述

#### 6.1.1.1 水体及水体污染

水体指的是以相对稳定的陆地为边界的水域，包括有一定流速的沟渠、江河和相对静止的塘堰、水库、湖泊、沼泽以及受潮汐影响的三角洲与海洋，是地表水圈的重要组成部分。在环境科学中水体被当作完整的生态系统来研究，包括水中的悬浮物质、溶解物质、底泥和水生生物等。水体污染是指污染物进入河流、海洋、湖泊或地下水等水体后，使其水质和沉积物的物理、化学性质或生物群落组成发生变化，从而降低了水体的使用价值和使用功能，影响了人类正常生产、生活及生态系统平衡的现象。区分"水"与"水体"的概念十分重要。例如，重金属污染物易于从水中转移至底泥中，即使水中的重金属含量不高，水体仍然可能由于底泥中的高含量重金属而受到严重污染。

水体具有消除一定量的污染物而使水体恢复到受污染前状态的能力，称为水体的自净。水体自净过程包括稀释、混合、沉淀、挥发、中和、氧化还原、化合分解、吸附凝聚等物理、化学和生物化学过程，其中以物理和生物化学过程为主。按作用机理，水体自净过程可分为物理自净、化学自净和生物自净3个方面。影响水体自净能力的因素很多，如水体的地形和水文条件，水体中微生物的数量，水温和水中溶解氧的恢复状况，污染物的性质和浓度等。水体的自净是有限度的，如果持续不断地向某一水体排放高浓度废水，则将很快超过水环境容量（一定水体所能容纳污染物的最大负荷，kg），水体的自净过程根本无法消纳过多的污染物，最终将导致水体的严重污染。

#### 6.1.1.2 水体污染源

向水体排入污染物或对水体产生有害影响的场所、设备和装置等称为水体污染源。在环境保护研究和水污染防治中主要关注的是由人类活动所形成的水体污染源，其体系十分复杂。例如，按人类活动方式可分为工业、农业、交通、生活等污染源；按排放污染物种类不同，可分为有机、无机、放射性、重金属、病原体等污染源以及同时排放多种污染物的混合污染源；按排放污染物的空间分布方式，可以分为点源（工业废水和城市生活污水等）和面源（坡面径流和农田灌溉水等）。

#### 6.1.1.3 水体污染类型

根据污染物性质可将水体污染分为化学性污染、物理性污染和生物性污染3类。

（1）化学性污染。常见的化学性污染有酸碱污染、重金属污染、需氧有机物污染、营养物污染、有机毒物污染等。1）酸碱废水会使水体的 pH 值发生变化，抑制细菌和其他微生物的生长，影响水体的生物自净作用，还会腐蚀船体和水下建筑物，影响渔业，破坏生态平衡，因而无法用作饮用水源、工业用水及农业用水等。2）重金属对人体健康和生态环境的危害极大，排入水体的重金属不可能减少或消失，却能通过沉淀、吸附及食物链不断富集，达到对生态环境和人体健康有害的浓度。3）需氧有机物是一种最常见的污染物，生活污水和很多工业废水中都含有大量需氧有机物，这些有机物排入水体后，会引起微生物的大量繁殖和溶解氧的消耗，当水中溶解氧含量降至 4mg/L 以下时，鱼类和水生生物将无法生存。水中溶解氧耗尽后，有机物将由于厌氧微生物的作用而发酵，生成大量硫化氢、氨、硫醇等恶臭气体，使水质变黑发臭，造成水环境的严重恶化。4）生活污水和某些工业废水中常含有一定数量的氮、磷等营养物质，农田径流中也挟带大量残留氮肥、磷肥，这类营养物质排入湖泊、水库、港湾、内海等水流缓慢的水体时，会造成藻类大量繁殖，覆盖大片水面，减少鱼类的生存空间，消耗大量溶解氧，导致水质恶化，此即为营养物污染。5）各种有机农药、有机染料、多环芳烃、胺类化合物等往往对人和生物有毒性，有的已被证明是致癌、致畸、致突变物质。这些有机毒物大多具有较大的分子和复杂的结构，不易被生物降解，因此易在环境中残留、累积，此即为有机毒物污染。

（2）物理性污染。常见的物理性污染有悬浮物污染、热污染、放射性污染等。各类废水中均含有悬浮杂质，排入水体后影响水体外观，增加浑浊度，妨碍水中植物的光合作用。此外，悬浮物还有吸附、凝聚重金属和有毒物质的能力。热电厂、核电站以及各种工业等都使用冷却水，当水温升高后排入水体，将使水体温度升高，溶解氧含量降低，微生物活动增加，对鱼类和水生生物的生长不利。

（3）生物性污染。常见的生物性污染主要指致病菌及病毒污染。生活污水特别是医院污水，往往带有一些病原微生物，如伤寒、痢疾等疾病的病原菌等，这些污染对人体健康及生命安全会造成极大威胁。

### 6.1.1.4　水质指标

在环境科学中，常用"水质指标"来衡量水质的好坏，它是表征水体受到污染的程度，也是控制和掌握污水处理设备的处理效果与运行状态的重要依据。自然界中的水并不是纯粹的氢氧化合物，因此水质是指水与其中所含杂质共同表现出来的物理、化学和生物学的综合特性，相应地有三大类重要水质指标（如表 6-1 所示）。

表 6-1　重要水质指标

| 物理性水质指标 | 化学性水质指标 | 生物学性水质指标 |
|---|---|---|
| （1）温度；<br>（2）色度；<br>（3）嗅和味；<br>（4）悬浮物 | （1）有机物指标：<br>　1）生化需氧量（BOD）；<br>　2）化学需氧量（COD）；<br>　3）总需氧量（TOD）；<br>　4）溶解氧量（DO）。<br>（2）无机物指标：<br>　1）植物营养元素含量；<br>　2）pH 值；<br>　3）毒物含量 | （1）细菌总数；<br>（2）大肠菌群数 |

**A　物理性指标**

（1）温度。温度过高，水体受到热污染，不仅使水中溶解氧减少，而且加速耗氧反应及水体中细菌和藻类的繁殖，最终导致水体缺氧或水质恶化。

（2）色度。色度是表示水颜色的感官性指标。纯净的天然水无色透明，当水中含有大量的杂质时，水就会产生颜色。有颜色的水会减弱水的透光性，从而影响水生生物的生长；色度还会引起人视觉感官的不良反应，并可以使水在饮用时有不愉快的味道，使人产生厌恶心理。另外，由于使水产生色度的杂质会堵塞水处理用离子交换剂的孔隙，污染树脂、污染水质，引起水质恶化，所以工业用水对水的色度有较严格的要求。通常可以采用铂钴比色法测定水的色度（1L 水中含有相当于 1mg 铂时产生的颜色规定为 1 度），对于色度较大的工业废水或超过 70 度的其他水也可以采用稀释倍数法测定水的色度（将有色废水用蒸馏水稀释，并与参比水样对照，一直稀释到两水样色差一样，此时废水的稀释倍数即为其色度）。

（3）嗅和味。天然水无嗅无味，当水体受到污染后会产生异臭、异味，嗅和味也属于感官性指标。水的异臭来源于还原性硫和氮的化合物、挥发性有机物和氯气等污染物质。盐分会给水带来异味，如氯化钠带咸味、硫酸镁带苦味、铁盐带涩味、硫酸钙略带甜味等。无臭无味的水虽然不能保证不含污染物，但有利于增强使用者对水质的信任。

（4）悬浮物（suspended substance，SS）。悬浮物主要指悬浮于水体中呈固体状的不溶解物质。在水力冲灰、洗煤、冶金、化工、屠宰和建筑等工业废水和生活污水中，常含有大量的悬浮状的污染物。当这些污水排入水体后，除了会使水体变得浑浊，影响水生植物的光合作用外，还会吸附有机毒物、重金属、农药等，形成危害更大的复合污染物沉于水底，这就为污染物从底泥中重新释放提供了物质基础。

　　B　化学性指标

　　a　有机物指标

　　表示水中有机物的综合指标可分为两大类：以氧表示的指标和以碳表示的指标，单位用 mg/L 表示。由于测定水体中有机碳的设备比较昂贵，目前国内应用不普遍。下面介绍常用的以氧表示的指标。

　　（1）生化需氧量（biochemical oxygen demand，BOD）。在人工控制的条件下，使水样中的有机物在微生物作用下进行生物氧化，在一定时间内所消耗的溶解氧的数量，可以间接地反映出有机物的含量，这种水质指标称为生化需氧量，以每升水消耗氧的质量表示（mg/L）。生化需氧量越高，表示水中需氧有机物质越多。

　　由于微生物分解有机物是一个缓慢的过程，通常微生物将需氧有机物全部分解要 20 天以上，并与环境温度有关。生化需氧量的测定常采用经验方法，目前国内外普遍采用在 20℃条件下培养 5 天的生物化学过程需要氧的量为指标，记为 $BOD_5$。$BOD_5$ 只能相对反映出耗氧有机物的数量，但是，它能在一定程度上反映有机物进行生物氧化的难易程度和时间进程，具有很大实用价值。

　　（2）化学需氧量（chemical oxygen demand，COD）。指用化学氧化剂氧化水中有机污染物时所需的氧量，以每升水消耗氧的质量表示（mg/L）。COD 值越高，表示水中有机污染物污染越重。常用的氧化剂是高锰酸钾（$KMnO_4$）和重铬酸钾（$K_2Cr_2O_7$）。高锰酸钾法（简记 $COD_{Mn}$）适用于测定一般的地表水，如湖水、海水。重铬酸钾法（简记 $COD_{Cr}$）对有机物反应较完全，适用于分析污染较严重的水样。目前，国际标准化组织（ISO）规定，化学需氧量指 $COD_{Cr}$，而称 $COD_{Mn}$ 为高锰酸盐指数。

　　COD（化学需氧量）所测定的是不含氧的有机物和含氧有机物中碳的部分，实际上是反映有机物中碳的耗氧量。另外，化学需氧量不仅氧化了有机物，而且对各种还原态的无机物（如硫化物、亚硝酸盐、氨、低价铁盐等）亦具氧化作用。BOD（生化需氧量）是污水中可以生物降解的有机物，一般可用 COD 与 BOD 的差值来表示污水中不能生物降解的有机物。若污水中各种成分相对稳定，则 COD 与 BOD 存在一定的比例关系。一般说来，$BOD_5$/COD 比值可作为污水是否适宜生化法处理的一个衡量指标，该比值越大，则越容易被生化处理。一般认为 $BOD_5$/COD 大于 0.3 的污水才适于生化处理。

　　（3）总需氧量（total oxygen demand，TOD）。对很多有机物来说，所测定的 COD 一般仅为理论值的 95%左右，故有时需要采用总需氧量的测定方法。总需氧量表示在高温下燃烧化合物所耗去的氧量，用 TOD 表示，单位为 mg/L（以氧计）。总需氧量可用仪器测定，在几分钟内完成，且可自动化、连续化。TOD 能反映出几乎全部有机物燃烧后所需的 $O_2$ 量，它比 BOD 和 COD 更接近于理论需氧量。

　　（4）溶解氧量（dissolved oxygen，DO）。溶解氧指溶解于水中的分子氧（以 mg/L 为单位）。水体中 DO 含量的多少也可反映出水体受污染的程度。DO 越少，表明水体受污染的程度越严重。清洁河水中的 DO 一般在 5mg/L 左右。当水中 DO 低至 3~4mg/L 时，许多鱼类呼吸发生困难，不易生存。

　　b　无机物指标

　　（1）植物营养元素含量。废水中的 N、P 为植物营养元素，过多的 N、P 进入天然水体易导致富营养化，使藻类大量繁殖并大量消耗水中的溶解氧，从而导致鱼类等窒息和死亡。此外，水中生成的大量 $NO_3^-$、$NO_2^-$ 若经食物链进入人体，将危害人体健康，甚至有致癌作用。就废水对水体富营养化作用来说，P 的作用远大于 N。

（2）pH 值。pH 值反映了水的酸碱性，天然水体的 pH 值一般为 6~9。测定和控制废水的 pH 值对维护废水处理设施的正常运行、防止废水处理和输送设备的腐蚀、保护水生生物的生长和水体自净功能都有重要的意义。

（3）毒物含量。毒物含量是废水排放、水体监测和废水处理中的重要水质指标。国际公认的六大毒物是非金属的氰化物、砷化物和重金属中的汞、镉、铬、铅。在我国的地面水和海水水质标准中，已列出 40 种有毒物质及其在水中的最高允许浓度。

C　生物学指标

（1）细菌总数。细菌总数反映水体受细菌污染的程度，但不能说明污染的来源，必须结合大肠菌群数来判断水体污染的来源和安全程度。

（2）大肠菌群数。水是传播肠道疾病的重要媒介，大肠菌群是最基本的粪便污染指示菌群，单位为个/mL。大肠菌群的值可表明水体被粪便污染的程度，间接表明有肠道病菌（伤寒、痢疾、霍乱等）存在的可能性。生活污水、医院污水以及屠宰肉类加工等污水，含有各类病毒、细菌、寄生虫等病原微生物，流入水体会传播各种疾病。

## 6.1.2　典型水体污染

### 6.1.2.1　富营养化

A　水体富营养化及其危害

水体富营养化指的是在人类活动的影响下，氮、磷等营养物质大量进入江河、湖泊、水库、海湾等缓流水体，引起藻类及其他浮游生物迅速繁殖而引起的水质恶化现象。天然水体中的藻类本来以硅藻、绿藻为主，随着富营养化的发展，最后变成以蓝藻为主。水面覆盖蓝藻的现象，在湖泊中称为水华，在海洋中则叫做赤潮。江河湖泊是人类赖以生存的重要水资源，它不仅是农业、养殖业以及生活用水的主要水源，同时还具有维持生物多样性、调节气候、蓄纳洪水、调节地表径流、净化水质等功能。随着经济的发展，城镇人口不断增加，工业废水、生活污水的排放量日益增长，大量营养物质不断流入江河湖泊，从而产生了水体富营养化现象。

水体富营养化可以分为天然富营养化和人为富营养化。在自然条件下，缓流水体也会从贫营养状态过渡到富营养状态，但整个过程十分缓慢，在自然条件下需几万年甚至几十万年。在人类活动影响下，大量氮、磷等营养物质进入缓流水体，在短时间内就可导致富营养化。富营养污染源可分为外源和内源，外源污染包括工业废水、城镇生活污水、固废处置场污水、城镇地表径流、农牧区地表径流、大气降水等，而水体内部自身底泥等沉积物富含氮、磷等营养物质，构成了水体富营养化的主要内源因素。富营养化是诸多物理因素、化学因素和生物变量共同作用的结果，其中营养元素长久以来被认为是最重要的因素，而磷被认为是湖泊富营养化的首要限制因素。

水体富营养化危害严重，不仅会造成巨大的经济损失，甚至还会危害人类健康。富营养化对水体功能和水质影响主要表现在以下几个方面：（1）影响水体的水质。在富营化水体中，藻类的繁殖会在水面形成绿色浮渣，水体变得浑浊，透明度降低，使水体的美学价值大打折扣，降低水体的景观性。同时，藻类的大量繁殖死亡，会使水体产生霉臭味，降低水质的同时，也会影响水体周边居民的工作生活。（2）破坏水生生态。富营养化的水体中，由于大量藻类植物对水体的覆盖和对阳光的吸收，阳光难以透射进入水体深层，使得深层水体的光合作用明显减弱，溶解氧的来源越来越少。同时，死亡的藻类沉积腐烂分解也会大量消耗溶解氧，从而使水体中溶解氧大量减少，深层水体处于厌氧状态。水体原有的生态系统平衡被打破，生物种群会出现剧烈波动，水体的稳定性和多样性降低，水生生态被破坏，出现恶性循环。（3）向水体中释放有毒有害物质。引起富营养化的藻类中，有许多能分泌、释放有毒有害物质，从而影响人类健康和危害动物等。（4）影响供水水质并增加制水成本。当城市供水水源地产生水体富营养化时，水体会在一定条件下发生厌氧反应，产生硫化氢、甲烷、氨气等有毒有害气体，给城市供水处理带来一系列问题，增加制水成本，浪费社会资源，影响当地居民的日常生活。（5）加速湖泊的消亡。自然的湖泊从形成到消亡是一个极其漫长的演化过程，而人为排放含营养物质的工业废水和生活污水所引起的水体富营养化则可以在短时间内出现。

2007 年 5 月，我国江苏省无锡市的太湖爆发了严重蓝藻污染，造成无锡市全城自来水恶臭难当，不仅不能喝，连洗澡都不能用。由于生活用水和饮用水严重短缺，以致超市、商店里的桶装水被市民抢购一空。无锡市的饮用水全部取自太湖，共有 6 个水厂，总取水量约占太湖取水总量的 60%。该事件主要是由于水源地附近蓝藻大量堆积，厌氧分解过程中产生了大量的 $NH_3$、硫醇、硫醚以及硫化氢等异味物质。即使是在 10 年之后的 2017 年，太湖蓝藻水华的威胁并未比 10 年前有所缓解。此外，全国各地的蓝藻旋风似乎有愈演愈烈之势，如云南的洱海、滇池，浙江的富春江、千岛湖等都面临着蓝藻水华的困扰，蓝藻污染正步入常态化。从大气的雾霾到水的绿"霾"，我们必须敲响警钟。

B 控制水体富营养化的措施

控制水体富营养化最根本的措施是减少水体的营养负荷，尤其是氮、磷等营养元素的输入量，可以通过控制水体的外源负荷和内源负荷来实现。

a 控制外源性营养物质输入

绝大多数的水体富营养化是外界输入的营养物质在水体中富集造成的。如果减少或者截断外源性营养物质，就可以使水体失去营养物质富集的可能性。首先，应深入调查研究，做好水环境规划。根据相关的排放标准，准确调查排入水体营养物质的主要排放源，监测排入水体的废水和污水中的氮、磷浓度，计算出氮、磷的排放总量，根据水体的功能规划对水质的要求，确定水体氮、磷的可容纳量，为实施控制外源性营养物质的措施提供可靠的科学依据。其次，应从污染源头控制氮、磷排放。通过对排放污染源的改造、预处理，从而减少进入水体的氮磷含量。水体中的氮、磷主要来自生产、生活用水。在农业生产上，通过实施生态农业，用新型肥料来替代传统的氮磷肥，从而减少农业生产带来的面源污染；通过合理的土地使用，完善农田水利建设，减少肥料的损失；对含磷洗涤剂等进行全面禁止，改含磷洗涤剂为无磷洗涤剂等，达到减少外源性营养物质进入水体的目的。

b 减少内源性营养物质负荷

水体的内源性营养物质是指水体底泥中富集的磷以及湖内养殖和船舶等带来的氮、磷等。减少内源性营养物负荷，有效地控制湖泊内部氮、磷的主要方法有：（1）工程性措施。通过定期对富营养化的水体进行清淤、深层曝气、人工除藻、外源稀释等措施来降低水体中的营养物质含量，缓解富营养化程度，阻止其进一步发展。这类工程性措施可以达到较好的效果，但是成本偏高，可操作性差。（2）化学方法。通过向富营养化的水体中添加化学絮凝剂（如石灰等）可使营养物质生成沉淀而沉降去除，或化学杀藻剂杀死藻类。由于水体流动性等的影响，化学方法时效性差且藻类被杀死后易腐烂分解释放出磷，会造成水体的二次污染。（3）生物性措施。通过放养控藻型生物、构建人工湿地、恢复高等水生陆生植物等重建水生生态环境，恢复水体应有的功能。该法最大特点是投资少，能耗低甚至无能耗，有利于建立合理的水生生态循环，适于我国江河湖库大范围的污水治理和富营养化控制工作。

### 6.1.2.2　有毒污染

#### A　无机有毒物质污染

最典型的无机有毒物质是重金属（密度大于或等于 $5.0g/cm^3$ 的重金属，主要指汞、镉、铅、铬等生物毒性显著的重金属元素以及具有重金属特性的锌、铜、钴、镍、锡等），但也包括 As、Se 等非金属元素，它们都具有不同程度的毒性。这类物质具有强烈的生物毒性，它们排入天然水体，常会影响水中的生物，并可通过食物链危害人体健康。这类污染物都具有明显的累积性，可使污染影响持久和扩大。

（1）汞。汞具有很强的毒性，有机汞比无机汞的毒性更大，更容易被吸收和积累，长期受毒后果严重。人的汞致死剂量为 $1\sim2g$，汞浓度 $0.006\sim0.01mg/L$ 时可使鱼类或其他水生动物死亡，浓度 $0.01mg/L$ 即可抑制水体的自净作用。无机汞化合物如 $HgCl_2$、$HgO$ 等不易溶解，因而不易进入生物组织；有机汞化合物如烷基汞（$CH_3Hg^-$、$C_2H_5Hg^-$）、苯基汞（$C_6H_5Hg^-$）等，有很强的脂溶性，易进入生物组织，并有很强的蓄积作用，能大量积累于人脑中，引起乏力、动作失调、精神混乱甚至死亡。无机汞在水体中易沉积于底层沉积物中，在微生物作用下可转化为有机汞而进入生物体内，再通过食物链作用逐级浓缩，最后影响到人体。水体汞的污染主要来自生产汞的厂矿、有色金属冶炼以及使用汞的生产部门排出的工业废水，尤以化工生产中汞的排放为主要污染来源，日本的水俣病就是人长期吃富集甲基汞的鱼而造成的。

（2）镉。镉进入人体后，主要累积于肝、肾和脾脏内，能引起骨节变形，腰关节受损，有时还会引起心血管病，日本的骨痛病就是人们吃了被含镉污水污染的稻米所致。镉浓度 $0.2\sim1.1mg/L$ 可使鱼类死亡，浓度 $0.1mg/L$ 时对水体的自净作用有害。工业含镉废水的排放，大气镉尘的沉降和雨水对地面的冲刷，都可使镉进入水体。镉是随水迁移性元素，除了硫化镉外，其他镉的化合物均能溶于水。在水体中，镉主要以 $Cd^{2+}$ 状态存在。进入水体的镉，还可与无机和有机配位体生成多种可溶性混合物。

（3）铅。如摄取铅量每日超过 $0.3\sim1.0mg$，就可在人体内积累，引起贫血、肾炎、神经炎等症状。铅对鱼类的致死浓度为 $0.1\sim0.3mg/L$，浓度 $0.1mg/L$ 时可破坏水体自净作用。由于矿山开采、金属冶炼、汽车废气、燃煤、油漆、涂料等都是环境中铅的主要来源，所以几乎在地球上每个角落都能检测出铅。岩石风化及人类的生产活动，使铅不断由岩石向大气、水、土壤和生物转移，从而对人体的健康构成潜在威胁。天然水中铅主要以 $Pb^{2+}$ 状态存在。

（4）铬。铬的无机化合物有二价、三价、六价三种，六价铬化合物毒性最大。六价铬主要以 $CrO_3$、$CrO_4^{2-}$、$Cr_2O_7^{2-}$ 等形式存在，具强氧化性，对皮肤、黏膜有强烈腐蚀性。在慢性影响上，六价铬有致畸、致突变与致癌等作用。

（5）砷。砷是传统的剧毒物，$As_2O_3$ 即砒霜，对人体有很大毒性。长期饮用含砷的水会慢性中毒，主要表现是神经衰弱、腹痛、呕吐、肝痛、肝大等消化系统障碍，并常伴有皮肤癌、肝癌、肾癌、肺癌等发病率增高现象。岩石风化、土壤侵蚀、火山作用以及人类活动等都能使砷进入天然水体中。

（6）氟化物。氟化物广泛存在于自然界中，对植物具有一定的生物毒性。氟化物在水体中的存在形式主要有游离的 $F^-$、HF 和与铁、铝、硼等形成的络合物，可以通过食物链对人体健康产生毒害作用，摄入氟过量会引起骨质疏松、骨骼变形。

（7）氰化物。水体中的氰化物主要来源于工业企业排放的含氰废水，如电镀废水、焦炉和高炉的煤气洗涤冷却水、化工厂的含氰废水，以及选矿废水等。氰化物是剧毒物质，一般人只要误服 0.1g 左右的氰化钾或氰化钠便会立即死亡。含氰废水对鱼类有很大毒性，当水中 $CN^-$ 含量达 0.3~0.5mg/L 时，鱼便会死亡。世界卫生组织规定了鱼的中毒限量为游离氰 0.03mg/L，生活饮水中氰化物不可超过 0.05mg/L，地面水中容许浓度为0.1mg/L。

（8）硫化物。硫化物污染源主要包括火山喷发等天然源和含硫矿物使用等人为源，在水体中的存在形式主要有 $H_2S$、$HS^-$、$S^{2-}$ 和存在于悬浮物中的可溶性硫化物。硫化物具有一定腐蚀性，会降低水中溶解氧浓度和导致水体酸化，抑制水生生物活动。硫化物还会使人体内酶失活，破坏相关细胞组织，危害人体健康。

B 有机有毒物质污染

这一类物质多属于人工合成的有机物质，这些有机物往往含量低，毒性大，异构体多，毒性大小差异悬殊。由于种类繁多，现仅简介几种。

（1）农药。水中常见的农药，主要为有机氯和有机磷，此外还有氨基甲酸酯类农药。它们通过喷施、地表径流以及农药生产厂的废水排入水体中。有机氯农药由于难以被化学降解和生物降解，在环境中的滞留时间很长，其水溶性低而脂溶性高，易在动物体内累积，对动物和人造成危害。有机磷农药、氨基甲酸酯农药与有机氯农药相比，较易被生物降解，它们在环境中滞留时间较短，在土壤和地表水中降解较快，杀虫力较高，目前在地表水中能检出的不多，污染范围较小。此外，近年来化学除草剂的使用量逐渐增加，可用来杀死杂草和水生植物。它们具有较高的水溶解度和低的蒸气压，通常不易发生生物富集、沉积物吸附和从溶液中挥发等反应。这类化合物的残留物通常存在于地表水体中。化学除草剂及其中间产物是污染土壤、地下水以及周围环境的主要污染物。

（2）酚类化合物。酚是芳香族碳氧化合物，苯酚是其中最简单的一种。酚类化合物是有机合成的重要原料之一，具有广泛的用途。酚作为一种原生质毒物，可使蛋白质凝固，并主要作用于神经系统。水体受酚污染后，会严重影响各种水生生物的生长和繁殖，使水产品产量和质量降低。水体中酚的来源主要是冶金、煤气、炼焦、石油化工、塑料等工业排放的含酚废水。

（3）多环芳烃（polycyclic aromatic hydrocarbons，PAHs）。多环芳烃是多环结构的碳氢化合物，是由石油、煤、天然气及木材，在不完全燃烧或在高温处理条件下产生的，排入大气中的悬浮粉尘经沉降和雨洗等途径到达地表，加之各类废水的排放，引起地表水和地下水的污染。多环芳烃的种类很多，如苯并芘、二苯并芘、苯并蒽、二苯并蒽等。在地表水中，已知的多环芳烃类有 20 多种，其中有七八种具有致癌作用，如苯并芘、苯并蒽等。

（4）多氯联苯（polychlorinated biphenyls，PCBs）。多氯联苯是联苯分子中一部分或全部氢被氯取代后所形成的各种异构体混合物的总称，广泛用于工业，剧毒，化学性质十分稳定，难与酸、碱、氧化剂等作用，难以燃烧，耐高温，脂溶性大，易被生物吸收。PCBs 在天然水和生物体中很难降解，故一旦侵入机体就不易排泄，而易聚集在脂肪组织、肝和脑中，引起皮肤和肝脏损害。日本的米糠油事件，就是人食用被 PCBs 污染了的米糠油导致中毒而引起的。

（5）表面活性剂。凡能显著降低水的表面张力的物质称为表面活性剂。表面活性剂在工业上和生活中用途极为广泛，除了各种家用洗涤剂外，食品、乳制品和畜产品加工厂对废油脂类物质的清洗以及汽车冲洗行业中也都要大量使用清洗剂。这些含一定浓度洗涤剂的工业和生活污水排入地面水体，会造成对水体的污染。合成洗涤剂中还含有一定量的氮（阳离子型季铵盐类）和磷（焦磷酸三钠），排入河、湖易发生水体富营养化。据报道，日本琵琶湖水中磷含量的 1/5 来自合成洗涤剂。

### 6.1.3　水体污染防治

#### 6.1.3.1　我国水体污染现状

我国的地表水资源主要集中在七大水系：长江（年径流量 9513 亿立方米）、珠江（年径流量 3338 亿立方米）、松花江（年径流量 762 亿立方米）、黄河（年径流量 661 亿立方米）、淮河（年径流量 622 亿立方米）、海河（年径流量 228 亿立方米）和辽河（年径流量 148 亿立方米）。随着工业发展、城镇化提速以及人口数量的膨胀，我国面临着十分严峻的环境形势。中国制定的《地表水环境质量标准》（GB 3838—2002）把水分成五类，当水质下降到Ⅲ类标准以下（Ⅳ类、Ⅴ类）时，由于所含的有害物质高出国家规定的指标，会影响人体健康，因此不能作为饮用水源。近年我国地表水污染十分严重，全国七大江河中，淮河、黄河、海河的水质最差，均有 70% 的河段受到污染。而且，这些河流的中下游发生的断流现象，导致河口严重淤积。不少中小河流由于城镇工业的超量排放污水，已无法被人类所利用。

除了七大水系受到污染外，国内重点湖或水库的水质也不容乐观。随着我国工农业的发展，特别是农用化肥及农药的大量使用，使排入湖泊、水库的磷、氮、钾等营养物质增加。据统计，2012 年我国 131 个大中型湖泊中，有 89 个湖泊被污染，有 67 个湖水水体达富营养化程度。62 个国控重点湖泊（水库）中，Ⅰ～Ⅲ类、Ⅳ～Ⅴ类和劣Ⅴ类水质的湖泊（水库）比例分别为 61.3%、27.4% 和 11.3%。如表 6-2 所示。

**表 6-2　2012 年重点湖泊水库水质状况**　　　　　　　　　　　　　　（个）

| 湖泊（水库）类型 | Ⅰ类 | Ⅱ类 | Ⅲ类 | Ⅳ类 | Ⅴ类 | 劣Ⅴ类 |
|---|---|---|---|---|---|---|
| 三湖（太湖、滇池、巢湖） | 0 | 0 | 0 | 2 | 0 | 1 |
| 重要湖泊 | 2 | 3 | 8 | 12 | 1 | 6 |
| 重要水库 | 3 | 10 | 12 | 2 | 0 | 0 |
| 总　计 | 5 | 13 | 20 | 16 | 1 | 7 |

全国各大城市地下水也受到不同程度的污染。2012 年，全国 198 个地市级行政区开展了地下水水质监测，监测点总数为 4929 个，其中国家级监测点 800 个。依据《地下水质量标准》（GB/T 14848—93），综合评价结果为水质呈优良级的监测点仅 580 个，占全部监测点的 11.8%；水质呈良好级的监测点 1348 个，占 27.3%；水质呈较好级的监测点 176 个，占 3.6%；水质呈较差级的监测点 1999 个，占 40.5%；水质呈极差级的监测点 826 个，占 16.8%。主要超标指标为铁、锰、氟化物、"三氮"（亚硝酸盐氮、硝酸盐氮和氨氮）、总硬度、溶解性总固体、硫酸盐、氯化物等，个别监测点存在重金属超标现象。

除了以上水污染问题，我国还面临着水土流失和海水入侵严重等问题，每年流失的泥沙约 50 亿吨，而黄河的泥沙量约为 16 亿吨，其中 4 亿吨淤积在下游，导致黄河河床每年以 10 厘米速度抬高。据调查，河北、山东、辽宁等省有近百个地块发生海水入侵，其中以山东沿海地区最为严重。

1994 年我国淮河发生严重水污染事件震惊中外，水污染直接影响了沿河百万民众饮水长达 2 个多月；2004 年由工业污水导致的沱江"3.02"特大水污染事故直接经济损失高达 3 亿元左右，被破坏的生态需要 5 年时间来恢复；2005 年重庆綦江水化肥污染事件，直接导致近 3 万居民断水多日。近年其他典型的水污染事件还有：2011 年渤海蓬莱油田溢油事件、杭州水源遭工业园区污染事件、云南曲靖铬渣污染事件、江西铜污染事件；2012 年广西龙江河镉污染、江苏镇江水源苯酚污染等。

水污染特别是工业污染使水资源基本丧失了利用价值，制约了经济的发展，同时也影响到人们的健康、生存。据联合国预测，21 世纪水危机将成为全球危机的首位。联合国指出，每年全世界约 500 万人死于水污染引起的疾病。中国的水污染现状更是不容乐观，准确认识我国水污染现状，强调其危机感与紧迫感，加大水污染研究与治理资金的投入，对改善中国水污染现状迫在眉睫。

### 6.1.3.2 污水治理的基本方法与系统

污水处理就是把污水中的污染物以某种方法分离出来，或将其分解转化为无害稳定的物质，从而使污水得到净化。污水处理相当复杂，不仅要考虑污水中污染物的组成、性质及处理后水的用途、对水质的要求等，还应考虑污水处理过程中可能产生的二次污染等问题。根据污染物质的净化原理，污水处理技术可分为物理法、化学法、生物法三类。（1）物理法。物理法是利用物理作用使悬浮状态的污染物质与废水分离，在处理过程中污染物质的性质不发生变化。常用的物理法处理技术有沉淀、离心分离、气浮、过滤、结晶、蒸发等。（2）化学法。化学法是利用某种化学原理使废水中污染物质的性质或形态发生改变，而从水中除去的方法，其主要处理对象是水中溶解性污染物质或胶体物质。化学法包括混凝、中和、氧化还原、电解、萃取、吸附、离子交换等。（3）生物法。生物法是利用生物的新陈代谢作用将水体中的污染物质进行吸收、降解和转化。生物法具有低成本、高效率、无二次污染的优点，被广泛应用于水污染治理。

污水中的污染物质多种多样，往往需要几种处理方法的组合才能达到预期净化效果与排放标准。根据处理程度的不同，污水处理系统可以分为一级处理、二级处理和三级处理（深度处理）。一级处理主要是去除污水中呈悬浮状的固体污染物质，物理处理法中的大部分用作一级处理。经一级处理后的污水，一般可去除 60% 的悬浮物和 30% 左右的生化需氧量。针对二级处理来说，一级处理又属于预处理。二级处理可大幅度地去除污水中呈胶体和溶解状态的有机性污染物质（即 BOD 物质），常采用生物法，污水经二级处理后可去除 90% 以上的 $BOD_5$，一般污水均可达到排放标准。经二级处理后的污水中仍残存有微生物不能降解的有机污染物和氮、磷等无机盐类，可采用三级处理，常用的方法有生物脱氮法、混凝沉淀法、活性炭过滤、离子交换及反渗透和电渗析等。城市污水处理的典型流程如图 6-1 所示。

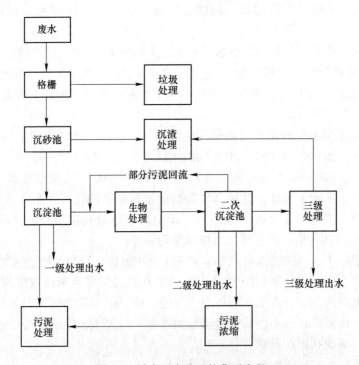

图 6-1 城市污水处理的典型流程

在废水处理过程中分离出来的沉淀物质、悬浮物质、胶体物质等固体或半固体物质，统称为污泥。其中往往含有大量污染物，因此必须对其进行妥善处理。污泥的处理技术有稳定处理（包括生物法、化学法和物理法）、去水处理（包括浓缩、脱水和干化）和最终处置（包括填地、投海、焚烧和综合利用）3 类。其中稳定处理可杀死大部分致病菌和寄生虫卵，其目的是稳定其中的有机物；去水处理是为了降低污泥含水率。并使其体积减小；污泥的最终处置应优先考虑利用污泥作为农田肥料或进行其他利用，如填坑、筑路等。

### 6.1.3.3 水污染防治行动计划

早在"九五"期间，国家就开始"三江三湖"（三江指淮河、辽河、海河，三湖指太湖、巢湖、滇池）的重点治理，但至今仍未见根本好转。近几年，通过执行 2008 年修订后的《水污染防治法》对水环境的保护、防治起到了积极的推动作用，但水污染问题仍然比较严重，重大污染事件仍然时有发生。在重点河湖治理难言功成的同时，水污染从城市扩展到乡村，从东部蔓延到西部，从地表深入到地下。泛滥的水污染，威胁到我们的供水安全，危害我们的生存环境，还危及农产品、水产品安全，与全面建成小康社会的要求格格不入，已到了非治不可的地步。

2015 年 4 月 16 日，国务院正式发布《水污染防治行动计划》，为了与一年前出台的《大气十条》（见"大气污染"一章）相对应，《水污染防治行动计划》也简称《水十条》。《水十条》明确了水污染防治的总体要求、工作目标和主要目标，提出了 10 条 35 款共 238 项具体措施。《水十条》是当前和今后一个时期全国水污染防治工作的行动指南，标志着我国水环境保护工作进入了新阶段。《水十条》的详细内容可参考中华人民共和国生态环境部网站（http://www.zhb.gov.cn/）。

《水十条》针对我国水环境形势，提出的工作目标是：到 2020 年，全国水环境质量得到阶段性改善，污染严重水体较大幅度减少，饮用水安全保障水平持续提升，地下水超采得到严格控制，地下水污染加剧趋势得到初步遏制，近岸海域环境质量稳中趋好，京津冀、长三角、珠三角等区域水生态环境状况有所好转。到 2030 年，力争全国水环境质量总体改善，水生态系统功能初步恢复。到本世纪中叶，生态环境质量全面改善，生态系统实现良性循环。

《水十条》提出的主要指标是：到 2020 年，长江、黄河、珠江、松花江、淮河、海河、辽河等七大重点流域水质优良（达到或优于Ⅲ类）比例总体达到 70% 以上，地级及以上城市建成区黑臭水体均控制在 10% 以内，地级及以上城市集中式饮用水水源水质达到或优于Ⅲ类比例总体高于 93%，全国地下水质量极差的比例控制在 15% 左右，近岸海域水质优良（Ⅰ、Ⅱ类）比例达到 70% 左右。京津冀区域丧失使用功能（劣于Ⅴ类）的水体断面比例下降 15 个百分点左右，长三角、珠三角区域力争消除丧失使用功能的水体。到 2030 年，全国七大重点流域水质优良比例总体达到 75% 以上，城市建成区黑臭水体总体得到消除，城市集中式饮用水水源水质达到或优于Ⅲ类比例总体为 95% 左右。2020 年与 2030 年指标对比如表 6-3 所示。

表 6-3　《水十条》中 2020 年与 2030 年相关指标对比

| 年份 | 七大重点流域水质优良，达到或优于Ⅲ类占比 | 地级及以上城市建成区黑臭水体占比 | 地级及以上城市集中式饮用水水源水质达到或优于Ⅲ类占比 | 全国地下水质量级差的比例 | 近岸海域水质优良，Ⅰ、Ⅱ类比例 |
|---|---|---|---|---|---|
| 2020 | 70% | 10% | 93% | 15% | 70% |
| 2030 | 75% | 0 | 95% | | |

为实现以上目标，行动计划确定了 10 个方面的水污染防治措施：（1）全面控制污染物排放。针对工业、城镇生活、农业农村和船舶港口等污染来源，提出了相应的减排措施。（2）推动经济结构转型升级。加快淘汰落后产能，合理确定产业发展布局、结构和规模，以工业水、再生水和海水利用等推动循环发展。（3）着力节约保护水资源。实施最严格水资源管理制度，控制用水总量，提高用水效率，加强水量调度，保证重要河流生态流量。（4）强化科技支撑。推广示范先进适用技术，加强基础研究和前瞻技术研发，规范环保产业市场，加快发展环保服务业。（5）充分发挥市场机制作用。加快水价改革，完善收费政策，健全税收政策，促进多元投资，建立有利于水环境治理的激励机制。（6）严格环境执法监管。严惩各类环境违法行为和违规建设项目，加强行政执法与刑事司法衔接，健全水环境监测网络。（7）切实加强水环境管理。强化环境治理目标管理，

深化污染物总量控制制度，严格控制各类环境风险，全面推行排污许可。（8）全力保障水生态环境安全。保障饮用水水源安全，科学防治地下水污染，深化重点流域水污染防治，加强良好水体和海洋环境保护。整治城市黑臭水体，直辖市、省会城市、计划单列市建成区于 2017 年底前基本消除黑臭水体。（9）明确和落实各方责任。强化地方政府水环境保护责任，落实排污单位主体责任，国家分流域、分区域、分海域逐年考核计划实施情况，督促各方履责到位。（10）强化公众参与和社会监督。国家定期公布水质最差、最好的 10 个城市名单和各省（区、市）水环境状况。加强社会监督，构建全民行动格局。

《水十条》是中国环境保护领域的一项重大创新性举措，体现了党中央和人民政府全面实施水体污染治理战略的决心，也是党中央、国务院实施全面建成小康社会、全面深化改革、全面依法治国重要战略，推进环境治理体系和治理能力现代化的重要内容，体现民意、顺应民心。《水十条》以水环境保护倒逼经济结构调整，以环保产业发展腾出环境容量，以水资源节约拓展生态空间，以水生态保护创造绿色财富，必将对中国的环境保护、生态文明建设和美丽中国建设，乃至整个经济社会发展方式的转变产生重要而深远的影响。

## 6.2　土壤污染

### 6.2.1　土壤污染概述

土壤是指位于地球陆地表面、具有一定肥力、能够生长植物的疏松层，其厚度一般在 2m 左右。土壤是各种陆地地形条件下的岩石风化物经过生物、气候等自然要素的综合作用以及人类生产活动的影响而发生发展起来的。土壤是一个复杂而多相的物质系统，它由各种不同大小的矿物颗粒、各种不同分解程度的有机残体、腐殖质及生物活体、各种养分、水分和空气等组成。土壤的各种组成物质相互影响、相互作用、相互制约，处在复杂的理化、生物学的转化之中，具有复杂的理化、生物学特性。土壤具有供应和协调植物生长发育所需水分、养分、部分空气和热量的能力，这种能力被称之为土壤肥力。此外，土壤还具有同化和代谢外界环境进入土体物质的能力，即土壤对环境中的有害物质具有一定的净化能力。土壤是"生命之基，万物之母"。与空气和水一样，土壤是人类赖以生存和发展的物质基础和环境资源，一旦遭受污染和破坏就很难恢复。

土壤污染是人为活动产生的污染物进入土壤并积累到一定程度，超过了土壤的容纳能力或自净能力，引起土壤质量恶化，进而造成农作物中某些指标超过国家标准的现象。土壤是生态系统的重要组成部分，土壤污染会对整个生态系统环境造成破坏，严重危害人体健康，影响工农业生产，也会对水环境与大气环境造成连带污染。土壤环境遭受污染具有隐蔽性（不易察觉）、潜伏性（较长时期才能产生后果）、几乎不可逆性（不易修复）、长期性（长期积累）及难治理等特点。土壤中含有多种微生物和动物，进入土壤中的各种污染物质都可能被分解转化；土壤中存在有复杂的有机和无机胶体体系，通过吸附、解吸、代换等过程，污染物可发生各种形态变化；通过绿色植物的吸收作用，土壤中的污染物质可被转化和转移。这种通过吸附、分解、迁移、转化而使土壤污染物浓度降低甚至消失的过程称为土壤自净作用。土壤自净作用对土壤生态平衡具有重要意义，主要包括物理自净、物理化学自净、化学自净、生物自净等。

凡进入土壤并影响到土壤的理化性质和组成而导致土壤自然功能失调、土壤质量恶化、作物产量和质量降低，有害于人体健康的物质，统称为土壤污染物。按土壤污染物的性质一般可分为无机污染物和有机污染物两大类。无机污染物主要包括酸、碱、盐类，重金属，放射性元素铯、锶的化合物，含砷、硒、氟的化合物等；有机污染物主要包括有机农药、酚类、氰化物、石油、合成洗涤剂、3，4-苯并芘等（见表6-4）。

表 6-4　土壤中主要污染物及其来源

| 污染物种类 | | | 主要污染源 |
|---|---|---|---|
| 无机污染物 | 重金属 | Hg | 制碱、汞化物生产等工业废水和污泥，含汞农药、金属汞蒸气 |
| | | Cd | 冶炼、电镀、染料等工业废水，污泥和废气，肥料杂质 |
| | | Cu | 冶炼、铜制品生产等废水、废渣和污泥，含铜的农药 |
| | | Zn | 冶炼、镀锌、纺织等工业废水、污泥和废渣，含锌的农药、磷肥 |
| | | Cr | 冶炼、电镀、制革、印染等工业废水和污泥 |
| | | Pb | 颜料、冶炼等工业废水，汽油防爆，燃烧排气，农药 |
| | | Ni | 冶炼、电镀、炼油、燃料等工业废水和污泥 |
| | | As | 硫酸、化肥、农药、医药、玻璃制造等工业废水和废气，金属冶炼 |
| | | Se | 电子、电器、油漆、墨水等工业的排放物 |
| | 放射性元素 | $^{137}$Cs | 原子能、核动力、同位素生产等工业废水和废渣，大气层核爆炸 |
| | | $^{90}$Sr | 原子能、核动力、同位素生产等工业废水和废渣，大气层核爆炸 |
| | 其他 | 氟（F） | 冶炼、氟硅酸钠、磷酸、磷肥等工业废气，肥料 |
| | | 盐类、碱类 | 纸浆、纤维、化学等工业废水 |
| | | 酸类 | 硫酸、硝酸、盐酸、石油化工、酸洗、电镀等工业废水，大气降雨 |
| 有机污染物 | 有机农药 | | 有机氯、有机磷、有机汞等农药生产和使用，除草剂 |
| | 酚 | | 炼焦、炼油、化肥、农药生产等工业废水 |
| | 3，4-苯并芘 | | 石油、炼焦等工业废水废气 |
| | 石油 | | 石油开采、炼制、运输 |
| | 洗涤剂 | | 城市污水、机械加工、洗涤废水 |
| | 有害微生物 | | 厩肥、城市污水、污泥 |

根据土壤污染发生的途径，土壤污染可归纳为如下几种类型：（1）水体污染型。未经处理、未达排放标准的城市生活废水或工业废水等通过被污染的地表水灌溉农田，最终污水中的有毒有害物质随着污水进入农田而污染土壤。污水灌溉的土壤污染物质主要富集于土壤表层，但也可由上部土体向下部土体扩散和迁移，甚至达到地下水深度。（2）大气污染型。大气中的二氧化硫、氮氧化物和颗粒物等通过沉降或降水而降落到地面，可引起土壤酸化，破坏土壤的肥力与生态系统的平衡。此外，重金属、非金属有毒有害物质及放射性物质等大气颗粒物可造成土壤的多种污染。（3）农业污染型。化肥、农药在农业生产中过量或不合理的使用都会造成土壤的污染。例如，氮肥在农业生产活动中被大量使用，可导致土壤自身成分被破坏，形成土壤表层硬化，造成土壤的生物本质变差，致使农

业产品的产出和质地下降。农药虽然具有杀虫的作用，但在农业生产中大量使用会使农药中的有毒有害物质侵入土壤，长期大量使用农药就会引起土壤严重污染。（4）固体废物污染型。工矿企业排出的尾矿废渣、污泥和城市垃圾在地表堆放或处置过程中通过扩散、降水淋滤等直接或间接地影响土壤，使土壤受到不同程度的污染。

## 6.2.2 土壤污染现状

自20世纪70年代末期改革开放以来，随着中国工业化的不断加速，矿业、化工、印染、皮革、农药等重金属排放越来越多，一些企业违法开采、超标排污等问题突出，使我国土壤污染呈现出种类多、途径广、新老污染并存的多元复杂形势，防治难度较大。农产品的质量安全和人民的身体健康受到土壤污染的严重威胁，被污染的土壤向环境输出的物质和能量，又可引起大气、水的污染和生物多样性破坏，加剧整体环境的污染，进而威胁国家的生态安全。例如，2002年农业部稻米及制品质量监督检验测试中心曾对全国市场稻米进行安全性抽检，结果显示，稻米中超标最严重的重金属是铅，超标率为28.4%；其次是镉，超标率为10.3%。再如，2007年南京大学潘根兴教授带领研究团队，在全国包括华东、东北、华中、西南、华南和华北六个大行政区县级以上的市场随机采购大米样品91个，结果表明10%左右的销售大米重金属镉超标。据环保部在2006年公布的不完全调查数据显示，中国受污染的耕地约有1.5亿亩，占当年全部18亿亩耕地的8.3%，成为全球土壤污染最严重的国家之一。

2014年4月17日，环保部和国土部公布了《全国土壤污染状况调查公报》。调查的范围是中华人民共和国境内除香港特别行政区、澳门特别行政区和台湾地区以外的陆地国土，调查点位覆盖全部耕地，部分林地、草地、未利用地和建设用地，实际调查面积约630万平方公里。调查采用统一的方法及标准，基本掌握了全国土壤环境总体状况。调查结果显示，全国土壤环境表现出总体不容乐观的状况，部分地区土壤污染较重，耕地土壤环境质量堪忧，工矿业废弃地土壤环境问题突出。土壤污染以无机型为主，南方土壤污染重于北方，长三角、珠三角、东北老工业基地等部分区域土壤污染问题较为突出。西南、中南地区土壤重金属超标范围较大。镉、汞、砷、铅4种无机污染物含量分布呈现从西北到东南、从东北到西南方向逐渐升高的态势。全国土壤总的点位超标率（指土壤超标点位的数量占调查点位总数量的比例）为16.1%，其中轻微、轻度、中度和重度污染点位比例分别为11.2%、2.3%、1.5%和1.1%。从土壤利用类型看，耕地、林地、草地土壤点位超标率分别为19.4%、10.0%、10.4%。

同样在2014年，国土资源部土地整治中心和社会科学文献出版社共同发布的《土地整治蓝皮书》显示，我国耕地受到中度、重度污染的面积约5000万亩，很多地区土壤污染严重，特别是大城市周边、交通主干线及江河沿岸的耕地重金属和有机污染物严重超标，造成食品安全等一系列问题。据测算，每年受重金属污染的粮食高达1200万吨，相当于4000万人一年的口粮。而2015年发布的《土地整治蓝皮书：中国土地整治发展研究报告No.2》再次显示，在我国的20亿亩耕地中，有相当数量耕地受到中度、重度污染，土壤点位超标率接近20%，大多不宜耕种。

经有关专家分析，我国土壤污染原因主要是化肥不合理使用造成土壤结构遭到破坏，生活废水、工业废水中镉、汞、铬、铜等重金属引起土壤污染，城市垃圾、工业废物等固体污染物随意丢弃造成土壤污染，大气污染通过沉降或降水进入土地造成污染等。以化肥为例，统计数据显示，我国每年化肥使用量在 5800 多万吨，使用量居世界第一。化肥施入土壤后一般有三个去向：一是被当季作物吸收；二是残留在土壤中，作为土壤养分可以被下一季作物吸收利用；三是损失到大气和水体环境中。再以工业污染为例，针对工业污染场地表层土壤的调查显示，样本中多环芳烃的最高平均浓度超过我国土壤标准 171 倍，重金属铅、铜最高平均浓度分别超过我国自然土壤标准 300 倍和 31 倍。

与其他有机化合物的污染不同，重金属污染很难自然降解。不少有机化合物可以通过自然界本身的物理、化学或生物净化降低或消除危害，但重金属具有富集性，进入土壤并长期蓄积后会破坏土壤的自净能力，使土壤成为各种污染物质的"储存库"。在这类土地上种植农作物，重金属能被植物根系吸收，造成农作物减产或产出重金属"毒粮食""毒蔬菜"。面对我国土壤污染的严峻形势，亟待从法律政策和技术等多方面多管齐下、戮力防治。

### 6.2.3　土壤污染防治

为了控制和消除土壤污染，首先要控制和消除土壤污染源，加强对工业"三废"的治理，合理施用化肥和农药。同时还要采取防治措施，如针对土壤污染物的种类，种植有较强吸收力的植物，降低有毒物质的含量（例如羊齿类铁角蕨属的植物能吸收土壤中的重金属）或通过生物降解净化土壤（例如蚯蚓能降解农药、重金属等）；或施加抑制剂改变污染物质在土壤中的迁移转化方向，减少作物的吸收（例如施用石灰），提高土壤的 pH 值，促使镉、汞、铜、锌等形成氢氧化物沉淀。此外，还可以通过增施有机肥、改变耕作制度、换土、深翻等手段，治理土壤污染。

除了合理利用土地资源并创建和保持良好的土壤生态，研究污染物在土壤中的迁移、转化、积累规律，实施技术手段来治理土壤污染外，还需要制定并有效实施土壤环境保护政策，才能有效防治土壤污染。2016 年 5 月 28 日，国务院颁布了有《土十条》之称的《土壤污染防治行动计划》，从此我国的土壤污染治理工作走上了快车道。《土壤污染防治行动计划》的详细内容可参考中华人民共和国人民政府网站（http://www.gov.cn/）。《土十条》为全国土壤污染防治指明了方向。首先，要着眼于摸清全国土壤污染情况、建立健全土壤污染防治法规标准体系，夯实土壤污染防治工作的两大基础；其次，以风险管控为主线，坚决守住农产品质量和人居环境安全底线，突出农用地分类管理、建设用地环境准入管理两大重点；再次，推进未污染土壤保护、控制各种污染来源、土壤污染治理与修复三大任务，明确监管的重点污染物、行业和区域，对耕地和污染地块提出更严格管控措施；最后，强化科技支撑、治理体系建设、目标责任考核三大保障，强化地方政府土壤污染防治责任、落实排污企业主体责任、构建多方参与的土壤环境治理体系。

《土十条》提出，到 2020 年，全国土壤污染加重趋势得到初步遏制，土壤环境质量总体保持稳定，农用地和建设用地土壤环境安全得到基本保障，土壤环境风险得到基本管控。到 2030 年，全国土壤环境质量稳中向好，农用地和建设用地土壤环境安全得到有效保障，土壤环境风险得到全面管控。到本世纪中叶，土壤环境质量全面改善，生态系统实现良性循环。《土十条》彰显了党中央、国务院推进生态文明建设以及向污染宣战的坚定决心，将对确保生态环境质量改善、各类自然生态系统安全稳定具有积极作用。

　　土壤污染防治既是一场攻坚战又是一场持久战，为实现全国土壤污染防治目标，需要各地区、各有关部门认清形势，坚定信心，狠抓落实。为实现中华民族伟大复兴的中国梦构筑牢固的土壤环境安全基础。

**知识专栏**

## 持久性有机污染物（POPs）

　　持久性有机污染物（persistent organic pollutants，缩写为 POPs）是指具有长期残留性、生物蓄积性、半挥发性和高毒性，能够在大气中长距离迁移，对人类健康和环境具有严重危害的天然或人工合成的有机污染物质。POPs 在全球范围内分布广泛，普遍存在于大气、地表水、地下水、湖泊、海洋、沉积物、土壤和生物组织中。POPs 被生物体摄入后，不易分解，并且沿食物链会逐级放大，位于生物链顶端的人类可以将 POPs 的毒性放大到几万倍，因此 POPs 对生物体及生态环境可造成极大危害。针对这一棘手问题，2001年5月23日，包括中国在内的127个国家签署了《关于持久性有机污染物的斯德哥尔摩公约》（又称《POPs 公约》），限制包括多氯联苯（PCBs）、二噁英（PCDDs）、呋喃（PCDFs）、滴滴涕（DDT）等12种 POPs 的生产和使用，正式启动了 POPs 的削减与控制工作，标志着人类全面开始削减和淘汰 POPs 的国际合作。目前，POPs 公约禁止生产和使用的化学物质已增至21种。随着人们对 POPs 认识的加深，将有更多的有机污染物被列为 POPs 的名单中，将其加以控制和消除的难度也会随之增加。

　　POPs 具有以下特征：（1）长期残留性。大部分 POPs 的蒸气压较低，在环境中不易挥发，可以长期稳定地存在于各种环境介质中。（2）生物积累性。大多数 POPs 具有憎水亲脂性，因而 POPs 极易被分配到沉积物的有机质和生物的脂肪中，其毒性可在食物链中蓄积并且逐级放大，最终危害人体健康。（3）半挥发性和长距离迁移性。由于温度的差异，地球就像一个蒸馏装置，温度较高的中低纬度地区的 POPs 蒸发并随大气迁移到温度较低的高纬度地区，极地将成为全球 POPs 的"汇"，POPs 这一特性被称为"全球蒸馏效应"或"蚱蜢跳效应"。（4）高毒性。POPs 一般均具有"三致"（致癌、致畸、致突变）效应，对人类和动物的生殖、遗传、免疫、内分泌等系统有强烈的危害作用。例如，POPs 可造成神经行为失常、内分泌紊乱、生殖系统和免疫系统的破坏、发育异常以及癌症和肿瘤的增加。

　　因 POPs 污染导致的环境污染事件很多。例如，在1968年的日本米糠油事件中，人食用了被 PCBs 污染的家禽而引起肝功能下降，肌肉酸痛，甚至昏厥死亡。美国在越战期间大量使用的化学武器"橙剂"（一种高效落叶剂）导致高浓度的二噁英暴露于环境中，并通过食物链富集放大，致使两百多万儿童遭受癌症和其他病痛的折磨。

　　POPs 的一个重要来源是有机氯农药（OCPs）。农药在使用过程中，超过90%的农药没有到达目标生物，一部分进入大气中，并最终进入其他环境介质中，另一部分可能随雨水进入更深层的土壤甚至地下水体中，农药在杀灭害虫的同时进入动植物体内进行富集，并最终进入人体中。此外，POPs 还来源于工业生产过程中使用的多氯联苯（PCBs），它广泛应用于生活中常见的变压器、电容器、充液高压电缆、油漆、复印纸的生产和塑料工业。有些POPs是在工业品使用过程中释放到环境中，有些则来源于工业品不恰当的处置、事故或老化设备的泄漏等。POPs还可来源于燃料燃烧等过程中产生的副产品，如多环芳烃（PAHs）、二噁英（PCDDs）和呋喃（PCDFs）等。

当前，亟需对早期残留在环境中的POPs进行销毁和实施污染控制，全面淘汰和削减POPs将是未来全人类共同面临的重大任务。

## 思 考 题

6-1 什么是水体？什么是水体污染及水体自净？影响水体自净的因素有哪些？

6-2 根据污染物性质可将水体污染分为哪几类？各有哪些危害？

6-3 水体富营养化是如何产生的？阐述其危害及防治措施。

6-4 什么是外源性营养物质？什么是内源性营养物质？应如何采取措施控制此两种营养物质？

6-5 什么是COD？什么是BOD？根据COD与BOD的差值或比值可做出哪些判断？

6-6 简述日本的水俣病、痛痛病以及米糠油污染事件产生的缘由并分析应该吸取的教训。

6-7 近年我国发生的典型水污染事件都有哪些？分析其产生的原因、危害及防治措施。

6-8 根据污染物质的净化原理的不同，污水处理技术可分为哪些方法？根据处理程度的不同，污水处理系统可分为哪些处理过程？

6-9 在废水处理过程中分离出来的污泥包括哪些物质？为何需要对其进行处理？如何处理？

6-10 根据我国《地表水环境质量标准》（GB 3838—2002），可把水分成哪几类？各类水质的水所适用的范围是什么？

6-11 什么是土壤污染？根据土壤污染发生的途径，土壤污染可归纳为哪几种类型？

6-12 与大气污染和水体污染相比，土壤污染有哪些特性？土壤污染主要有哪些治理方法？

6-13 重金属、化肥、农药可对土壤产生哪些危害？如何采用有效措施进行防治？

6-14 我国目前土壤污染状况如何？分析其产生的原因并提出治理措施。

6-15 何为《水十条》及《土十条》？查阅相关文献明确其实现目标并分析其实施效果。

# 7 固体废物

**本章要点**

（1）固体废物造成的污染具有隐蔽性和滞后性等特点，其污染控制的基本原则是过程控制，重点在污染预防。

（2）固体废物的宏观处理处置技术路线是"避免产生、合理利用、妥善处置"，目前典型的固体废物处理方法有焚烧、堆肥、填埋等。

（3）目前我国城市生活垃圾产量大，增速快，以填埋处理为主，造成环境污染，占用大量土地。实施严格的垃圾分类是实现高效处理的必要条件，循环经济理念的3R原则是建设环境友好型社会的重要一环。

人类对环境污染的最初认识是从废水和废气开始的。随着人类物质文明的发展，固体废物的污染问题不断进入人们的视野并成为环境保护的重点。本章首先介绍固体废物的基本概念、污染控制基本原则及宏观处理处置技术路线，然后对焚烧、堆肥、填埋等典型处理方法进行简介和特点分析，最后以城市垃圾为例，分析处理难点并论述循环经济理念的重要意义。

## 7.1 固体废物概述

### 7.1.1 固体废物概念

《中华人民共和国固体废物污染环境防治法》（简称《固体法》）将固体废物定义为"在生产、生活和其他活动中产生的丧失原有利用价值或者虽未丧失利用价值但被抛弃或者放弃的固态、半固态和置于容器中的气态的物品、物质以及法律、行政法规规定纳入固体废物管理的物品、物质"，《固体法》的具体内容可在中华人民共和国环境保护部网站查阅（http://www.zhb.gov.cn/）。根据这一定义可以看出，固体废物包括两层含义：一是"废"，即这些物质已经失去了原有的使用价值，如废汽车、废家用电器、废包装容器和绝大部分生活垃圾；或者在其产生的过程中就没有明确的生产目的和使用功能，是在生产某种产品的过程中产生的副产物，如粉煤灰、水处理污泥等大部分工业废物。二是"弃"，即这些物质是被其持有人所丢弃的，也就是说其持有人已经不能或者不愿利用其原有的使用价值，如过时的电器、服装等，当它们被丢弃后就成为固体废物。任何废物都有可能作为资源加以利用，即"废物是放错位置的资源"。由于经济、技术等原因，我们今天还不能将所有的固体废物都加以利用，必须考虑到其经济性和可行性。如果为了利用某种废物而消耗更多的能源和资源或产生更大的污染，则这种利用就得不偿失。

固体废物有各种不同形式的分类：依据其产生来源可分为工业固体废物和生活垃圾；

根据其危害特性可分为一般固体废物和危险废物；根据其形态可分为固态废物、半固态废物和非常规固态废物；根据其成分可分为有机废物和无机废物等等。按照《固体法》中的相关规定，通常可将固体废物分为以下四大类：（1）工业固体废物，指来自各工业生产部门的生产和加工过程及流通中所产生的废渣、粉尘、污泥、废屑等。（2）城市生活垃圾，指城市日常生活中或者为城市日常生活提供服务的活动中所产生的固体废物，以及法律法规视作城市生活垃圾的固体废物。（3）农村固体废物。《固体法》中虽然没有单独划分，但目前农村固体废物也日益受到重视，可以与城市生活垃圾并列，成为一大类，具体包括农林业生产和禽畜渔养殖业生产过程中所产生的废物，以及农村居民的生活垃圾等。（4）危险废物，指列入国家危险废物名录，或者根据国家规定的危险废物鉴别标准和鉴别方法所认定的具有危险特性的废物。国家和地方有关机构还可以根据行政管理的需要，将某些固体废物按照行业来源实施单独管理，如医疗废物、电子废物等。

### 7.1.2 固体废物污染控制

固体废物产生后需要合理地对其进行处置，而固体废物的污染常发生在对这些固体废物进行处置的过程中，包括收集、运输、贮存、再生利用和处理处置等各个环节中出现的污水、废气、恶臭等环境污染。固体废物污染最容易发生在对固体废物进行不恰当的处置过程中，如向水体和田地等环境介质进行无防护倾倒、堆置，对固体废物进行露天焚烧等。在倾倒、堆置过程中固体废物中的有害成分会溶出，污染地表和地下水体以及土壤，有机物的发酵分解会产生污染气体和恶臭，同时滋生蚊蝇，传播疾病，恶化居民的生活环境；而露天焚烧则由于无法控制焚烧烟气而会造成较为严重的空气污染。这些不恰当的处置方式是被法律和国家标准所禁止的。

在正常的处置过程中，固体废物也可能产生不同程度的各种污染形式。收集、运输和贮存过程中，可能会产生由于废物的遗撒、固体废物所产生渗滤液的渗出和遗洒、有机物发酵产生的恶臭，以及运输工具倾覆和火灾等事故造成的污染；焚烧处置可能会产生各种气体污染物污染大气；填埋处置过程中产生的渗滤液可能会污染地下水，有机物在填埋场中的发酵分解会产生温室气体——甲烷以及其他各种挥发性有机污染物，也会产生恶臭物质。即使是固体废物的再生利用过程也会产生各种环境污染，如堆肥过程会产生生物反应气体污染，堆肥产物可能会造成土壤污染；金属再生冶炼会造成大气污染，特别是会产生二噁英等污染物质；废纸再生会产生水污染物质；废电器的拆解和有用物质的提取会产生废酸和其他污染物质，如重金属、含卤素挥发性有机物等。

固体废物污染是产生在处置过程中，因此其污染控制的基本原则应该是"过程控制"，而决不能采用"末端控制"。此外，固体废物造成的污染具有隐蔽性和滞后性等特点，一旦发生污染，其控制和消除的难度相当大，所以绝不能在污染发生后再进行控制和治理，重点应该在污染预防，即控制污染风险，这一原则也称为"风险控制"原则。

## 7.2 固体废物处理处置

### 7.2.1 技术路线

由于固体废物本身的资源属性，固体废物处理处置的目的就不仅仅是污染控制，资源保护与再生也成为固体废物处理处置的主要目的之一。在宏观上固体废物处理处置的技术路线应该是：首先，尽量避免固体废物的产生；其次，合理利用固体废物的资源价值；最后，妥善处置暂时无法利用的固体废物。在这一技术路线的全部过程中都需要做到环境无害化。"避免产生"包括固体废物产生数量的减少和固体废物污染危害风险的减少，这一部分工作主要体现在清洁生产技术的推广和居民生活习惯的改变。

根据联合国规划署提出的定义，清洁生产是指对生产过程与产品采取整体预防性的策略，以减少其对生态的可能危害。对生产过程而言，清洁生产包括节约原材料与能源、尽可能不用或少用有毒原材料，并在全部排放物和废物离开生产过程之前减少它们的数量和毒性；对产品而言，则是通过产品生命周期分析，使得从原材料获取到产品最终处置的全部过程都尽可能地将对生态的影响减至最低。

一般固体废物处理处置的技术路线图如图 7-1 所示。对于已经产生的固体废物，首先要考虑的是利用其原有的使用价值。在某些人手里丧失了使用价值的废物，如果其使用功能还存在，换到另外一些人手里还能继续使用；有些物品的某些功能丧失了，但是经过修整还可以继续发挥其部分或者全部功能。这就是我们所提倡的"修旧利废"，也是"循环经济"中经常提到的 3R（reduce，reuse，recycle）中的 reuse（再利用），如废旧电器经过修整可以继续使用，废电器和废汽车拆解下来的可用旧部件可作为维修用部件替代品等。继续利用废旧物品的原有价值或者残余价值，既可以有效地减少固体废物的产生，降低固体废物对环境的污染风险，又可以减少资源的消耗，增加社会的财富，是固体废物管理的有效手段之一。

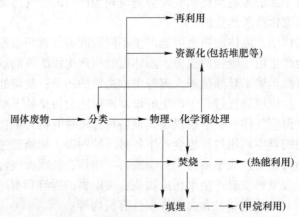

图 7-1　固体废物处理处置的技术路线图

当废物彻底丧失了原有的使用价值后，往往还可以用作某种材料或产品的生产原料。最常见的如废钢回炉炼钢，废塑料重新造粒或者用于炼油，废纸用于制浆造纸，以及用钒铁矿炼铁渣提炼钒，用粉煤灰作为水泥生产原料等。利用废物作为生产原料有两种形式：一是将废物返回到同种材料的生产线中，替代初级原料进行这种材料的生产，如废钢炼钢、废纸造纸。这种将废物直接作为原料进行生产与用替代的初级原料进行生产相比，具有节约能源、资源，减少环境污染的优越性。例如，用 1t 废铝炼铝与用铝土矿炼铝相比可以节省铝土矿 4.2t、纯碱 800kg、电能 2 万千瓦时，同时减少 95% 的空气污染、97% 的水污染；用 1t 废纸造纸，可以节省 3m³ 木材（相当于 17 棵树）、100kg 水、300kg 化工原料、1.2t 煤、600kW·h 的电，同时减少 75% 的污染物排放。另外一种形式是利用废物生产另外的产品，如用废塑料炼油、用污泥制砖、用生物废物（如食品废物、污水生物处理污泥等）生产堆肥产品等。这种利用形式既有可能节约资源、减少污染，也有可能造成资源、能源的浪费，产生新的污染，所以需要采取必要的措施进行控制。而这种情况下的废物鉴别可以采用"污染比较原则"，即与所替代的原料相比，这种废物是否含有新的污染物质，或者用废物作为原料的生产工艺与所替代的原料的生产工艺相比，是否产生新的污染或者更大的污染强度。

固体废物资源再生的另一种形式是能源的再生利用。如果有机废物无法通过再生进行物质回收，或者这种回收在经济上不合理，那么利用其中包含的能量也是一种资源再生手段。通过对废物能量的利用，可以有效地减少对矿物能源的开采，因此也是对资源的保护。例如，利用废塑料、废橡胶、废木材以及有机化工废物等在水泥窑中和其他工业窑炉中替代燃料进行共处置，以及将生物质有机废物进行厌氧产沼处置等都属于固体废物能量回收技术。固体废物焚烧过程中的热量回收和生活垃圾填埋过程中甲烷气体的回收利用等也属于固体废物能量回收技术。但是，如果利用有机废物替代燃料，需要充分考虑这种废物在燃烧过程中产生的特征污染物质，以及燃烧器（能量利用装置）对这类污染物质的控制能力，防止产生"二次污染"。

对于暂时无法利用的固体废物，以及在固体废物资源再生过程中产生的残渣等新固体废物，需要采用无害化手段进行最终处置，目前最常采用的技术是焚烧和土地填埋。这两种技术并不是可以互相替代的平行技术，而需要根据废物的产生特性和污染特性进行组合。特别是焚烧技术，其产生的焚烧残渣需要利用填埋技术进行最终处置。

### 7.2.2 处理方法

#### 7.2.2.1 焚烧

焚烧是目前常用的固体废物高温处置技术，它是在高温条件下将固体废物中的有机物质氧化分解，从而达到销毁有害有机物质和最大限度地减少处置废物量的目的。焚烧适用于处置有机废物，但是也可以利用焚烧炉对无机废物进行高温熔融固化处理，使其中重金属等有害成分固定在熔融固化体内而不溶出。

固体废物焚烧工艺主要由垃圾进料系统、焚烧系统、助燃空气系统、余热利用系统、烟气净化系统、灰渣处理系统、自动控制系统等组成，其典型的工艺流程如图 7-2 所示。焚烧烟气在排入大气之前必须进行净化处理，使之达到排放标准。图 7-3 为一个简单的半干法除尘工艺，采用喷雾反应器+袋式除尘器。焚烧烟气经过热回收利用系统后其温度一般降低到 200℃ 左右，降温后的烟气首先进入一个喷雾干燥反应器，烟气中的酸性气体 HCl、HF、$SO_x$ 等与喷入的熟石灰浆液进行充分接触并发生中和反应生成惰性固体物质。在除尘器之前加入活性炭可以有效吸附汞等重金属和二噁英等有机污染物质。烟气中的固体物质和气溶胶类物质（包括灰分、无机盐类、喷雾反应器中的生成物、活性炭及其吸附的污染物质等）在袋式除尘器里被滤布滤除。

焚烧处置固体废物技术具有以下优点：（1）可以彻底分解、销毁有害有机物，从而最大程度地使所处理的废物达到无害化。例如，生活垃圾中大量食品残渣等生物质废物的腐败、发酵是其污染的主要来源，而高温分解破坏是消除这一污染的最有效手段。

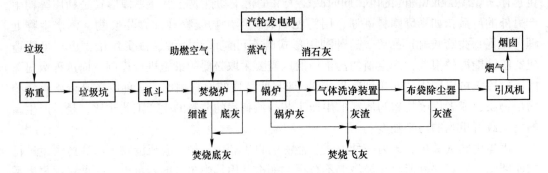

图 7-2　典型固体废物焚烧工艺流程

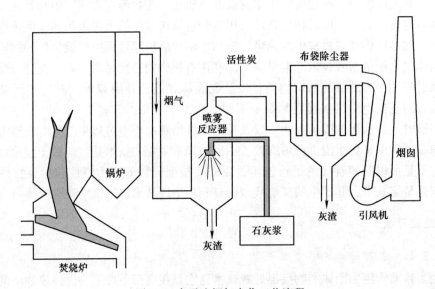

图 7-3　半干法烟气净化工艺流程

（2）有机物的最终分解产物是二氧化碳和水，经过净化后可以直接排入大气。因此高温焚烧可以最大程度地减少固体废物的残留量，即可以最大程度地减少固体废物的土地填埋量和所占用的土地，可以有效地保护土地资源。这一优势对于那些人口密度大、土地资源宝贵的地区尤为重要。（3）固体废物焚烧采用全封闭式处理模式可最大程度地控制固体废物在运输、贮存和加料过程中可能造成的污染物质泄漏。例如，生活垃圾产生的恶臭和渗滤液是造成垃圾处理设施遭到周围居民厌恶和排斥的主要原因，在焚烧处置设施内完全可以通过全封闭运输和卸料、贮存空间负压操作等手段对这些污染物质进行控制，而在垃圾填埋场和堆肥厂内则很难做到这一点。这就是为什么焚烧厂可以建在居民区附近，而填埋场和堆肥厂则不可以的主要原因之一。（4）焚烧过程中产生的热量可以得到回收利用，从而使无法进行物质再生回收的固体废物实现能量再生。

　　焚烧技术也存在许多弱势条件：（1）焚烧技术的复杂性导致对人员素质和技术管理有较高的要求。焚烧技术作为热工、化工、机械、环境工程等多学科交叉的综合技术，焚烧设施的建设和运行涉及较多和较为宽广的技术领域，因此固体废物焚烧处理对人员素质和技术管理有较高的要求。（2）由于焚烧处理对设备和污染控制的要求很高，所以处理成本要大大高于其他处置技术。这也是这一技术在推广方面遇到的主要问题。（3）采用焚烧处理废物对废物的性质有一定的限制。焚烧处理的固体废物要求具有一定的热值，否则需要进行预处理，或者外加燃料以保证焚烧工况。例如，污水处理产生的污泥一般含水率很高，造成低位热值（有效发热量）非常低，所以需要预处理降低含水率。（4）由于固体废物的复杂性和成分的不稳定性，以及焚烧产物的复杂性，造成污染物控制具有较大的难度。废物中所含硫、氯等元素将生成二氧化硫和氯化氢等酸性气体，高温环境下助燃空气中氮气会被氧化成氮氧化物，含氯物质与未分解彻底的有机物可能会合成形成二噁英，废物中重金属物质会形成金属氯化物挥发出来等等。因此需要根据废物的种类及其焚烧工况采取相应的污染控制措施。

焚烧炉烟气中的主要污染物包括二氧化硫、氮氧化物和硫化氢等酸性气体以及重金属、二噁英等。固体废物焚烧还会产生两种新的固体废物——焚烧残渣和焚烧飞灰。生活垃圾焚烧飞灰中含有较多重金属和二噁英，应作为危险废物进行管理和处置。此外，由于危险废物本身的复杂性和危险性，其焚烧残渣也属于危险废物。危险废物的最终处置应该进行危险废物安全填埋，危险废物经处理达到相应的标准后，也可在生活垃圾填埋场中进行填埋或进行综合利用。

我国垃圾焚烧处理起步较晚，受经济水平的限制，长期以来发展较为缓慢。垃圾焚烧在我国应用的过程中，由于操作不规范、垃圾分类不到位、资金投入欠缺等原因，导致了垃圾焚烧厂排放的烟气不能稳定满足国家相关排放标准，产生了一系列的环境污染问题，影响了当地居民的正常生活。因此，垃圾焚烧技术需借鉴国外成功经验，因地制宜地展开应用研究。

### 7.2.2.2 堆肥

堆肥即在有氧或无氧条件下，通过微生物的作用将废物中生物质有机物降解为腐殖质的过程。由技术原理可以看出，堆肥处理适于处理生活垃圾中的餐厨废物、园林废物、食品废物等，以及废水生物处理剩余污泥、人畜粪便、农牧养殖废物等。堆肥产物可以作为土壤改良剂施用于农牧林业土地，也可以作为有机肥生产的基质用于肥料生产。因此，堆肥处理是使有机废物返回生态环境的有效技术途径，通常也将这一技术归于"再生循环技术"，而不是最终处置技术。

在我国，应用于农业生产的有机废物堆肥处理有着悠久的历史。但是由于废物性质的变化（特别是生活垃圾中塑料含量的急剧增加）和化肥的大量使用，堆肥产品的市场和用途急剧萎缩，这一技术的进一步应用推广面临着巨大的困难。特别是生活垃圾堆肥处理，由于混合生活垃圾中的杂质分离困难，堆肥产物品质较差，其大规模使用受到阻碍，这也成为制约这一技术应用的关键因素。解决这一问题的唯一出路就是餐厨废物的分类收集，但是收集成本和居民生活习惯将是餐厨废物分类收集大规模推广应用的主要制约因素。

对于城市污水处理污泥，除了堆肥产品的出路问题之外，污泥的高含水率是堆肥处理需要解决的关键因素。解决这一问题的技术包括向污泥中添加锯末、谷皮、稻草等，或将低含水率的堆肥产物返回混掺到污泥中去，这样可以降低堆肥原料的含水率并提高其空隙率，有利于空气的流通，但是这将会增加堆肥所占场地，提高处理成本。

引人关注的问题还有堆肥处理产物中有害成分对环境的影响，如其中所含重金属和内分泌干扰素在食物链中的行为对环境和人体健康的影响。由于目前堆肥处理技术本身还无法控制其中所含重金属物质的含量和释放特性，所以重金属物质的控制主要采取前端控制的手段，严格控制工业固体废物（包括工业废水）和含重金属废物的混入。而对于废物中可能含有的内分泌干扰物，由于对其产生机理和环境影响行为的认识尚处于研究阶段，还不能提出有针对性的控制措施。

目前采用的堆肥处理多采用好氧堆肥，因此堆肥处理的关键就是废物的通风。通常采用的通风技术包括主动通风和被动通风。主动通风即采用动力机械将空气强制通入废物堆体中，保证废物堆体内的有氧环境和微生物的繁殖；被动通风则采用搅拌的方式使废物与空气充分接触，促进好氧微生物的繁殖生长。由于微生物的生长还需要一定的温度和水分，因此堆肥处理过程中的保温和适当的水分喷洒是必要的。另外，还可以采用接种特效微生物的方法加快堆肥处理速度，强化处理效果，但是菌种的迅速退化使得菌种的投加频率不断加大，造成处理成本的提高和菌种供应的困难，所以这一技术在工程实践中应用不多。

### 7.2.2.3　填埋

填埋是将固体废物堆置在一个经过工程防渗处理的、与周围环境介质基本隔绝的设施内。这一设施一般是建设在陆地上，所以也称之为"土地填埋"或"卫生填埋"。固体废物填埋处置是固体废物处置的最后一个技术环节，也是相对容易实现的一项技术，其主要优点是：（1）填埋场的建设和管理技术要求相对简单，管理灵活性和适应性较强，可适用于各种不同类型的固废填埋。（2）若不考虑土地资源价值，填埋场建设和运行费用较低，对于经济不发达或土地资源相对充裕的地区具有较大的吸引力。（3）填埋是当前固体废物污染控制和管理中不可缺少的一个技术环节。由于经济和技术原因，不可能做到固体废物100%的再生循环，所以需要对废物进行无害化处置。废物中的有机成分可以通过高温焚烧进行分解处理，但焚烧剩余残渣和其他无机废物则只能采用最终处置技术——土地填埋。

固体废物填埋技术由于具有以上特点，在世界各国被广泛采用。特别是在我国经济发展起步和加速时期，全国各地大量建设生活垃圾填埋场和危险废物填埋场，对我国城市环境保护和固体废物无害化管理发挥了巨大作用。然而，这一技术同样存在着如下明显的缺陷。

（1）填埋场污染控制难度较大。固体废物填埋中最主要的污染介质和污染形式是渗滤液污染，而渗滤液的主要产生源是降水。由于填埋场还不能做到严格防雨操作，因此渗滤液的产生不可避免；填埋场渗滤液性质复杂，处理难度较大；填埋场防渗材料一般采用高分子合成材料，在施工和运行期间很容易造成破损，所以填埋场渗滤液渗漏造成地下水和土壤污染的风险较大。而生活垃圾填埋场会产生大量的甲烷等填埋气体和恶臭物质，控制难度也极大。这是填埋场必须远离居民区和重点环境保护区（如水源保护区、生态保护区等）的主要原因。

（2）填埋场占用大量土地。当填埋场建设完成后，其所占用土地将会在很长一段时间内不能开发利用，即使在填埋场封场后亦是如此。特别是对于危险废物填埋场，这块土地将永久不能开发利用，而且填埋场周围的土地价值也将大幅度降低。正是由于这一原因，在人口密度较大和经济较为发达的地区选择填埋场地越来越困难。

（3）需要进行长期管理。目前填埋场防渗材料为有机高分子聚合材料，因此存在着老化和失效的问题。特别是对于危险废物填埋场，由于填埋场中危险废物的污染特性永久存在，填埋场就需要在将来对所填埋废物进行再处置。另外不仅在填埋场运行期间需要严格管理，即使在填埋场封场后也需要进行长时间的管理操作，特别是危险废物填埋场，这一管理操作将是永久性的。

由于填埋技术存在上述问题，很多国家都不同程度地提高了填埋技术要求，限制填埋场的发展。例如，欧盟提出严格限制进入填埋场的有机物含量；美国提出 LDR（土地处置限制）计划，提高危险废物填埋场入场标准，限制危险废物填埋量；日本修改填埋场建设标准，特别是将危险废物"遮断型"填埋场的建设难度和防护标准大大提高，极大地限制了填埋场建设。

填埋场的关键是防止固体废物渗滤液对地下水和土壤的污染，因此其防渗功能非常重要。填埋场防渗系统主要包括采用防渗层系统防止渗滤液渗漏进入地下水，雨水收集系统（排洪沟、雨水沟等）防止场区外雨水进入填埋场，地下水降水系统防止地下水渗入填埋场，渗滤液收集系统将填埋场内渗滤液收集排出填埋场以防止其渗漏进入地下水，以及相应的渗滤液处理系统。对于防护要求较高的填埋场（如危险废物填埋场），还需要设置防雨系统避免或者减少雨水进入填埋场形成渗滤液。

对于生活垃圾填埋场，还需要设置填埋气体导排系统，以便顺畅导出以甲烷为主的填埋气，防止填埋气聚集产生爆炸事故，以及相应的填埋气体和恶臭气体处理系统。在较大规模的生活垃圾填埋场，可以收集填埋气体作为能源，从而提高生活垃圾资源再生价值。

一种典型的生活垃圾填埋场结构示意图如图 7-4 所示。这种填埋方式被称为"准好氧型"填埋方式，它利用场内铺设的碎石和管道系统将垃圾产生的渗滤液及时排出填埋堆体，避免渗滤液在堆体内滞留。同时，利用填埋堆体内微生物分解有机物产生的高温环境与外界环境之间的温度差而产生对流，将堆体外空气（氧气）通过渗滤液收集管道引入堆体内，在堆体内形成准好氧环境，可抑制甲烷等有害气体产生，加快垃圾中有机质的分解，缩短场地稳定时间。准好氧填埋方式是介于厌氧（无供氧系统）与好氧（有外部鼓风）之间的经济、有效的垃圾卫生填埋方式，较为普及。

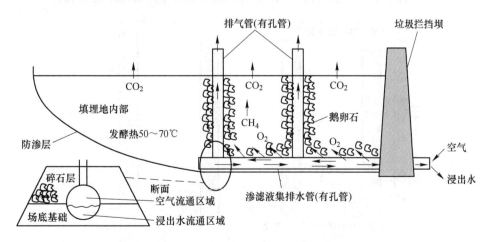

图 7-4　准好氧型垃圾填埋结构示意图

# 7.3 城市生活垃圾

## 7.3.1 基本概念

城市生活垃圾属于固体废弃物的一种，《固体法》明确指出："生活垃圾，是指在日常生活中或者为日常生活提供服务的活动中产生的固体废物以及法律、行政法规规定视为生活垃圾的固体废物。"城市生活垃圾主要来源于日常生活以及相关的服务中，通常指由环卫部门收集处理的混合物，如道路清扫废物、园林废物、商业和一般服务业废物以及企事业单位产生的生活废物和办公废物等。在有些地区，一些小型的为居民生活直接提供服务的工业企业（如食品加工、服装鞋帽加工、玩具加工等）的固体废物，由于其性质与生活垃圾类似（主要为废塑料、废纤维织物、废皮革等），也经常纳入城市环卫部门管理范围。我国城市生活垃圾的主要组分为餐厨废物（食品废物，包括果蔬残余物、食品加工残余物、食品残渣等）和塑料包装废物，其中以餐厨废物为主的生物质有机废物占到60%，而包装废物要占到10%~20%。

城市生活垃圾虽然失去了原有的价值，却因时间、地点等因素的转换可变成另一种资源。因此，城市生活垃圾是一种宝贵的可再生资源，具有供应稳定、可利用效能高、绿色环保等特点，被认为是最具有开发潜力、永不枯竭的城市宝藏。由于生产力发展和人民生活水平的提高，城市生活垃圾中可回收的垃圾比重上升，使得对城市生活垃圾进行循环处理变得更加有意义，也蕴涵了经济效益和社会效益。

随着我国工业化和城市化的逐步推进，城市生活垃圾的处理越来越受到人们的关注。据统计，至2016年，我国城市垃圾每年产生量接近2亿吨，平均每人每年生产垃圾量约440kg，且近年来基本以约10%的速度在增长。诸多资料显示，我国的大中型城市中约有2/3被垃圾所"包围"，严重影响了人们的生活质量。我国不同地区垃圾处理方式如图7-5所示。由图可见，我国城市生活垃圾主要还是依靠填埋方式进行处理。垃圾填埋不仅造成环境影响，而且占用大量土地，导致城市生活垃圾处理与土地资源矛盾尖锐。

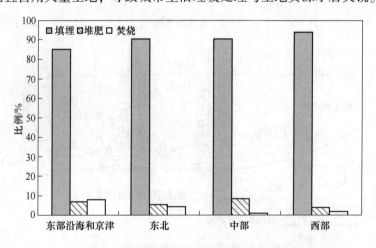

图 7-5  我国不同地区垃圾处理方式比例

一些发达国家根据各自国情采取了不同的垃圾处理方式（见表7-1）。由表可知，垃圾焚烧和回收在日本和德国应用比例较大，人口密度越大，垃圾填埋的占比越低，垃圾焚烧的占比越高。我国长三角、珠三角、京津冀等发达地区，人口密度远高于日本，整体上急需提高垃圾焚烧的比例，其他有条件的省市也应根据具体条件努力减少简单填埋处理，尽力提高垃圾焚烧及其他综合回收利用处理方式的比例。

**表 7-1　发达国家人口密度与垃圾处理方式的占比**

| 国家 | 地区 | 人口密度<br>/人·km$^{-2}$ | 填埋<br>/% | 焚烧<br>/% | 回收<br>/% |
|---|---|---|---|---|---|
| 日本 | | 341 | 1.30 | 79.80 | 18.90 |
| 德国 | | 229 | 1.00 | 37.00 | 62.00 |
| 美国 | 东北部 | 131 | 50.86 | 21.03 | 21.11 |
| | 南部 | 49 | 78.59 | 5.71 | 10.72 |
| | 中西部 | 34 | 80.51 | 3.50 | 12.71 |
| | 西部 | 16 | 59.86 | 1.79 | 29.25 |

### 7.3.2　垃圾分类

#### 7.3.2.1　分类意义

我国城市生活垃圾具有生物质有机物含量及含水率高和塑料含量高两大特点，严重影响着我国城市生活垃圾处理技术的选择和发展。首先，生物质有机物含量及含水率高使得城市生活垃圾易于腐败发酵，产生大量发酵气体、高浓度有机渗滤液和恶臭物质，这也是我国城市生活垃圾的主要污染形式。由于生物质有机废物发酵分解产生的污染物质难以控制，填埋和堆肥都属无防护作业，所产生的发酵气体和恶臭物质对周围居民的影响难以消除，而且渗滤液对地下水的污染也很难避免，这就要求在填埋场和堆肥厂周围尽可能减少甚至避开居民聚集区，这在人口密集地区有非常大的难度。其次，生活垃圾中水分含量大导致垃圾热值较低，增加了垃圾焚烧技术难度。由于垃圾含水率和热值受季节和区域性质的影响而极不均衡，导致焚烧温度无法满足污染控制要求，而补充燃料会提高垃圾处理成本，同时影响垃圾焚烧热能利用效率。第三，垃圾中塑料含量不断加大，严重影响堆肥处理，使得堆肥产品品质严重恶化，无法施用于土地；如果采用高水平技术进行分离处理，会使处理成本大幅度提高。

为解决以上这些问题，科技和工程界在不断探索新技术、新方法，如在垃圾入炉焚烧前在垃圾储槽中堆置发酵数天，可以有效地降低垃圾含水率，提高热值。但是最有效的手段还应该是在垃圾收集阶段的分类收集。例如，以焚烧为后续处理技术的收集类别可以是可燃垃圾和不可燃垃圾，以堆肥和厌氧发酵处理为后续处理技术收集类别可以是餐厨废物和其他废物等。由于我国各地经济发展水平不一、人们素质高低不同，可以采用不同的城市生活垃圾分类方式。实行垃圾分类不仅能减少垃圾填埋量，而且可以很好地做到垃圾的回收再利用，减少资源浪费。

#### 7.3.2.2　分类方法

城市生活垃圾的分类是指按照城市生活垃圾的成分、利用价值、性质等标准，结合其末端处理方式，分成不同类别。我国现行的城市生活垃圾分类主要有以下 3 种：第一，根据国家建设部（现为住房和城乡建设部）在 2004 年发布的国家标准 CJJ/T 102—2004《城市生活垃圾分类及其评价标准》，将我国的城市生活垃圾分类标准定为 6 大类（见表 7-2）；第二，根据城市生活垃圾是否可回收再利用，可以分为可回收垃圾、不可回收垃圾两大类（见表 7-3）；第三，根据城市生活垃圾是否可以堆肥利用，大体上可以分为无机物和有机物两大类（见表 7-4）。上述的 3 种城市生活垃圾分类标准互不排斥。

**表 7-2　城市生活垃圾分类（Ⅰ）**

| 类别 | 内 容 举 例 |
|---|---|
| 可回收垃圾 | （1）废打印纸、包装用纸、其他纸制品等；（2）废塑料容器等；（3）铁、铝等废旧金属；（4）废旧玻璃制品；（5）纺织衣物和纺织制品 |
| 大件垃圾 | 大件家具、家用电器、废弃自行车等 |
| 可堆肥垃圾 | 餐饮垃圾、树枝花草等 |
| 可燃烧垃圾 | 废纸张、废塑料、旧织物用品、废木材等 |
| 有害垃圾 | 废电子产品、废油漆、废灯管、废日用化学品、过期药品等 |
| 其他垃圾 | 在上述要求进行分类以外的所有垃圾 |

**表 7-3　城市生活垃圾分类（Ⅱ）**

| 类别 | 内 容 举 例 |
|---|---|
| 可回收垃圾 | （1）未经过严重污染的纸张、包装用纸、其他纸制品等；（2）废塑料容器等；（3）铁、铝等废旧金属（如易拉罐、铁皮罐头、铝皮牙膏等）；（4）有色和无色废玻璃制品 |
| 不可回收垃圾 | 除可回收垃圾之外的其他垃圾，主要包括有毒有害垃圾、难以分解的垃圾等 |

**表 7-4　城市生活垃圾分类（Ⅲ）**

| 类别 | 内 容 举 例 |
|---|---|
| 无机物 | （1）瓶、管、镜子等玻璃制品；（2）铁丝、罐头零件等金属制品；（3）石块、瓦、陶瓷件等砖瓦物品；（4）炉渣、灰土等；（5）废电池、石膏等 |
| 有机物 | （1）塑料（薄膜、录音带、玩具、车轮等）；（2）纸类（包装纸、报纸、卫生纸等）；（3）纤维类（破旧衣物、布鞋等）；（4）有机质（蔬菜、水果、动物尸体、木制品等） |

### 7.3.2.3　实施现状

2000 年，北京、上海、广州等 8 个主要城市成为首批实施垃圾分类收集的试点城市。截至 2014 年底，北京市垃圾分类达标试点小区达 3390 个，占全市物业管理居住小区约 70%，但垃圾在分类和清运过程中的混装混运问题依然没得到解决，全市的垃圾分类仍然处在"成长期"。为鼓励市民参与垃圾分类，上海市政府于 2015 年在总结松江、静安等 4 个区县试点经验基础上，全面推广绿色账户正向激励。市民只要通过上海绿色账户"互联网+"平台参加垃圾分类，就可以获得绿色账户积分，积分累积后就可以获得荣誉称号、公园门票、生活用品等奖品，然而上海垃圾分类"政府热、市民冷"仍是垃圾分类推广中面临的一个难题。截至 2015 年 6 月底，广州全市开展"定时定点"分类投放模式的社区达到 781 个，参与"定时定点"分类投放的人口占全市社区人口的 46.16%，并创新"互联网+垃圾分类"手机 APP，奖励促进居民参与垃圾分类。总之，垃圾分类依然处于"鼓励促进"阶段，生活垃圾要实现全面的分类收集、分类运输、分类处置，还有很长的路要走。

2017年3月，中国国家发展改革委、住房城乡建设部共同发布了《生活垃圾分类制度实施方案》（简称《方案》）。《方案》提出，到2020年底前，基本建立垃圾分类相关法律法规和标准体系，形成可复制可推广的生活垃圾分类模式，在46个城市（主要是直辖市、省会城市和计划单列市以及第一批生活垃圾分类示范城市等）实施生活垃圾强制分类，生活垃圾回收利用率要求达到35%以上。同时，《方案》对生活垃圾的收集、运输、资源化利用和终端处置都提出了具体规划。

### 7.3.2.4　难点分析

虽然城市生活垃圾分类收集的试点城市经过十多年的发展取得了一定的成绩，但没有形成城市生活垃圾分类收集的制度，总体发展没有达到预定的要求，根本原因主要有：

（1）相关法律法规不健全，对垃圾分类缺乏根本性和规范性的指导。我国城市生活垃圾处理的法律法规已初步形成以《宪法》为基础，包括法律、法规、规章、地方性法规等在内的，以城市生活垃圾分类及处理为对象的具有中国特色的法律制度，大致可分为五大层次，如图7-6所示。在《环境保护法》《循环经济促进法》《固体废物防治法》《城市生活垃圾管理办法》中均提到要对城市生活垃圾进行分类回收、分类运输、分类处理，但内容都是原则性的描述，可操作性不强，且内容仅涉及生活垃圾的清扫、收集、运输、处置及管理活动，对垃圾分类涉及很少，没有制定城市生活垃圾分类收集标准。由于仅依靠人们的自觉履行而没有法律的强行规定，导致城市生活垃圾无法做到分类处理，使得城市生活垃圾一直处于混合收集、简单处理的状态。

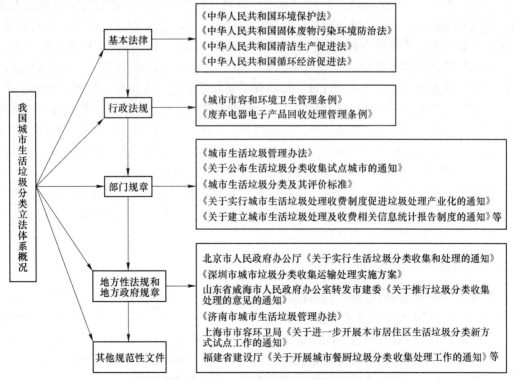

图7-6　我国城市生活垃圾分类及处理相关法律制度

（2）运作机制缺陷。首先，居民家庭是垃圾分类回收的主体，生活垃圾源头分类是城市生活垃圾管理的基础和前提，但由于教育宣传不到位及缺乏相应的分类标准和办法，居民普遍没有垃圾分类常识和意识。其次，城市生活垃圾分类收集的设备水平滞后及清运工作人员缺乏分类常识，导致了垃圾的"混运"，即使源头分类做到了，在清运中转环节又将已分类的垃圾混在了一起。最后，垃圾分类处理需要更多的经济、人力的投入以及相应的垃圾处理技术。目前很多地方的经济条件不允许，处理技术跟不上，导致了分类的垃圾仍然采用填埋方式处理，这些因素都影响了人们分类收集城市生活垃圾的积极性。

城市的生活垃圾的混合收集、混合处理方式不但污染环境，还加大了城市生活垃圾处理的成本，不利于城市生活垃圾的资源化再利用。城市生活垃圾的分类收集是资源化再利用的第一步，是实现循环经济的基础，只有对城市生活垃圾分类收集，才能保障城市生活垃圾的资源化。

### 7.3.2.5　国外经验

目前，世界上很多发达国家在垃圾分类工作方面有很多值得我国借鉴。例如，日本为回收垃圾制定了较为完善的法律法规，其中包括建立循环型社会的基本政策、关于控制城市垃圾回收以及促进再生资源利用效率的法律等，根据不同产品的具体性质制定具体的法律。同时，明确垃圾分类工作中权责主体，国家政府与地方政府，企业与平民，所有人都在合理分工的基础上承担属于自己的责任。再如，德国制定了《废弃物处理法》《循环经济与废弃物处理法》等，并强化配套了相关实施条例。德国垃圾分成 3 类：黄色桶为塑料，每个月收 1 次垃圾。绿色桶为报纸、纸夹，与黄色桶一样，每个月收 1 次。唯独黑色桶，收集的是厨房垃圾或不知如何分类的垃圾，每 2 周收 1 次垃圾。另外，每隔几条街就会有专门的垃圾桶，用来回收各种玻璃瓶子，家具、电器等要在市政府约定时间来人收取。德国每年都投入大量的资金用于环境教育和宣传，每个县市都设立有垃圾咨询电话，为居民垃圾分类提供资讯服务。学校开设相关课程，教育青少年如何对垃圾进行正确分类。为强制居民分类投放垃圾，政府出台了严格的处罚规定，采取了"一人乱倒垃圾，全区遭殃"的连坐式惩罚方式。此外，瑞典首都斯德哥尔摩已经实现了处理垃圾电子化，居民家里的残羹剩饭等有机垃圾都要装进一个免费得到的小纸袋里，人们把垃圾分门别类地放进街上的电子垃圾桶，垃圾桶的阀门和地下管网相连，阀门打开的时候，垃圾就会被真空吸入到沼气池或者垃圾发电站，垃圾产生的沼气或电能就成了人们煮饭、公交车等的能源，家里煮饭所用的沼气中有一半就是通过这些有机垃圾发酵而来的。

中国在垃圾分类方面起步较晚，还存在着很多不完善的地方。在城市生活垃圾分类方面应当借鉴发达国家的先进经验，如逐步完善法律法规，加大宣传教育力度，优化垃圾分类方法，有效实施垃圾分类奖惩制度等。

### 7.3.3　循环经济

我国于 2009 年将循环经济（circular economy）理念上升到法律层面，颁布了《循环经济促进法》，其中的第二条明确了循环经济的概念及其基本原则："循环经济，是指在生产、流通和消费等过程中进行的减量化、再利用、资源化活动的总称。减量化，是指在生产、流通和消费等过程中减少资源消耗和废物产生。再利用，是指将废物直接作为产品或者经修复、翻新、再制造后继续作为产品使用，或者将废物的全部或者部分作为其他产品的部件予以使用。资源化，是指将废物直接作为原料进行利用或者对废物进行再生利用。"以循环经济理念处理我国城市生活垃圾目前还处于起步阶段，对城市生活垃圾进行循环再利用、资源化率还较低。随着经济的发展、科技的进步，人们的观念也随之变化，将循环经济理念的 3R 原则（reduce：减量化原则；reuse：再利用原则；recycle：资源化原则）运用于城市生活垃圾处理中成为建设环境友好型社会的重要一环。

（1）减量化原则。减量化原则是从源头控制产量，在生产过程中通过调整生产结构，建立资源节约型的生产模式，在消费过程中建立以循环经济为理念的消费模式，即在满足人类基本需求和提高生活质量的基础上，使用的产品或服务材料最少，在生命周期后所产生的废物和污染物最少。减量化原则要求生产者在生产商品时要尽可能使用可循环材料，消费者在使用完商品后可充分利用可循环资源，以此共同达到城市生活垃圾源头的减量。

（2）再利用原则。再利用原则是指商品在被初次使用之后仍有使用价值，可以继续使用或者经过加工后再使用。这样的再利用实现了从生产到使用到再生产的循环过程，能充分利用资源，减少不必要的浪费。要实现再利用，就要求生产者转变生产理念、提高生产技术，大量使用可循环材料；消费者就要改变消费习惯，尽可能多次使用商品以延长商品的使用周期。通过生产者和消费者的共同努力，使城市生活垃圾的价值得到合理的多次利用。

（3）资源化原则。资源化原则是指将能再利用但不能恢复原使用性能的商品，经过加工处理后可继续使用，以提高其资源使用率。城市生活垃圾在源头减量化、使用过程中再利用之后，仍会不可避免的产生垃圾，这就要求统一收集、统一处理，通过科技手段将这些垃圾进行资源转化。在循环处理中，将资源物尽其用。

减量化是建立循环经济的根本基础，再利用是发展循环经济的基本方法，资源化是实现循环经济的根本途径。循环经济的 3R 原则，为城市生活垃圾处理指明了方向，要减少城市生活垃圾的排放，对能自行回收、使用的城市生活垃圾进行再利用，对无法再利用的城市生活垃圾进行资源化，使城市生活垃圾得到充分利用，以减轻城市生活垃圾对环境污染的压力。

3R 原则也称为古典循环经济原则。近年来我国的一些学者从不同角度对 3R 原则进行了扩充，在 3R 的基础上增加了一些内容，形成了 4R、5R 甚至 nR 原则。所增加的内容有：再思考（rethink：以科学发展观为指导，创新经济理论）、再修复（repair：建立修复生态系统的新发展观）、再配置（relocate：合理配置相关产业和企业）、资源替代化（replace：寻找有利于保护生态环境的替代资源）、无害化储藏（restore：对当前没有经济价值的废弃物，进行恰当的无害化和安全处理，然后以对环境无害的方式储藏起来）等等，这些原则针对不同领域、不同层次，都有其合理性。

世界很多国家都把循环经济理念作为城市生活垃圾处理的基本理念。从表面看循环经济是发展经济的理念，但其包含了保护生态环境的思想，即通过低开发、低能耗、高产出、再利用，使经济发展形成一个封闭的循环过程，将可利用的一切资源、能源得到合理的重复利用，把对环境的污染降到最低。相比我国采用循环经济，日本提出了循环型社会概念（recycling-oriented society）。所谓循环型社会，是指在资源开采、生产、流通、消费、废弃等社会经济活动的整个过程，通过抑制废弃物的产生及利用循环资源等，尽可能减少对天然资源的消费量，尽可能减轻环境负荷的社会。循环经济与循环型社会的理念是一致的，循环经济系统可分为"动脉产业"（担负着资源开发、利用）和"静脉产业"（担负着资源回收、再生利用）。循环经济系统是循环型社会的核心，担当循环型社会的主要功能。日本是世界上最早推行循环型社会理念并取得显著成效的发达国家之一，它拥有世界上最为完备的循环型社会立法，它更注重社会群众、公众意识层面的参与，能充分调动全社会的力量。

在我国生态文明建设和以集约、智能、绿色、低碳为特征的新型城镇化建设阶段，应该更加注重构建这种高层次的循环型社会。循环型社会的建设既需要相应的法制环境和雄厚的技术基础，也需要确立一种新型的生活方式和社会伦理，需要加强环保教育、大众媒介宣传以及提高公民环保意识等。

**知识专栏**

## 日本的垃圾分类

扔垃圾在日本是一件"天大的事"，各个社区不仅会发放一本图文并茂的垃圾分类指南，而且还有工作人员详细讲述相关要点。日本各地对垃圾分类要求十分严格，基本上都细分到十几种，在 20 世纪 50 年代以水银污染闻名的熊本县水俣市，垃圾分类甚至达到24 种。日本地方政府会根据自身情况制定相应的垃圾分类与回收方法。以日本四国中北部爱媛县东予地区的新居浜市为例，生活垃圾被分为以下 8 大类别：可燃烧垃圾、不可燃烧垃圾、塑料容器和包装、瓶和罐、有 PET（聚对苯二甲酸乙二醇酯）标识的塑料瓶、废纸类、有害垃圾和大型垃圾。针对不同的垃圾还分别有详细的投放方法的规定，如可燃烧垃圾、不可燃烧垃圾、塑料容器和包装要装在 45 升以下透明或半透明的垃圾袋里，瓶和罐以及有 PET 标识的塑料瓶则要放到指定的网兜内，而大型垃圾则必须付费申请上门收集等。

由于垃圾类别划分得十分细致严谨，在家庭中存放垃圾和最终到指定地点投放垃圾其实是一个非常繁琐的过程。因此很多日本家庭按照垃圾划分种类在家里就准备了相应数量的小垃圾桶，里面套上指定的垃圾袋，在日常生活中扔垃圾时就完成分类的流程。例如，一个饮料瓶，要经过好几步才能扔掉。首先将标签和盖子取下来，归入可燃烧垃圾，塑料瓶身要用水洗涮干净，归入资源类垃圾。

不仅垃圾分类有相应的规定，日本的垃圾收集日和具体投放时间也受到严格的限制，如果错过了规定日期的指定时间，就只能存放垃圾到下个收集日再进行投放。例如，厨余垃圾等可以在周二和周五扔掉，废旧报纸等只能在周四扔，小型金属物品等只能在每月的第 2 和第 4 个周六扔，每天限定在早上 7 点到 9 点。

日本垃圾分类做得好，一个重要原因在于实行社区自治，居民互相监督。社区值班人员早上 7 点之前就会把盛放垃圾的箱子和筐子摆出来，收完垃圾之后，还要对盛放垃圾的区域进行清理。垃圾回收车会拒收没有进行分类的垃圾，这时，值班者就要找到其主人，并监督他们对垃圾进行正确分类。

通过细致的垃圾分类，先进的垃圾处理技术，不但使得日本摆脱了资源贫困的窘境，也使得每年日本人均垃圾的排放量仅410公斤，获得了世界各国的赞誉。经过三十多年的发展，日本的垃圾分类已拥有了成熟的市场体制、完备的法律体系和完整的产业链，这与日本政府的大力支持、日本企业的积极研发以及日本国民高度自觉的环保意识密切相关，也正因如此，日本在循环经济领域一直走在世界前列。

## 思 考 题

7-1 什么是固体废物？固体废物如何分类？各类有哪些特点？

7-2 固体废物污染控制的基本原则是什么？

7-3 固体废物管理中经常提到的"3R"指的是什么？简述固体废物的处理技术路线。

7-4 固体废物处置处理的主要方法有哪些？各有何特点？

7-5 试分析对城市生活垃圾进行分类收集的意义并提出实施建议。

7-6 我国城市生活垃圾有何特点？垃圾分类方法有哪些？实施现状及存在的困难有哪些？

7-7 什么是循环经济？以循环经济理念为基础，分析我国城市垃圾处理的合理途径和方法。

# **8** 能源革命

**本章要点**

（1）为应对能源日益枯竭和环境污染等问题，人类必须开发新能源用以代替传统化石能源。新一轮能源革命将以高效化、清洁化、低碳化的模式代替传统的、粗放的用能模式，逐渐把人类社会推进到一个新能源时代。

（2）我国是能源消费大国，且以煤炭为主，能源利用效率较低。我国在世界能源革命的大潮中，必须抓住机遇并迎接挑战，积极探求节能降耗之路、开发新能源。其中，核能和太阳能是典型的新能源，将成为我国未来可持续能源体系中的重要支柱。

同水资源危机类似，世界能源也存在日益枯竭及污染两类问题。即随着经济社会的发展，化石能源日益减少，且化石能源的大规模利用带来了诸如气候变化等严重环境污染问题。因此，开发新能源，进行新的能源革命是未来人类必由之路。本章首先对能源及新能源进行概念辨析，回顾能源革命历程，分析未来能源发展趋势，然后简介我国能源现状并论述为迎接能源革命应实施的策略。最后，对两个典型新能源——核能和太阳能予以简介。

## 8.1 能源概述

### 8.1.1 能源及新能源

能源是指各种形式能量的源泉或蕴含各种形式能量的资源。具体地说，能源就是能提供某种形式能量的物质或物质的运动。广义而言，任何物质和物质的运动都可以转化为某种形式的能量，但是转化的数量以及转化的难易程度差异极大。通常，我们把比较集中而又较易转化的含能物质或宏观运动过程，称为能源。能源依据形成条件、使用性能、使用的技术等，有不同的分类方法，如表 8-1 所示。

表 8-1　能源分类

| 依据 | 名称 | 说　明 | 举　例 |
|---|---|---|---|
| 形成条件 | 一次能源 | 自然界中天然形成的能源，也可称为天然能源 | 原煤、原油、植物秸秆、太阳能、风能、地热能、海洋能、潮汐能 |
| | 二次能源 | 由一次能源直接或间接转化而成的能源，也可称为人工能源 | 煤气、氢气、电力、汽油、焦炭、热水等 |
| 能否再生 | 可再生能源 | 能够重复产生的一次能源 | 太阳能、风能、水能、海洋能、生物质能等 |
| | 非再生能源 | 不能在短期内重复产生的一次能源 | 原煤、石油、天然气等 |

| 依据 | 名称 | 说　明 | 举　例 |
|---|---|---|---|
| 使用性能 | 燃料能源 | 可作为燃料使用 | 矿物燃料（煤炭、石油、天然气）、生物燃料（木材、沼气）、核燃料（铀、氘） |
| | 非燃料能源 | 不可作为燃料使用 | 风能、水能、潮汐能（包含机械能）；地热能、余热（包含热能）；太阳能（包含电磁辐射能） |
| 技术状况 | 常规能源 | 在现有科学技术条件下，人们已经能够广泛使用并且利用技术已经比较成熟的能源 | 煤炭、石油、天然气等 |
| | 新能源 | 尚未得到广泛、充分利用的能源 | 太阳能、风能、地热能、核能、海洋能等 |

　　世界上所有的物质时刻发生着运动和变化，而能量便是物质运动和变化的源泉。能量有各种形态，如动能、势能、热能、电能、化学反应能、原子核能等等，各种形态的能量之间可以相互转化，转化过程中除遵循能量守恒定律外，往往伴随着一定程度的热损失。例如，利用发电机将一次能源转化为电能时，根据发电方式的不同，效率可达 30% ~ 60%，即有 70% ~ 40% 热能损失。

　　能源是维系现代工业社会正常运转的必要基础条件，一个国家的人均能源消耗量是衡量其国家人民生活水平的重要标准。当前世界能源消费以化石能源为主（煤炭、石油、天然气等常规能源），随着经济社会的发展，人类面临化石能源日益减少的挑战。同时，大规模开发和利用化石能源带来的气候变化、生态破坏等严重问题，直接威胁着人类社会的可持续发展。因此，人类必须逐步开发新能源用以代替传统化石能源，才能应对能源日益枯竭和环境污染等问题。所谓新能源，是指目前尚未被大规模利用、有待于进一步研究开发的能源，它是相对于目前人类主要利用的煤炭、石油、天然气等常规能源而言的一个能源概念。需要注意的是，目前的常规能源在过去某个时期、某个区域也曾是新能源，今天的新能源将来也可能成为常规能源；在我国称为新能源的，在某些地区也可能是当地的常规能源。因此，新能源的概念是与一定时期、一定区域的生产力水平相适应的。新能源与可再生能源、替代能源、清洁能源、核能等在含义上存在着一定的区别和联系。

　　（1）新能源与可再生能源。可再生能源是与非再生能源相对的概念，它是指在自然界中可以不断再生并得到补充的能源。根据《中华人民共和国可再生能源法》，可再生能源是指风能，太阳能、水能、生物质能、地热能、海洋能等非化石能源。其中风能、太阳能、生物质能、地热能、海洋能等属于新能源范畴，但水能的利用在我国已经有较长的时间且技术已经较为完善，故水能应属于常规能源的范畴。

　　（2）新能源与替代能源。替代能源是相对于现有大规模使用的常规能源而言的，从这一点上来讲其与新能源的范畴存在着一定的共性。但是，对于替代能源来讲，其还必须满足该种能源在技术上成熟、经济上可行、资源储量丰富、对环境友好等更高的要求，根据现今能源技术发展的趋势和资源储量的特点，风能、太阳能、生物质能等最有这种可能性。因此，可以认为替代能源是包含在新能源之中的一类能源。

　　（3）新能源与清洁能源。清洁能源是指对环境污染小或无污染的能源。在现有的风能、太阳能等新能源中，一般都具有上述特点。但是，在常规能源中，水力发电由于其对环境影响较小也属清洁能源，而新能源中的垃圾发电由于焚烧技术的原因目前并不是清洁能源。

（4）新能源与核能。核能的应用主要是利用核裂变和核聚变技术进行发电方面。目前，虽然利用核裂变发电的应用较为广泛，但在技术上仍处进一步完善之中；核聚变能作为一种未来理想的新能源目前在技术上并未取得突破。因此，从核能的利用技术和开发内容上考虑，核能应属于新能源范畴。

在我国，目前新能源主要是指太阳能、风能、核能、生物质能、地热能、海洋能、波浪能、潮汐能和氢能等。由于地域、气候等因素的影响，风能、地热能以及太阳能、海洋能等的利用会受到一定的限制，而核能将在满足未来长期的能源需求方面起着重要作用。新能源既是全球新技术革命的重要内容，也是推动世界新的产业革命的重要力量。根据世界权威部门的预测，到 2060 年，新能源和可再生能源的比例将占到 50% 以上。因此，要从根本上解决能源供应不足及环境污染问题，开发新能源和可再生能源是必由之路。

### 8.1.2　能源革命历程

"能源革命"是指那些在人类文明发展过程中产生了重大影响的能源生产和消费技术的革命。能源革命是推动人类文明进步的根本性能源变革，具体表现为资源形态、技术手段、管理体制、人类认知等方面出现一系列显著的变化。

回望历史，能源革命与人类的文明进步密切相关。迄今为止，已经证明的、可以称之为能源革命的能源生产和消费的技术革命主要有三次：第一次能源革命大约发生在 40 万年前，人类的祖先发现了火，推动人类从动物加速进化为人，并推动了人类原始文明和农耕文明的产生和发展。第二次能源革命始于 18 世纪的英国，以蒸汽机的发明和煤炭的大规模使用为主要标志。蒸汽机的发明和使用使得人类开始利用大机器组织生产和运输，使得人类可以大规模利用森林能源和煤炭，推动了能源的商品化和有组织的大工业生产，迎来了人类的第一次工业革命。第三次能源革命开始于 19 世纪下半期，以电力、内燃机的发明和使用为标志。从此，人类进入了以电力和石油为主要能源的时代。电的发现使得人类真正进入了电气化、信息化时代。此外，大规模水电的开发利用，核电、石油、天然气的发现与利用，开启了能源利用的网络化时代，催生了人类历史上的第二次工业革命。世界能源革命与工业革命的发展历程如图 8-1 所示。

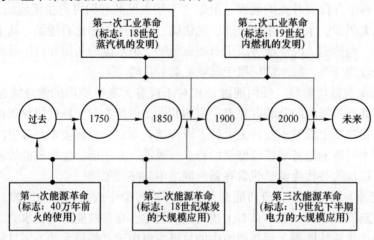

图 8-1　世界能源革命与工业革命的发展历程

在继木柴向煤炭、煤炭向油气的转化已基本完成之后，目前人类的能源利用方式正经历着由油气向新能源的第三次重大转换，新一轮能源革命正在拉开序幕。新一轮能源革命将以高效化、清洁化、低碳化的模式代替传统的、粗放的用能模式，逐渐把人类社会推进到一个新能源时代。然而我们也需清醒地认识到，在未来相当长的一段时期内新能源都还难以独担重任。近年来，世界许多地区的化石能源消费增速均有递减趋势。世界上已有许多国家和地区将清洁无污染的可再生资源作为其能源发展战略的重要组成部分，推动可再生能源和新能源发展。根据英国石油公司（BP）对世界能源的展望，世界一次能源占比发展趋势如图 8-2 所示。由图可见，到 2035 年，天然气的比重稳步提高，而石油和煤炭的比重双双下降。所有化石燃料的比重都集中在大约 26%~28% 的区间，没有出现任何一种主导性燃料，这是工业革命以来首次出现的情况。化石燃料总体比重下降，但 2035 年仍是主导性能源，其比重从 2013 年的 86% 降至 81%。在非化石燃料中，可再生能源（包括生物燃料）的比重迅速提高，在 2020 年代初超过核电，在 2030 年代初超过水电，到 2035 年约升至 8%。至 2035 年世界能源将从油气向新能源转换，迈入石油、天然气、煤炭和新能源"四分天下"的新时代。

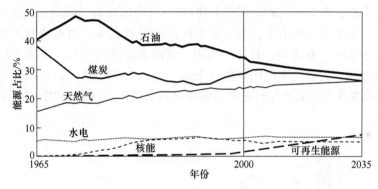

图 8-2　世界一次能源占比发展趋势

### 8.1.3　我国能源现状

我国拥有比较丰富而多样的能源资源，各种能源资源的储量和产量都居世界前列。据预测，全国探明煤炭储量居世界第 3 位，可开发水能资源为 3.8 亿千瓦，居世界第 1 位，截至 2004 年底，我国已探明可开采石油储量约 68 亿吨。2003 年，我国生产的能源总量超过了 16 亿吨标准煤，比上年增加了 2 亿多吨标准煤。然而，我国人均能源资源并不多，而且分布很不均衡。据探测，煤炭储量约 49% 集中在华北，水能资源 70% 集中在西南，远离消费中心。中国化石能源储量的人均拥有量仅占世界平均值的 1/2。同时，我国的能源消费也面临严峻形势，主要问题如下。

（1）能耗较大。高耗能产业（如钢铁、有色冶金等重工业）在我国的经济结构中占有很大比重，能源消耗大，近年来我国能源消费量逐年递增，如表 8-2 所示。自改革开放以来，长期粗放式的经济增长模式，加上行业产能的过度扩张，中国能源消耗量居高不下，2009 年首次超越美国成为全球第一大能源消费国。我国的能源生产已经无法满足自身的能源消耗，2016 年我国能源消费总量高达 43.6 亿吨标准煤，比 2015 年增长 1.4%，累积进口原油 3.8 亿吨。此外，高消耗同时带来高污染问题，节能减排的压力巨大。

表 8-2　近年来我国能源消费量　（亿吨标准煤）

| 年　份 | 煤炭 | 石油 | 天然气 | 非化石能源 | 能源总量 |
|---|---|---|---|---|---|
| 2010 | 24.96 | 6.28 | 1.44 | 3.38 | 36.06 |
| 2011 | 27.17 | 6.50 | 1.78 | 3.25 | 38.70 |
| 2012 | 27.55 | 6.84 | 1.93 | 3.89 | 40.21 |
| 2013 | 28.10 | 6.90 | 2.21 | 4.48 | 41.69 |
| 2014 | 27.93 | 7.41 | 2.43 | 4.81 | 42.58 |
| 2015 | 27.38 | 7.87 | 2.54 | 5.2 | 42.99 |
| 2016 | 27.03 | 7.98 | 2.79 | 5.80 | 43.60 |

（2）煤炭为主。我国"富煤、贫油、少气"的资源禀赋特点使煤炭长期以来占据中国能源消费的主导地位（见表 8-2）。由 2014 年中国与全球主要国家一次能源结构对比（图 8-3）可见，2014 年煤炭在我国一次能源消费结构中的比例高达 66%，相比之下，石油的比例约为 18%，而天然气的比例则不到 6%。从全球来看，煤炭在一次能源供给中的比例只有 30%，如果不包括中国，那么这个比例则不到 20%，而石油和天然气的比例则分别高达 33% 和 24%。在美国、日本、德国、英国等发达国家的一次能源结构中，石油的比例均超过 36%，天然气利用比例超过 20%。在未来几十年中，我国能源需求的增长仍将主要靠煤炭来满足，这将给环境和运输带来越来越大的压力，中国的能源消费结构亟需加速转型。

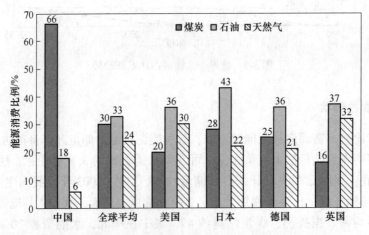

图 8-3　中国与全球主要国家一次能源结构对比（2014 年）

（3）效率低下。我国的能源利用效率与发达国家相比还有很大的差距，按照 2014 年每 1 万美元 GDP 消耗的一次能源总量，中国为 2.87 吨油当量（吨油当量：ton oil equivalent（toe），按一吨标准油的热值计算各种能源量的换算指标），美国为 1.32 吨油当量，日本、德国、法国均低于 1 吨油当量，英国更是低至 0.64 吨油当量，不足中国的 1/4，而全球平均水平也仅为 1.66 吨油当量。此外，我国许多小企业设备落后，生产效率低下；有些农村地区的日常能源仍然靠燃烧秸秆、薪柴等来获得，利用效率极低。

中国作为世界能源消费大国，在新一轮的世界能源革命中，也面临着机遇和挑战。从煤→石油→天然气→新能源的发展历程看，新一轮能源革命演变的趋势集中体现在能源的清洁化与低碳化。西方发达国家正处于从油气时代向天然气及可再生能源时代变化的转型期，而中国仍处于以煤炭利用为主的时代。面对日益凸显的能源与环境问题，推动中国的能源转型，实现能源清洁低碳化利用，成为中国能源发展的重要任务，这需要在调整优化产业结构、控制能源消费总量、改进能源消费结构等多个方面共同努力。

由于在未来的几十年内，煤炭仍将是我国的主要能源之一，煤炭清洁化利用是现实选择，因此需要大力发展洁净煤技术，提高煤炭的生产技术和高效利用技术，减轻煤炭对环境的污染。此外，大力发展非化石能源是战略性选择，应大力发展节能技术，提高能源利用效率，尽力降低煤炭所占比重，大力开发新能源替代现有的常规能源。

世界各国都在积极探求节能降耗，提高能源利用水平的方法，寻求替代化石能源的清洁、可再生利用的新能源。据统计，至2012年世界上已有70多家机构提出过350多种不同的能源预测方案，但是，对哪种能源能担任未来能源领域的主角却无定论。有人认为风能是一种来源丰富、无污染、可满足人类需求的能源；也有人认为未来世界的主要能源将是氢能；还有人认为未来世界的主要能源应该是以太阳能为代表的可再生能源；也有不少人认为，未来世界的主要能源将是取之不尽，用之不竭而又丰富多彩的核能。限于篇幅，本章仅对核能及太阳能予以简介。

# 8.2  清洁能源——核能

## 8.2.1  核能与核电

### 8.2.1.1  核能理论

1939年，德国科学家奥托·哈恩发现了元素铀的同位素铀-235原子核在中子的轰击下可以发生核裂变并同时放出能量，而且核裂变反应放出的能量比化学反应大得多，这就是核裂变能，即核能。如果一个新产生的中子，再去轰击另外一个铀-235原子核，便会引起新的裂变，以此类推，这样就使裂变反应不断地持续下去，这就是裂变链式反应。在链式反应中，核能连续不断地被释放出来（裂变链式反应示意图如图8-4所示）。1945年8月6日和9日，美国通过B-29型轰炸机，分别把两颗称作"小男孩"和"胖子"的原子弹投在日本的广岛市和长崎市，给这两座城市造成了空前浩劫。原子弹的威力是普通炸弹无法比拟的，这种威力正是来源于金属铀的原子核在裂变时所释放出来的巨大能量。1kg铀-235全部"裂变"时所释放出来的能量，相当于2万吨TNT炸药爆炸时所放出的全部能量。原子核内的能量如此巨大，是由原子的构造决定的。

世界上的一切物质都是由原子构成的，原子由原子核和围绕核旋转的电子组成。原子核是由带正电的质子和不带电的中子构成的，质子和中子统称为核子。质子带一个单位的正电荷，中子不带电，原子核的电荷数等于它的质子数，而原子核的质量数则等于质子数与中子数二者之和。原子核的直径仅仅是原子直径的十万分之一，如此微小的原子核却集中了几乎整个原子的质量。具有相同质子数的原子，有着相同的化学性质，属于同一种元素。质子数（原子序数）相同而中子数不相同的原子，互为同位素。例如，天然铀是铀

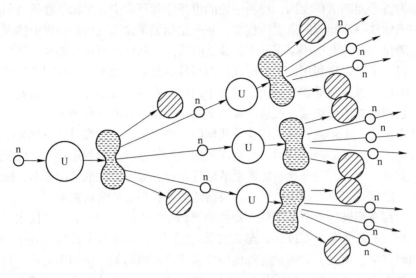

图 8-4　链式反应示意图（U：铀-235，n：中子）

-235 和铀-238 这两种同位素的混合物，铀-238 占 99.3%，而铀-235 仅占 0.7%。这两种同位素的核内质子数都是 92 个，铀-235 原子核内的中子数是 143 个，而铀-238 原子核内的中子数是 146 个。

在原子核内的各个核子（包括质子和中子）之间存在着极强的吸引力，称为核力。每一个质子和中子都只同与它相邻的质子或中子之间存在着核力，核力要比核内各个质子之间相互排斥的静电力大得多，因而足以使原子核本身保持稳定。由于原子核内的核子之间存在着强大的核力，因此若原子核内的核子发生了变化，则核子之间存在的核力也会相应地发生变化，同时释放出大量的能量，这种能量就是所谓的原子能或核能。

著名科学家爱因斯坦提出了质量和能量的关系式，揭示了原子核里蕴藏巨大能量（核能）的原理。爱因斯坦认为，质量和能量都是物质存在的形式，两者之间的关系式为：$E=mc^2$。式中，$E$ 是能量，$m$ 是质量，$c$ 是光速，等于 $3×10^8 \mathrm{m/s}$。由分散的核子（质子和中子）集合起来而形成原子核时，原子核的质量要小于核内所含质子及中子质量的总和，即存在一个原子核的"质量亏损"。从爱因斯坦的质量-能量关系式可以看出，原子的"质量亏损"是和维持原子核内各核子之间相互聚集的"结合能"相对应的，即 $E$（结合能）$=\Delta m$（质量亏损）$×c^2$（光速平方）。此式表明，原子核的一个微小的"质量亏损"，就可以带来一个巨大的"结合能"，这就不难解释原子核里的能量（核能）为何大得惊人了。根据爱因斯坦的这个公式进行计算，任何 1g 质量的物质都具有相当于 2500 万千瓦时的电能。

为使核能释放出来，目前主要采取两种方法。第一种方法是"核裂变"，就是将较重的原子核（铀核等）打碎，使其分裂成两部分，同时释放出巨大的能量，这种能量叫做裂变核能。用于军事上的原子弹爆炸，就是核裂变产生的结果。目前世界各国所建造的核电站，也都是利用核裂变反应来进行工作的。第二种方法是"核聚变"，就是把两种较轻的原子核（如氢的同位素氘、氚等）聚合成一个较重的原子核，同时释放更加巨大的能量。用于军事上的氢弹爆炸，就是核聚变产生的结果。不过，氢弹爆炸这种核聚变反应是在极短一瞬完成的，从技术上说目前还无法进行控制。近些年来，关于"受控核聚变反应"的研究已经有所进展，这就为和平利用核聚变的能量带来了希望。

### 8.2.1.2　核能发电

和平利用核能，首先是从研究核裂变开始的。铀原子核的裂变过程是雪崩式的，只要这种裂变过程一开始，就会连续进行下去，像滚雪球那样，越滚越大，在极短的时间内就会有许许多多的原子核相继发生分裂，这就是链式反应的特点。为了使链式反应过程中释放出来的核能能够有效地得到利用，必须人为地控制链式反应的速度，使得核能按照人们的需要平缓地释放出来。于是，一种可进行核裂变链式反应、同时能够安全地对其输出功率进行控制的崭新装置——核反应堆便应运而生，而核电站是将核反应堆内所产生的热能引到外部并高效率地将热能转换成电能的设备。将核能转换为电能的过程简称为核能发电，即核电。

核电站的核燃料大多采用容易进行核裂变的天然铀。在反应堆中的铀棒周围装有原子量较小且不大吸收中子的物质（如石墨、水、重水等）作为慢化剂（也叫中子减速剂），当铀-235发生裂变反应产生"快中子"后，与慢化剂的原子核发生相互碰撞，使其运动速度降低而变成"热中子"。由于铀-238并不吸收热中子，这样就能保证铀-235的裂变反应继续进行下去。

在反应堆中还插有一些能吸收热中子的"控制棒"，以控制裂变反应的速度。这种控制棒通常用镉或硼等材料来制作。镉吸收热中子的能力很强，当裂变反应过于激烈时，就把镉棒向反应堆内插入深一点，以便使其多吸收一些热中子，使核裂变的链式反应速度减慢一些；反之，则把镉棒拔出来一些。当然，这种控制是通过电脑来进行自动控制的，足以保证反应堆的运行安全可靠。在核反应堆的外围建有厚厚的水泥防护层，用以屏蔽核反应过程中所产生的核辐射，以确保操作人员的人身安全。

在核裂变的链式反应过程中所释放出来的大量核能，在反应堆中大部分转变为热能，然后再通过一定的方法将这些热能转变为机械能和电能。目前各核电站所采用的办法是：用二氧化碳气体、水、重水（$D_2O$，是氢的同位素氘和氧的化合物）或液态金属钠等作为载热剂（也叫冷却剂），载热剂流过核反应堆被加热以后，再进入热交换器中，使热交换器中的水变成高温高压的蒸汽而推动汽轮机运转，带动发电机进行发电。高温蒸汽通过冷凝器以后变成水，然后再用泵将它送回反应堆中去吸热。如此循环不已，就能保证核电站源源不断地发出电来。

根据慢化剂和冷却剂的类型不同，可将反应堆分为轻水堆型（轻水即普通水作为慢化剂和冷却剂）、重水堆型（重水作为慢化剂，重水或轻水作为冷却剂）和石墨堆型（石墨作为慢化剂，气体作为冷却剂）等。目前世界上的核电站大多数采用轻水堆型。轻水堆又有沸水堆和压水堆之分。据统计，目前已建的核电站中，轻水堆约占88%，其中轻水沸水堆仅约占23%，而轻水压水堆占65%以上。图8-5为沸水堆型和压水堆型核电站的生产过程示意图。

在沸水堆型核能发电系统中，水直接被加热至沸腾而变成蒸汽后引入汽轮机做功并带动发电机发电，其系统结构较为简单。由于水是在沸水堆内被加热，其堆芯体积较大，并有可能使放射性物质随蒸汽进入汽轮机，对设备造成放射性污染，使其运行、维护和检修变得复杂和困难。在压水堆核能发电系统中增设了一个蒸汽发生器，从核反应堆中引出的高温水进入蒸汽发生器内，将热量传给另一个独立系统的水，使之加热成高温蒸汽推动汽轮发电机组发电，蒸汽发生器内两个水系统完全隔离，不会造成对汽轮机等设备的放射性污染。

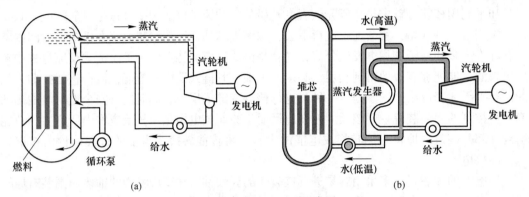

图 8-5　核能发电过程示意图

（a）沸水堆型核能发电系统；（b）压水堆型核能发电系统

　　1942 年以费米为首的科学家们在美国建立了世界第一座人工核反应堆，实现了可控、自持的铀核裂变链式反应；1954 年世界上第一台核电机组在苏联莫斯科市的奥勃宁斯克电站投入运行，标志着人类开始和平利用核能。截至 2016 年，世界已有 30 多个国家或地区建立了核电站，建成和在建的核电站已近 500 座，并主要分布在美国、法国、日本、俄罗斯、加拿大、英国、德国等工业发达国家，截至 2016 年底的世界核电机组数量分布状况如表 8-3 所示。核发电量最多的国家是美国，2015 年其核发电量为 798TW·h，占全球核发电总量的 33%；法国和俄罗斯的核发电量紧随其后，分别为 419TW·h 和 182.8TW·h。这三个国家的核发电量占全球核发电总量的 57%。全球核电约占总发电量的 15%，而法国核发电量占其国内总发电量的份额却高达 78%，名列世界首位。目前，在建的核电机组主要分布在中国、印度和俄罗斯等国家。

表 8-3　世界核电机组数量（截至 2016 年）　　　　　　　（台）

| 国　家 | 在运机组数量 | 在建机组数量 | 拟建机组数量 |
| --- | --- | --- | --- |
| 美国 | 100 | 4 | 18 |
| 法国 | 58 | 1 | 0 |
| 日本 | 43 | 3 | 9 |
| 俄罗斯 | 35 | 8 | 25 |
| 中国 | 35 | 21 | 42 |
| 韩国 | 25 | 3 | 8 |
| 印度 | 21 | 6 | 24 |
| 加拿大 | 19 | 0 | 2 |
| 乌克兰 | 15 | 0 | 2 |
| 英国 | 15 | 0 | 4 |
| 瑞典 | 9 | 0 | 0 |
| 德国 | 8 | 0 | 0 |
| 全球总计 | 444 | 62 | 172 |

### 8.2.1.3　核电优势

发展核能发电受到世界各国的高度重视，因为它具有许多优越性：（1）能量巨大。根据计算，1g 铀-235 原子核裂变时所发出的能量相当于 2.5 吨标准煤完全燃烧时所释放的热能，或相当于 1t 石油完全燃烧时所释放的热能。核电比火电更加经济，其成本一般比火电低 20%~50%。（2）运输方便。有人把核电站与火电站作了个形象的比较：一座 20 万千瓦的火电站，一天要烧掉 3000t 煤，这些煤需要用 100 个火车皮来运送；而一座发电能力与此相当的核电站，一天只需要消耗 1kg 铀，而 1kg 铀的体积大约只有 3 个火柴盒摞起来那么大。（3）储量丰富。可以说核资源是取之不尽，用之不竭。尽管现已探明的陆地上的铀资源很有限，但海水中的铀资源极为丰富，每 1000t 海水中大约含铀 3g，世界各大洋中铀的总含量可达 40 多亿吨。不过，从海水中提取铀在技术上还有一些难题需要进一步研究解决。（4）环境友好。核电属于清洁能源，核电可替代化石能源以避免产生温室气体等环境污染问题。表 8-4 是 20 世纪 90 年代末几个国家的主要能源生命周期的二氧化碳产量，由表可见，核电站向环境排放的 $CO_2$ 很少，仅次于水电。

由于技术和经济条件的限制，预计在化石燃料枯竭之前，太阳能、海洋能和地热能等几种新能源不大可能成为解决人类能源问题的有效途径。核电是唯一可大规模替代化石燃料的能源选项，人们寄予厚望的新能源就是核能。核电是稳定、安全、清洁、高能量密度的能源，发展核电将对我国突破资源环境的瓶颈制约，保障能源安全，减缓 $CO_2$ 排放，实现绿色低碳发展具有不可替代的作用，核电将成为我国未来可持续能源体系中的重要支柱之一。我国核电发展坚持"安全高效"的方针，面临良好的发展前景。

**表 8-4　主要能源生命周期的二氧化碳产量**

| 能源种类 | $CO_2$产量/g·$(kW·h)^{-1}$ | | | | 平均排放量与核电之比 （以核电取 15 为标准的比值） |
| --- | --- | --- | --- | --- | --- |
| | 日本 | 瑞典 | 芬兰 | 平均 | |
| 核电 | 22 | 6 | 12~26 | 13~18（取 15） | 1 |
| 气电 | 519 | 450 | 472 | 480 | 32 |
| 煤电 | 975 | 980 | 894 | 950 | 63.4 |
| 水电 | 11 | 3 | 6 | 6.7 | 0.45 |

### 8.2.1.4　我国核电发展历程

20 世纪 80 年代中期，我国进行了核电站的建设。按时间段划分，主要有以下 3 个阶段：1985~1995 年的 10 年间是我国核电站发展的起步阶段。中国建成的第一个核电站是秦山核电站，1985 年开工，1994 年投入使用，截至 2016 年共有 7 台 300MW 机组运行，是中国自主研发的核电机组。秦山核电站使中国成为了继美、英、法等国后第 7 个能够进行自主研发并建造核电机组的国家。之后我国的大亚湾核电站采用的是法国的核电机组，历时 7 年投入使用。随后，1996~2006 年的 10 年间，我国核电站发展进入推广与应用阶段，逐步开发了秦山二、三期、岭澳一期和田家湾等 4 座核电站共 8 台核电机组，还对巴基斯坦出口了一台 300MW 的核电机组。从 2007 年开始是我国核电站稳步推进阶段，预计到 2020 年核电装机容量将达到 70000MW。

目前，我国正从压水堆、快堆和核聚变堆 3 个方面进行核电的发展。从 1985 年我国开始建设第一台核电机组到 2016 年底的 30 年发展之后，我国已经有 35 台机组投入商业运行，在运核电装机总量约为 3363 万千瓦，在建核电机组已有 21 台之多，已完成了《核电中长期规划（2011~2020 年）》中提出的 "2020 年载运装机 5800 万千瓦、在建 3000 万千瓦（共 8800 万千瓦）" 的平均年内目标。同时，我国自主品牌的 "核电" 已远销海外，2015 年 8 月开建的巴基斯坦核电项目及随后的英国布拉德维尔项目和阿根廷项目，均使用我国自主研发的 "华龙一号" 技术。此种核电技术被广泛应用，标志着中国已经跻身世界核电的第一阵容，成为业界炙手可热的合作伙伴。我国目前核电仅占中国电力总装机量的 2% 左右，远低于发达国家（法国为 78%，世界平均为 16%），未来具有很大的核电发展潜力。

## 8.2.2　核电安全

核能曾经首先被运用于军事领域，广岛、长崎 20 余万人丧生的浩劫至今令人记忆犹新，所以人们对核能的疑虑和恐惧有惨痛的历史原因，核电站的安全性始终是人们普遍关注的一个敏感问题。实际上，核电站反应堆的结构和特性，完全不同于原子弹。原子弹所使用的核燃料是接近 100% 的高浓度铀-235，而核电站所使用的核燃料则是 2%~4% 的低浓度铀-235，并且核电站的核反应堆设有技术完备的安全控制装置，使能量的释放能够缓慢地进行，并具有自动保持稳定的特性。

对于核电站的安全性，要考虑厂址选择，核电站的设计、建造和运行，安全保护系统以及各种管理和行政措施等各种因素，必须做到稳妥可靠，万无一失。反应堆燃料高强度辐射物质和厂外公众环境之间有 3 道重要安全屏障：（1）核燃料棒、控制棒及相关设备组成的反应堆堆芯的外壳是用一层锆合金包裹的，它可以避免核燃料棒里的放射性物质与冷却水接触，可以承受 1200℃ 的高温。（2）反应堆堆芯放置在由高强度合金钢制成的压力容器里，万一核燃料棒的锆合金外壳出现破损，放射性物质仍然可控制在反应堆压力容器之内，不会扩散到外界去。（3）在压力容器的外围是混凝土安全壳，一般由约 1m 厚的钢筋混凝土和约 6mm 厚的内衬钢板组成，即使在反应堆压力容器发生爆炸或破损，大量放射性物质、放射性废水也不会泄漏到外界去。虽然存在这 3 道安全保护屏障，到目前为止，世界上还是发生了 3 个著名的核电站事故，分别简介如下。

（1）美国三哩岛核电站泄漏事故。1979 年 3 月 28 日，美国宾夕法尼亚州东北部的三哩岛核电站二号反应堆，由于工作人员操作失误，将一个小小的故障演变成堆芯冷却水逐渐丧失、部分燃料棒锆包壳和铀燃料熔化、放射性气体外逸的严重事故。这是世界核电站诞生以来所发生的第一次重大事故。由于该核电站所采用的是压水堆，具有良好的防护设施，在事故发生后安全系统及时启动，结果核电站内员工无一伤亡，只有 3 人受到略高于允许值的辐射剂量。该核电站周围 80km 范围内的 216 万居民，因这次事故而受到的辐射剂量，只相当于乘坐飞机 4 小时在高空接受宇宙射线的辐射剂量。核电站周围的土壤、河水、植物以及牛奶制品等等，在这次事故后放射性水平均无明显增强。

（2）苏联切尔诺贝利核电站泄漏事故。1986 年 4 月 26 日，苏联乌克兰境内的切尔诺贝利核电站发生了核电历史上最大的事故。这座核电站所使用的是苏联独有的 "石墨沸水堆"，它用石墨作慢化剂，冷却水在反应堆内沸腾直接产生蒸汽以推动汽轮机组发电。这种反应堆是由生产军用核武器装料的反应堆演化而来的，其控制方式很陈旧，仍然是采用60年代的手动控制方式，大大落后于现代压水堆的自动控制方式。更重要的是，它的压力管是单层的，而反应堆又没有封闭的安全壳。这些都给这座核电站的安全性留下了隐患。因此，当工作人员严重违章操作而造成反应堆损坏时，就会导致放射性物质的大量泄漏。切尔诺贝利事故造成抢救灭火者29人死亡，106人患上急性辐射病，半径50km内11.5万人被迫撤离，2600km$^2$的土地变为无人区。之后15年内殃及6.6万人因癌症等疾病而死亡，320万人受到不同程度的核辐射侵害，这是世界核电史上最大的核事故。

（3）日本福岛核电站泄漏事故。2011年3月11日，日本东部海底发生里氏9.0级特大地震。由于地震原因，日本福岛核电站厂区的用电系统及备用系统都出现了故障，而随后海啸带来的洪水淹没了备用的柴油发电机，使得冷却剂泵因断电而失效，导致冷却剂无法进入堆芯。因此，即使核反应堆在紧急情况下停止运行了，但由于反应堆仍在继续释放大量热量，冷却水被蒸发完后又没有后续进入，导致堆芯无法冷却而受热熔化。而后堆芯外壳锆在高温下与水蒸气产生剧烈的化学反应，产生大量的氢气，同时伴随着放热。最后氢气发生爆炸，造成放射性物质泄漏。日本东京电力公司未及时救灾造成事故灾情扩大，个别救援人员死亡、22人受放射性污染，其影响严重程度介于前两次事故之间。

以上3次核电安全事故都是人为因素或人类对自然灾害估计不足造成的，并不是技术问题。在科学技术高度发达的今天，通过安全的设计、科学的管理以及有关原子能安全机构（包括国际的和国内的）的严格检查和监督，是有可能把这种潜在危险降低到最小程度的。美国科学家在对核电站有可能出现的事故进行系统分析后认为，在美国，一个人死于核电站事故的概率，只有死于汽车车祸概率的1/76000；100座核电站给美国人带来的风险，只有闪电雷击带来风险的0.04%。可见，对核电站的安全性忧心忡忡是大可不必的。人类在不断进步，核电潜在的危险性问题必然会得到解决，而核能作为新能源在化石燃料日渐枯竭的今天，势必将发挥不可替代的作用。

3次影响较大的核电站事故对世界核电发展产生了巨大的影响。一些国家开始审视自己国家的核电发展，并对于自己的核电发展又做出了新的规划。一部分国家如德国、瑞士、意大利等相继宣布了"弃核"计划，而多数国家，尤其是一些核能大国依然表示，要在"安全第一"的原则基础上坚持发展核电。所以，核电站建设的安全标准一再提高，在一定程度上促进了核安全理念和技术的提升，各国也开始制定新的发展堆型。核电技术也在不断的升级换代，从最早的一代堆到现在的二代堆、三代堆和今后更加先进的四代堆。福岛核事故后，相关各国组织了核电安全检查，国际原子能机构（International Atomic Energy Agency，IAEA，网址：https://www.iaea.org/）等国际组织提出了福岛核事故后的行动计划，我国核安全局制定了根据福岛核事故而改进的行动项目及技术要求，从根本上确保核电的安全，消除核事故对环境和公众的危害。目前各国核电站普遍采用的压水堆，是一种技术成熟而安全性很高的堆型，我国的浙江秦山核电站和广东大亚湾核电站都采用这种堆型，无论从堆型、自然灾害发生条件和安全保障方面来看，都不会出现类似福岛和切尔诺贝利的核电事故。

对于核电站产生的固体废物，一般是将其焚烧和压缩减容之后，根据放射性水平的高低，在不同深度的地层中掩埋。对于放射性很弱的低放射性液体废物，可将其稀释到环境允许的水平后排入江河湖海；对于中、高放射性液体废物，则要酌情进行蒸发和固化（沥青固化、水泥固化或玻璃固化）后将其变成稳定而不易渗透的固体，再装入硅酸盐玻璃容器内，外面用金属桶密封，放入地质结构比较稳定的废盐矿等岩层内。地下水腐蚀金属桶和硅酸盐玻璃容器需要历时 9 万年之久，而且固化的放射性废物的渗透率很低，可确保无放射性物质外泄。这些高放射性废物经过 500~1000 年时间就与普通铀矿的放射性强度差不多了，一般不会对人类造成有害影响。目前有许多国家都在加紧研究最终高效处置核废物的新方法。随着高科技成果的不断应用，核电站的安全性必将得到进一步提高，未来的核电站将会越来越安全。

# 8.3　永恒能源——太阳能

## 8.3.1　太阳辐射能

太阳能主要是指太阳的辐射能，是由太阳内部氢原子发生氢氦聚变而释放出的核能产生的。太阳的辐射能不仅是地球上各种生命之源，而且也是许多能源之源，例如化石能源煤和石油，是古代储存太阳能的产物，因为煤和石油都是植物、动物、微生物死亡后形成的；其他可再生能源，如风力、海洋能、生物质能等，都是太阳能的派生能源。

太阳发出的辐射能量大约只有二十二亿分之一能够到达地球的范围，约为 $173 \times 10^4$ 亿千瓦。经过大气的吸收和反射，到达地球表面的约占 51%，大约为 $88 \times 10^4$ 亿千瓦。能够到达陆地表面的只有到达地球范围辐射能量的 10% 左右，约为 $17 \times 10^4$ 亿千瓦。尽管如此，太阳每秒钟到达地球陆地表面的辐射能相当于世界一年内消耗的各种能源所产生的总能量的 3.5 万倍，因此太阳能的开发利用日益受到人们的青睐。由于地球自转和公转以及大气层的影响，对于地球陆地的某一点来说，太阳辐射不仅取决于该地点的纬度，还要受到当地地理条件和气象条件的影响。所以，辐射资源在各地的分布呈现出不规则性。

在单位时间内，太阳以辐射形式发射的能量称为太阳辐射功率或辐射通量，单位为瓦（W）。太阳投射到单位面积上的辐射功率（辐射通量）称为辐射度或辐照度，单位为瓦/米$^2$（W/m$^2$）。该物理量通常表征的是太阳辐射的瞬时强度；而在一段时间内（年、月、日），太阳投射到单位面积上的辐射能量称为辐射量或辐照量，单位为 kW·h/m$^2$（1kW·h/m$^2$ = 3.6MJ/m$^2$）。

我国属太阳能资源丰富的国家之一，全国总面积 2/3 以上地区年日照时数大于2000h，西部较多地区的日照时间超过 3000h。年辐射量在 5000MJ/m$^2$ 以上。据统计资料分析，中国陆地面积每年接收的太阳辐射总量为 $3.3 \times 10^3 \sim 8.4 \times 10^3$ MJ/m$^2$，相当于 $2.4 \times 10^4$ 亿吨标准煤的储量。根据国家气象局风能太阳能评估中心划分标准，我国太阳能资源地区分为以下 4 类：（1）资源丰富带。资源丰富带全年辐射量在 6700~8370MJ/m$^2$，相当于 230kg 标准煤燃烧所发出的热量，主要包括青藏高原、甘肃北部、宁夏北部、新疆南部、河北西北部、山西北部、内蒙古南部、宁夏南部、甘肃中部、青海东部、西藏东南部等地。（2）资源较富带。资源较富带全年辐射量在 5400~6700MJ/m$^2$，相当于 180~230kg标准煤燃烧所发出的热量，主要包括山东、河南、河北东南部、山西南部、新疆北部、吉林、辽宁、云南、陕西北部、甘肃东南部、广东南部、福建南部、江苏中北部和安徽北部等地。（3）资源一般带。资源一般带全年辐射量在 4300~5400MJ/m$^2$，相当于 140~180kg标准煤燃烧所发出的热量，主要是长江中下游、福建、浙江和广东的一部分地区，春夏多阴雨，秋冬季太阳能资源还可以。（4）资源最少带。资源最少带全年辐射量在 $4300MJ/m^2$ 以下，主要包括四川、贵州两省。此区是我国太阳能资源最少的地区。

我国的太阳能资源分布主要有以下特点：（1）太阳能的高值中心和低值中心都处在北纬 $22°\sim35°$，青藏高原处于高值中心，四川盆地处在南北两股冷暖气流交汇处，雨水天气多，形成了太阳能资源的低值中心。（2）在北纬 $30°\sim40°$ 之间，太阳能资源会随纬度增加而增加。（3）在北纬 $40°$ 以上，太阳能资源自东向西会逐渐增加。（4）新疆地区太阳能资源的分布特征是由东南向西北逐渐减少。（5）台湾地区太阳能资源由东北向西南逐渐增加，海南岛地区的太阳能资源分布特点和台湾地区基本相当。

### 8.3.2 光伏发电

对太阳能的利用主要有太阳能热的利用和太阳能光伏发电两方面，如太阳能热水器、太阳热发电、太阳房、太阳灶、采暖、空调、太阳能干燥、海水淡化、工业用热以及为偏远地区供电等。限于篇幅，以下仅对太阳能光伏发电予以简介。

#### 8.3.2.1 原理

所谓太阳能光伏发电就是指利用太阳能电池的"光生伏打效应"（photovoltaic effect），直接将太阳辐射（直接辐射、散射辐射、反射辐射等）能转化为电能的发电形式。所谓光生伏打效应就是当物体受光照时，物体内的电荷分布状态发生变化而产生电动势和电流的一种效应。例如，半导体 PN 节器件在太阳光照射下，光电转换效率最高，通常把这类光伏器件称为太阳能电池（solar cell）。太阳能电池的具体发电原理请参考相关书籍。

太阳能光伏系统由太阳能电池组件、充放电控制器、逆变器、监测仪表、蓄电池或其他蓄能和辅助发电设备组成（如图8-6所示）。光伏发电系统的核心部件是太阳能电池组件，它将太阳的光能直接转化为电能。控制器的作用是对于光伏发电系统的过程控制、蓄电池用来储存光伏电池的电力。太阳能电池产生的电流为直流电，可以直接以直流电的形式应用，也可以用逆变器将其转换成为交流电加以应用。从另一个角度来看，对于光伏系统产生的电能可以即发即用。

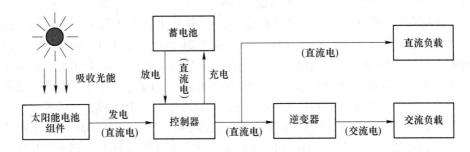

图 8-6 光伏发电系统基本构成图

根据其应用场合的不同，太阳能光伏发电系统可以分为离网光伏发电系统、并网光伏发电系统和混合系统3类。离网光伏发电系统广泛建立于距离电网较远的偏远山区、无电区、海岛、荒漠地带等，向独立的区域用户供电。并网光伏发电系统是将用户光伏系统和电网相连的光伏发电系统，这种方式具有对电网调峰、减少建设投入、灵活性强等优点，逐渐成为太阳能光伏发电技术发展的主流趋势，但是存在"孤岛效应"，并网系统的逆变器必须对电网进行监控，一旦发生停电，能迅速停止向电网供电。混合系统具有很强的适应性，可以综合利用各种发电方式的优点，避免各自的缺点，达到对太阳能的充分利用，有较高的系统实用性，但也有其自身的缺点，如控制比较复杂、比独立系统需要更多的维护等。

### 8.3.2.2 特性

太阳能光伏发电具有以下优点：（1）根据太阳产生的核能计算，太阳还要照耀地球600多亿年，可以说太阳能资源取之不尽，用之不竭。（2）绿色环保。光伏发电本身不需要燃料，没有 $CO_2$ 的排放，不污染空气，不产生噪声。（3）应用范围广。只要有光照的地方就可以使用光伏发电系统，它不受地域、海拔等因素限制。（4）无机械转动部件，操作、维护简单，运行稳定可靠。一套光伏发电系统只要有太阳，电池组件就会发电，加之现在均采用自动控制技术，基本不用人工操作。（5）使用寿命长。晶体硅太阳能电池寿命可长达 20~35 年。在光伏发电系统中，只要设计合理、选型适当，蓄电池的寿命也可长达 10 年。（6）太阳能电池组件结构简单，体积小且轻，便于运输和安装，光伏发电系统建设周期短。（7）系统组合容易。若干太阳能电池组件和蓄电池单体组合成为系统的太阳能电池方阵和蓄电池组，逆变器、控制器也可以集成。所以，光伏发电系统可大可小，极易组合、扩容。

太阳能光伏发电虽然具有上述的诸多优点，但也有缺点：首先，地理分布、季节变化、昼夜交替会严重影响其发电量，当没有太阳的时候就不能发电或者发电量很小，这就会影响用电设备的正常使用；其次，能量的密度低，当大规模使用的时候，占用的面积会比较大，而且会受到太阳辐射强度的影响；再次，建立太阳光伏发电系统的成本比较高，使得初始投资高，严重制约了其广泛应用。

### 8.3.2.3 现状及趋势

随着太阳能光伏发电技术的不断更新和进步，太阳能光伏发电已经成为当今世界发展最迅速的高新科技产业之一，其中日本、德国、英国、美国和西班牙等发达国家发展迅速，保持着世界领先地位。根据世界能源署光伏电力系统项目（IEA-PVPS）的研究和预测，到 2020 年，太阳能光伏发电占世界总发电量的 1%，日本装机容量达 30GW（百万千瓦），欧盟 15GW，美国 15GW，其他国家 10GW。

中国光伏发电产业于 20 世纪 70 年代起步，90 年代中期进入稳步发展时期。太阳电池及组件产量逐年稳步增加。经过多年努力，进入 21 世纪后迎来了快速发展的新阶段。在"光明工程"先导项目和"送电到乡"工程（采用光伏发电，解决无电乡农牧民用电问题）等国家项目及世界光伏发电市场的有力拉动下，我国光伏发电产业迅猛发展。到2007 年年底，全国光伏系统的累计装机容量达到 10 万千瓦（100MW），从事太阳能电池生产的企业达到 50 余家，太阳能电池生产能力达到 290 万千瓦（2900MW），太阳能电池年产量达到 1188MW，超过日本和欧洲，并已初步建立起从原材料生产到光伏系统建设等由多个环节组成的完整产业链，特别是多晶硅材料生产取得了重大进展，突破了年产千吨大关，冲破了太阳能电池原材料生产的瓶颈制约，为我国光伏发电的规模化发展奠定了基础。2012 年中国光伏发电容量已经达到了 7983MW，主要分布在我国的西北部地区，19个省共核准了 484 个大型并网光伏发电项目，总容量为 11544MW，2012 年共计 98 个并网发电站，主要集中在宁夏、青海、甘肃 3 个省。2013 年上半年，中国光伏发电累计容量已经达到 10.77GW，中大型光伏电站占 5.49GW，分布式光伏发电系统为 5.28GW。截至

2015 年 6 月底，全国光伏发电装机容量达到 35.78GW。

　　太阳能光伏发电在不远的将来会占据世界能源消费的重要席位，不但要替代部分常规能源，而且将成为世界能源供应的主体。预计到 2030 年，可再生能源在总能源结构中将占到 30% 以上，而太阳能光伏发电在世界总电力供应中的占比也将达到 10% 以上；到 2040 年，可再生能源将占总能耗的 50% 以上，太阳能光伏发电将占总电力的 20% 以上；到 21 世纪末，可再生能源在能源结构中将占到 80% 以上，太阳能发电将占到 60% 以上。这些数字足以显示出太阳能光伏产业的发展前景及其在能源领域重要的战略地位。

　　根据《可再生能源中长期发展规划》，到 2020 年，我国力争使太阳能发电装机容量达到 1.8GW，到 2050 年将达到 600GW。预计，到 2050 年，中国可再生能源的电力装机将占全国电力装机的 25%，其中光伏发电装机将占到 5%。未来十几年，我国太阳能装机容量的复合增长率将高达 25% 以上。

**知识专栏**

# 天然气水合物（可燃冰）

　　天然气水合物，又称为固态甲烷，由天然气与水组成，呈固态，外貌极像冰雪或固体酒精，点火即可燃烧，因此被称为可燃冰、气冰、固体瓦斯等。人工生成的水合物颜色较白，类似雪泥样，自然生成的水合物因地质条件、形成的差别而呈红、橙、黄、灰、蓝、白等颜色，且堆积成硬块状。天然气水合物的结晶骨架主要由水分子构成，在不同的低温高压条件下，水分子结晶形成不同类型多面体的笼形结构，其分子式为 $M \cdot nH_2O$（M 表示水合物中的甲烷气体分子，$n$ 表示水和指数），其结构如图 8-7 所示。

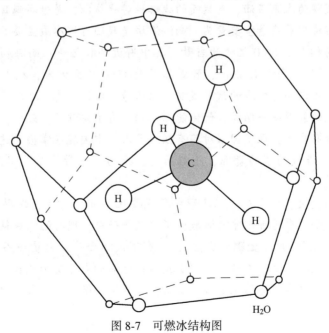

图 8-7　可燃冰结构图

和人们熟悉的海底石油、海底天然气田相比，可燃冰是标准的"高潜力"能源。首先，可燃冰燃烧值高，$1m^3$ 的可燃冰分解后可释放出约 $0.8m^3$ 的水和 $164m^3$ 的天然气，燃烧产生的能量明显高于煤炭、石油，燃烧污染却又比煤、石油小，是一种新型绿色清洁能源。其次，可燃冰资源储量丰富，可燃冰广泛分布于全球大洋海域以及陆地冻土层和极地下面（满足温度在零下 40℃、压力大于 10132.5kPa 等环境条件的区域），估算其资源量相当于全球已探明传统化石燃料碳总量的两倍多。

人类对可燃冰的认识完全是从一次偶然开始的。早在 20 世纪 30 年代，苏联在铺设一条通往欧洲国家的天然气管道时，发现经常有管道堵塞的现象，剖开后才知道是一种酷似冰样的物质堵住了管道。进一步研究还发现，它是天然气在输送过程中，与水汽结合形成的水合物，有很强的燃烧力，故称为"可燃冰"。后来科学家们意识到这种物质在自然界中存在的可能性，便萌发了寻找它的冲动。20 世纪 70 年代，科学家们先后在世界各地的海洋和陆地的冻土层中找到了可燃冰，并且推算出它的储量相当于全球石油、天然气和煤炭总量的两倍以上，一旦开发利用，将使人类的燃料使用时间延长数百年。因此，在石油资源日趋枯竭的今天，开发利用可燃冰的意义将不言而喻。

1999 年我国开始了南海和陆地冻土区的可燃冰调查工作，2007 年我国在南海神狐海域钻获可燃冰，这使得我国成为继美国、日本、印度之后，第四个通过国家级研发计划在海底钻获可燃冰的国家。2015 年，我国科技工作者在神狐海域准确定位了两个可燃冰矿体。2016 年，地质调查工作人员围绕试采在神狐海域开展钻探站位 8 个，全部发现可燃冰。2017 年 5 月 10 日 9 时 20 分，神狐海域可燃冰试采开始，5 小时 32 分钟后，试采点火成功。截至 18 日，经试气点火，试采已连续产气超过一周，最高产量 3.5 万立方米每天，平均日产超 1.6 万立方米，累计产气 12 万立方米，天然气产量稳定，甲烷含量最高达 99.5%，完成预定目标，试采取得圆满成功。

可燃冰被各国视为未来石油、天然气的战略性替代能源，是世界瞩目的战略资源，对我国能源安全及经济发展有着重要意义。南海海域是我国可燃冰最主要的分布区，全国可燃冰资源储存量约相当于 1000 亿吨油当量，其中有近 800 亿吨在南海。勘探显示，南海神狐海域有 11 个矿体、面积 $128km^2$，资源储存量 1500 亿立方米，相当于 1.5 亿吨石油储量。我国首次实现海域可燃冰的试采成功，意味着这些储量都有望转化成可利用的宝贵能源，对我国未来的能源安全保障、优化能源结构具有重要意义。此外，可燃冰在海上丝绸之路沿线国家分布广泛，很多国家对其有强烈需求。中国现在掌握了这一技术，有利于解决"一带一路"沿线国家的资源、能源问题，推动"一带一路"沿线的经济发展和融合。

虽然可燃冰储量大、分布广，但其形成年代要比石油、天然气晚得多，开采工程复杂，难度较大。例如，覆盖可燃冰的海底地层普遍是砂质，现有的海底钻井设备开采它就好比在"豆腐上打铁"、用"金刚钻绣花"，稍有不慎就会导致大量砂石涌进管道，造成开采失败。我国可燃冰的试采成功，打破了我国在能源勘查开发领域长期跟跑的局面，取得了理论、技术、工程和装备的完全自主创新，实现了在这一领域由跟跑到领跑的历史性跨越。

## 思 考 题

8-1 什么是能源？能源如何分类？为什么说能源是维系现代工业社会正常运转的基础？

8-2 什么是新能源？新能源与"可再生能源""替代能源""清洁能源""核能"等有何区别和联系？

8-3 能源革命指的是什么？世界三次能源革命大概发生于哪一时期？都产生了哪些变革？新一轮能源革命又将发生哪些变化？

8-4 我国能源面临着哪些问题？提出你的解决措施建议。

8-5 与其他能源相比，核能利用存在哪些优势和劣势？如何处理核电站产生的固体废物？

8-6 为防止高强度辐射物质外泄，核电站反应堆设有哪三道重要安全屏障？

8-7 试列举几个典型的核电事故，简述其发生过程及危害，论述未来应加强实施的核电安全措施。

8-8 目前应用核裂变原理进行发电的技术较为成熟，为什么核能仍被认为是新能源？

8-9 与其他能源相比，太阳能有何特点？我国太阳能资源分布的特点是什么？查阅相关资料，分析我国太阳能利用的现状及前景。

8-10 简述太阳能光伏发电的原理、特性及未来发展趋势。

# 9 感 觉 公 害

**本章要点**

（1）人的一切感觉与对应刺激物理量强度的常用对数成正比，这一规律增加了感觉公害的治理难度。

（2）恶臭和噪声是典型的感觉公害，应认清其来源、危害，掌握其测评及防治方法。

感觉公害（全称"感觉性公害"）主要指能给人们感官上带来不愉快感觉的环境污染，如恶臭、噪音、光污染等。过大的噪音除了会损伤听觉外，还会使人精神无法集中、影响睡眠、造成精神紧张等。感觉公害最终甚至会影响身体健康、使人患病。感觉公害与大气污染、水污染等一般环境污染相比，有其自身的特点及治理上的难点。首先，这种不愉快的感觉因人而异。香烟的烟雾气味对吸烟者而言可能大受欢迎，而对于讨厌香烟者而言则可能是恶臭；摇滚音乐会上发出的巨大音响可能会给场内观众带来快感，而对于场外因噪声过大而无法入睡的群众而言则一定是噪音。此外，人们对感觉公害的感觉反应并非与其物理刺激强度成正比，这使感觉公害的治理更加复杂化。

本章首先介绍韦伯-费希纳定律，指出感觉公害治理的难点所在；其次介绍恶臭的危害、测评及防治方法；最后讨论噪声的计量、危害及防治方法。

## 9.1 韦伯-费希纳定律

在日常生活中人们会有这样的体会：如果一只铃在响，再增加一只，对我们造成的印象比 10 只响铃增加一只要强烈得多；假如 4~5 支蜡烛正在发光，再点亮一支只能造成微乎其微的差别，若原来只点着 2 支蜡烛，那它所造成的影响就相当大。再如，将 40W 的电灯泡换成 60W，人们会感到亮度明显增加，但若将 300W 的灯泡换为 320W，虽然从实际功率上也是增加了 20W，但人们会感到亮度增加得比较微弱。可见，电灯泡的功率和人对电灯泡亮度的感觉并非成线性关系。尽管电灯的功率可以确切测定，但人对亮度的感觉却无法确切测量，而仅是形成一个感觉上的模糊概念。

事实上，在人与客观世界构成的复杂系统中，外界给人以某种刺激的真实强度一般是一精确概念，而且可以确切度量，但人对客观外界的反应程度一般是一模糊概念，且往往无法确切度量。为了比较科学地表达客观外界刺激强度（精确概念）与人对这种刺激而表现出的反应程度（模糊概念）之间的关系，早在 19 世纪，德国心理学家 Fechner 在他的表兄和老师 Weber 工作的基础上提出了一种重要的法则：Weber-Fechner 法则（也称"韦伯-费希纳定律"）。这个法则指出，人的一切感觉，包括视觉、听觉、肤觉（含痛、痒、触、温度）、味觉、嗅觉、电击觉等，不是与对应物理量的强度成正比，而是与对应物理量强度的常用对数成正比，该法则较为恰当地刻画了客观外界刺激强度与人对该刺激反应程度之间的关系。例如，当某种外界刺激的物理量（$C$）由 $C_0$ 变为 $C$ 时，人所感觉到的该刺激强度变化的 $I$ 曲线如图 9-1 所示。需要注意的是，图中横坐标数值并非等间隔。横坐标每增加等距的一格时，$C/C_0$ 增加 10 倍，即横坐标为对数坐标，$I$ 与 $C/C_0$ 的对数成正比（直线关系）。

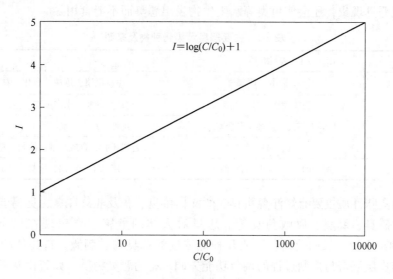

图 9-1 韦伯-费希纳定律举例

对于恶臭，$C$ 为产生恶臭的气体物质在大气中的浓度；对于噪声，$C$ 为声压的能量值。图 9-1 中作为简单举例所给出的情况是：当 $C/C_0 = 1$ 时 $I = 1$，$C/C_0$ 每增加 10 倍时，$I$ 增加 1 个单位。实际上，当外界刺激的种类不同时，这两种数据（即直线的截距和斜率）都会相应发生变化，但是，$I$ 与 $C/C_0$ 的对数成正比是无可怀疑的。或者说，当刺激强度按几何级数增大时，感觉的大小仅以算术级数增大，刺激强度越大时，人的差别感受性越迟钝。

对感觉公害实施治理时，需要消减的是物理量 $C$ 的刺激强度（即 $C/C_0$），而引起人们不快感觉的是差别感受性 $I$。由于 $I$ 与 $C/C_0$ 的对数成正比，使感觉公害治理的难度增加。例如，在图 9-1 中若物理量 $C/C_0$ 的强度由 1000 减小到 100（减小到 1/10），人对刺激的感觉由 4 下降到 3（仅下降一个单位）；若要从 3 继续下降到 2（再下降一个单位），则必须将刺激强度再次减小到 1/10（从最初看起，必须下降到 1/100），即如果需要将感受性强度降低 2 个单位才能消除人们的不快感觉，则必须将恶臭浓度、噪声能量等降低到原来的 1/100 以下才行。

# 9.2 恶 臭

## 9.2.1 恶臭及恶臭污染物

一切刺激嗅觉器官引起人们不愉快感觉及损害生活环境的气味统称为恶臭。恶臭污染是大气、水、固体废弃物等物质中的异味通过空气介质，作用于人的嗅觉器官而被感知的一种感觉（嗅觉）污染。恶臭已经成为当今世界七种典型公害之一（大气污染、水质污染、土壤污染、噪声污染、振动、地面下沉、恶臭），危害着人们的身体健康和生活的安宁与舒适。通常将能够散发恶臭气味的物质统称为恶臭污染物（通常也称为恶臭物质或恶臭气体），主要恶臭污染物种类及来源如表9-1所示。迄今为止，凭人嗅觉感知的恶臭污染物有4000多种。恶臭污染物一般在大气中扩散，有些会随废水、废渣排入水体，不仅使水出现恶臭现象，还会使鱼类等水生生物发出恶臭而不能食用。

**表9-1　主要恶臭污染物种类及来源**

| 物质类型 | 代 表 物 质 | 主 要 来 源 |
| --- | --- | --- |
| 含硫化合物 | $H_2S$、硫醇、硫醚 | 牛皮纸浆、炼油、石化、农药 |
| 含氮化合物 | 胺类、酰胺、吲哚类 | 皮革、骨胶、水产加工、生活污水 |
| 烃类 | 烷烃、烯烃、炔烃、芳香烃 | 炼油、炼焦、油漆、油墨、印刷 |
| 卤素及衍生物 | 氯气、卤代烃 | 合成树脂、合成纤维、涂料、粘合剂 |
| 含氧有机物 | 醇、酚、醛、酮、有机酸 | 石油化工、油脂加工、溶剂、涂料、合成树脂、粘合剂 |

恶臭的臭味性质主要有烂洋葱头臭、烂洋白菜臭、蒜及韭菜样臭、臭鸡蛋样臭、刺激性臭、不快感臭、粪臭、腐败鱼臭等。恶臭对人体的危害主要表现在以下几个方面：（1）危害神经系统。长期受到一种或几种低浓度的恶臭物质刺激，首先使嗅觉脱失，继而导致大脑皮层兴奋与抑制过程的调节功能失调。有的恶臭物质，如硫化氢不仅有异臭作用，同时也对神经系统产生毒作用。（2）危害呼吸系统。当人们嗅到臭气时，会反射性地抑制吸气，妨碍正常呼吸功能。（3）危害循环系统。例如氨等刺激性臭气，会使血压出现先下降后上升，脉搏先减慢后加快的变化。硫化氢还能阻碍氧的输送，而造成体内缺氧。（4）危害消化系统。经常接触恶臭物质，使人食欲不振与恶心，进而发展成为消化功能减退。（5）其他危害。恶臭会使内分泌系统的分泌功能紊乱，进而影响机体的代谢活动。氨和醛类对眼睛有刺激作用，常引起流泪、疼痛、结膜炎、角膜浮肿。长期受到恶臭的持续作用会使人烦躁、忧郁、失眠、注意力不集中、记忆减退，从而使学习和工作效率降低。

目前，恶臭污染物排放日益呈现出普遍性和复杂性，尤其在城市的居住工业混合区这种矛盾更加突出。垃圾中转站、填埋场、堆肥厂、含焚烧厂的综合处理场及污水厂污泥处理设施等均是城市恶臭的重要污染源，屡遭公众投诉甚至造成公众事件。可见，恶臭作为世界公认的七大环境公害之一，既是环境问题，也是社会问题。据不完全统计，美国、日本、澳大利亚等发达国家的环境投诉中恶臭投诉比例均高于50%，我国近年来恶臭污染扰民事件也有增多趋势，其数量仅次于噪声，居第二位。我国环境保护部公布的2013年4月环保举报热线受理的举报有149件，其中涉及恶臭的大气污染投诉数量占总数的44.2%。因此，恶臭污染的监测与评估、恶臭物质的识别、恶臭污染物的筛选与管理等已成为国内外恶臭相关研究的重点。

## 9.2.2　恶臭的测定与评价

恶臭的测定方法主要有两种，一种是以测定恶臭成分的仪器分析方法，另一种是根据人的嗅觉对恶臭气体的嗅觉响应而建立的感官测定法。

（1）仪器分析法。仪器分析法主要是应用精密仪器（气相色谱和色质联用等分析仪器）来测定单一的恶臭物质，如有机酸、醛、胺、酮、酯、硫化氢、甲苯、苯乙烯等。由于多采用精密仪器进行分析，所以一般分析费用较高、分析时间较长。我国于 1993 年颁布了《恶臭污染物排放标准》（GB 14554—1993），规定了 8 种主要恶臭物质（即氨、三甲胺、硫化氢、甲硫醇、甲硫醚、二甲二硫、二硫化碳、苯乙烯）的仪器测定方法。仪器分析法分析速度快，可同时测定几种物质，但是由于恶臭物质本身的特殊性和复杂性，仪器测定法存在以下局限性：1）定性困难。在气体混合物中，恶臭物质仅仅占有 $1\% \sim 2\%$，很难确定臭气物质种类。2）定量困难。恶臭物质的浓度通常都较低，有些臭气物质的最低浓度甚至为 $10^{-12}g/L$ 的水平，正常情况下不可能得到这些臭气物质的气体标准样品。另外，一些化学组分即使浓度极低（小于 $10^{-9}g/L$ 甚至小于 $10^{-12}g/L$），也可发出很强的气味，这远远超出了仪器本身的灵敏度范围，导致分析结果不准确。仪器分析方法的最大缺点是只能鉴别出化学浓度，而无法给出可被人感知的恶臭强度，并且无法与环境标准相联系。

（2）感官测定法。感官测定法主要是通过人的嗅觉器官对恶臭物质的感知来进行恶臭评价和测定的方法，目前我国所使用的方法为三点比较式臭袋法（参见 GB/T 14675—1993）。采用三点比较式臭袋法测定恶臭气体浓度时，先将 3 只无臭袋中的 2 只充入无臭空气、另一只则按一定稀释比例充入无臭空气和被测恶臭气体样品供嗅辨员嗅辨（经专门考试挑选和培训，其嗅觉合格者作为本标准方法测定需要的嗅辨员），当嗅辨员正确识别有臭气袋后，再逐级进行稀释、嗅辨，直至稀释样品的臭气浓度低于嗅辨员的嗅阈值时停止实验（针对某种恶臭物质，能够引起嗅觉的最小物质浓度称为嗅阈值，odor threshold value）。每个样品由若干名嗅辨员同时测定，最后根据嗅辨员的个人阈值和嗅辨小组成员的平均阈值，求得臭气浓度（指稀释倍数，详见下段）。感官测定法是根据嗅辨员的经验和记忆来描述的，特别不适于低浓度和有毒物质的检测，从而限制了它的应用；而且这种测定方法由于取样后立即需要大量的测嗅人员，所以与其他的测定方法相比更加昂贵。感官测定法是一种必不可少的手段，该方法可以单独使用，也可以跟仪器分析方法配套使用。

需要指出的是，臭气浓度与恶臭物质的浓度不同。前者是采用稀释倍数的方法来表征恶臭污染对人的嗅觉刺激程度，它是指用清洁空气稀释恶臭样品直至样品无味时所需的稀释倍数；而恶臭物质浓度是表征单位体积空气中恶臭物质质量的物理量。此外，恶臭气体在未经稀释时对人体嗅觉器官的刺激程度称为臭气强度。我国一般采用六级强度测试法，表示数字为 $0 \sim 5$，其中 0 级为无臭，臭气越浓烈，数字越大，如表 9-2 所示。

表 9-2 臭气强度的分级（六级臭气强度法）

| 臭气强度 | 分级内容 |
| --- | --- |
| 0 | 无臭 |
| 1 | 非常弱气味，勉强能感觉到（可感知阈值） |
| 2 | 很弱气味，能辨别其性质（可认知阈值） |
| 2.5 | 可轻松认知值（一般标准） |
| 3 | 可轻松认知值（一般标准） |
| 3.5 | |

| 臭气强度 | 分级内容 |
|---|---|
| 4 | 强烈气味 |
| 5 | 无法忍受的极强气味 |

恶臭污染的发生过程一般包括臭气发生过程、大气扩散过程、感觉意识过程三部分。其中，恶臭发生过程的主要影响因素为不同发生源恶臭产生的工艺、烟源特性、排气条件等；产生的恶臭物质对应不同的气象条件、地形条件在大气中扩散；在感觉意识过程中人的身体状况、心理状态、对恶臭的关心程度、环境意识的不同等为主要影响因素。恶臭污染评价的目的就是要针对这三个过程，对可能造成的恶臭污染加以分析，并提出切实可行的措施，以保证人们有一个良好的空气环境。

目前恶臭污染的评价方法主要以臭气浓度、臭气强度、恶臭物质浓度的测定为基础，各国的恶臭污染相关控制标准中规定了臭气浓度、恶臭物质排放限值等指标。我国的《恶臭污染物排放标准》（GB 14554—93）规定了8种恶臭污染物的一次最大排放速率限值、臭气浓度限值及无组织排放源的厂界浓度限值。此外，另有《炼焦化学工业污染物排放标准》（GB 16171—2012）、《橡胶制品工业污染物排放标准》（GB 27632—2011）、《城镇污水处理厂污染物排放标准》（GB 18918—2002）等标准对特定行业的恶臭排放也做出了规定。

美国政府没有制订统一的恶臭法规标准，由各州制订相应的管理方法；英国环保署于2003年颁布了《H4–恶臭管理导则》和《恶臭标准指导》，对排放源的恶臭浓度进行了规定，为恶臭污染的评价提供了依据；日本和韩国的《恶臭防止法》均规定了厂界臭气浓度限值和22种恶臭污染物的排放限值。不同国家控制的恶臭污染物种类不尽相同，我国与日本、韩国较为类似，美国具体控制的污染物种类较少，而英国缺少具体控制的污染物。

### 9.2.3　恶臭污染防治方法

目前恶臭物质的处理方法可以简要概括为物理法、化学法、生物法以及联合法等。处理这些恶臭应根据不同物质的性质、浓度、处理量及来源等因素决定采用相应的处理方法，如吸附法、光催化氧化法、生物法、植物提取液法等。

（1）活性炭吸附法。活性炭吸附法是一种动力消耗较小的脱臭方法，主要用来处理低浓度的恶臭气体。活性炭吸附过程可分为物理性吸附和浸渍性吸附。乙醛、吲哚、3-甲基吲哚等沸点高于40℃的恶臭组分通常由物理性吸附去除，对$H_2S$和甲硫醇等沸点低的恶臭气体则采用浸渍碱（NaOH、氨气）的方法来去除。在吸附塔内设置吸附酸性、碱性和中性物质的活性炭可以达到去除多种成分恶臭气体的目的。

（2）光催化氧化法。光催化氧化法的技术机理是光催化剂（如$TiO_2$）在紫外线的照射下被激活，吸收光能并将其转化为化学能，使$H_2O$生成OH自由基，然后OH自由基将有机污染物氧化成无臭、无害的产物（如$CO_2$和$H_2O$）。国外一些学者采用$TiO_2$对苯、乙苯、邻二甲苯、间二甲苯、对二甲苯5种污染物在空气湿度范围内进行光催化氧化，其降解率接近100%。除了使用$TiO_2$作为光催化剂之外，还可以在其中添加金属氧化物以提高对臭气的净化率。

（3）生物法。生物脱臭法是利用微生物的代谢，将废气中的有害物质进行降解或转化为无害或低害类无臭物，从而达到净化气体的目的。该法最早起源于德国和日本，是开发处理恶臭气体的一种新方法，可适用于水溶性恶臭物质的处理。由于该方法具有运行成本低、脱臭效率高、不会造成二次污染等优点，得到了人们的广泛关注，并成为世界工业废气净化的前沿热点之一。目前生物法处理废气主要应用于黏合剂生产、化工贮存、涂料工业、堆肥、食品加工等，现阶段的主要工艺有生物过滤法、生物洗涤法以及生物滴滤池法等。

（4）植物提取液法。天然植物提取液是多种天然植物根、茎、叶、花的提取液混合复配而成，其中的有效分子含有共轭双键等活性基团，可与酸性、碱性和中性的恶臭物质发生化学及生物物理反应，使异味分子迅速分解成无毒、无味的分子来达到除臭的目的。天然提取液喷雾液滴具有很大的比表面积和表面能，可以有效地吸附异味分子，改变异味分子的立体构型、削弱化合键，使异味分子变得不稳定，更易与其他分子发生化学反应。在常温下，提取液可与异味分子发生酸碱反应、催化氧化反应、路易斯酸碱反应和氧化还原反应。该方法适用于较分散的臭气发生源且臭气量不大，或者是局部的、短时间的、突发的排放，较难捕集或收集的情况。目前这种方法主要用于固废、污水收集与处理，对甲硫醇和甲硫醚的处理效果达到80%以上。

（5）燃烧法。燃烧法主要有热力燃烧法和催化燃烧法。热力燃烧是将臭气和油或燃料气混合后在高温下完全燃烧，以达到脱臭的目的。催化燃烧是将臭气和燃料气混合后在催化剂的作用下于一定温度下燃烧而达到脱臭目的，该方法适用于工业有组织排放源、高浓度恶臭物质。燃烧法的净化效率高，恶臭物质可被彻底氧化分解，缺点是易产生二氧化硫、氮氧化物等二次污染物。

（6）联合法。以上介绍的5种方法的原理及特点比较如表9-3所示。这些方法在其适用范围内有一定的优点，对单一恶臭都有明显的处理效果，但是对于成分复杂的恶臭气体，处理难度增大，对净化系统的要求也高，因此多数情况下需采用多级净化法来处理，即联合法。常用的联合法处理恶臭气体有吸附—氧化法、生物—吸附法、生物—化学法等。

表 9-3　5 种方法的原理及特点比较

| 除臭方法 | 原　理 | 适用范围 | 特　点 |
|---|---|---|---|
| 活性炭吸附法 | 利用活性炭将恶臭物质由气相转为固相 | 浓度低、净化要求高并且溶于水的恶臭气体 | 净化效率高同时对恶臭气体的要求也高 |
| 光催化氧化法 | 利用 OH 自由基将恶臭氧化成无臭、无害的产物 | 小气量、低浓度有机废气 | 催化剂不消耗，易产生二次污染 |
| 生物法 | 利用微生物降解恶臭物质 | 大气量、低浓度的水溶性恶臭物质 | 去除效率高、成本低，不易产生二次污染 |
| 植物提取液法 | 利用植物提取液分解恶臭物质 | 适用于固废、污水处理产生的恶臭 | 处理分散的恶臭发生源 |
| 燃烧法 | 通过强氧化反应将臭气物质燃烧分解 | 高浓度、小气量、有组织排放的工业源 | 原料消耗多，需催化剂，有时会造成二次污染 |

# 9.3 噪 声

## 9.3.1 噪声计量及标准

### 9.3.1.1 噪声计量

A 声压级

声音是弹性介质（如空气、水等）的质点振动所形成的波（声波），当振动声源通过弹性介质将这种波传播到人的听觉器官上时所引起的具体感受就是声音。在20℃标准大气压下，声音在空气中的传播速度约为344m/s，在水中的传播速度约为1450m/s，在钢铁中的传播速度约为5000m/s。

声波在空气中传播时，声场（声波在传播中所涉及的介质区域）中的空气分子在其平衡位置沿着声波前进的方向发生前后振动（即声波为纵波），引起声场中各点介质压缩或伸张。介质中某点没有振动时的静压强与声波传来时同一点处的压强之差，称为该点处的声压。声压有正有负，国际单位为Pa（即N/m²）。图9-2所示为音叉在传播声音过程中，某一瞬间空间上各点的声压示意图，较密的地方空气压力$p(t)$大于平衡压力$p_c$，较疏的地方空气压力小于平衡压力$p_c$，因此声压$p$可表示为$p = p(t) - p_c$。

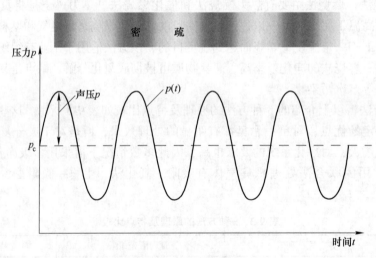

图 9-2 声压示意图

一般声学仪器测量出的声压既不是某一瞬时的声压，也不是它的最大值（幅值），而是有效值。所谓有效值就是均方值（root mean value，RMS），声压的强弱是由声压的有效值决定的。声压的有效值可简称为声压，在这种定义下，声压不会是负的，全部是正值。声压越大，人耳朵中鼓膜受到的压力越大，表明声音越强。

声场中各质点在1s内的振动数（压缩或伸张的疏密交替重复个数）称为振动频率，单位为Hz。引起听觉的声波频率范围约为20~20000Hz，但上述范围内的任一频率的声波，必须在它的声压超过最小值时，才能引起听觉，这个最小值叫做听阈压。不同频率的声波，各有不同的听阈压，但人耳对1000~4000Hz的频率最敏感，1000Hz声波的听阈压

值仅为 $2 \times 10^{-5}\text{Pa}$。当声压超过某一最大值时就可引起痛觉，这一最大值称为痛阈压，各频率的痛阈压值相差不大，约为 20Pa。人们正常说话时，离开嘴唇 0.5m 处的声压约为 0.1Pa，它只相当于正常大气压的百万分之一（1 大气压约等于 $1\times10^5\text{Pa}$），可见人的耳朵是多么敏感。

从听阈到痛阈，声压的绝对值相差 100 万（$10^6$）倍，因此用声压的巨大绝对值来表示声音的强弱是很不方便的。其实，人耳是不能把 $10^6$ 个等级的声压差异精确地分辨出来的。生理学的研究结果表明，人耳对两个不同声强的声音感觉近似地与两个声强比的对数成正比（韦伯-费希纳定律），于是便采用对数量来表示声音的大小，其结果称为"级"，单位为分贝（dB），它是作为相对比较大小的无量纲单位。这样，我们常说"多少级为多少 dB"。例如，利用声压来表达声音强弱时实际使用的并非声压本身，而是声压级。对应声压 $p$ 的声压级 $L_\text{p}$ 的数学表达式为

$$L_\text{p} = 10\lg\frac{p^2}{p_0^2} = 20\lg\frac{p}{p_0} \tag{9-1}$$

式中，$p_0$ 为基准声压，即 1000Hz 纯音的听阈压值，为 $2 \times 10^{-5}\text{Pa}$。

按上式计算可知，听阈和痛阈的声压级分别为 0dB 和 120dB。可见，利用声压级的概念，就可把声压上百万倍的变化范围简化为 0~120dB 的变化范围，声压值每增大 10 倍，只相当于声压级增加 20dB，甚为方便。

关于声压的单位分贝（dB），不得不提美国发明家亚历山大·格拉汉姆·贝尔（Alexander Graham Bell，1847~1922）。19 世纪初，贝尔发明了电话（关于电话的发明者目前尚存争议），在测量电话信号的过程中，他使用了一个度量单位，称为贝尔或简称为贝（B）。贝尔是两个功率的对数比。例如，当信号通过一个放大器时，信号输入功率是 1W，输出功率是 2W，则贝尔数值就等于 $\lg(2\text{w}/1\text{w}) = 0.30103$。在实际使用中贝尔的单位太大、过于粗略，故为测量方便常常使用 1/10 B 作为单位，此单位称为分贝（decibel 或 dB，英文词头 deci 表示 1/10 之意），即 1B 等于 10dB。在声学领域中，分贝的定义是声源功率与基准声功率比值的对数乘以 10 的数值（若不乘以 10，则其单位就变成贝尔了），其意义与式（9-1）相同，可用于描述声音的强弱。

声波作为一种波动的形式，当然具有一定的能量，可参照上式用能量的大小来表示声音强弱（声学中称为声强及声功率）。设对应听阈的声波能量为 $E_0$，则声压级与其对应声波能量的关系如表 9-4 所示。

表 9-4　声压级与声压能量的关系

| 声压级 $L_\text{p}$/dB | 声压能量/W · m$^{-2}$ |
|---|---|
| 0 | $E_0$ |
| 10 | $10E_0$ |
| 20 | $100E_0$ |
| 30 | $1000E_0$ |
| 40 | $10000E_0$ |

由表 9-4 可知，当到达人耳的声压能量每增加 10 倍时，声压级（人可以感知的声波

强度）按照 10dB 的步伐递增。例如，设繁华街道中的噪音为 70dB，地铁车厢内的噪音为 80dB，二者的差值仅为 10dB，但后者的能量却是前者的 10 倍。再如，安静的办公室内与卡拉 OK 店内的噪声差值若为 40dB，则二者的能量比为 $10^4$，即相差 1 万倍。

B　响度级

人耳对不同频率的声音感觉是不一致的，振动频率为 1000~4000Hz 的声音所能引起听觉的最低强度较其他频率为低，也就是说人耳对这种频率的声音较为敏感。不同频率的声音即使声压相同，人耳感觉的响度不一样。因此，若不考虑频率的影响而利用式（9-1）来判断噪声的大小就不合理了。

根据人耳的特性，人们仿照声压级的概念引出一个与频率有关的响度级，其单位为方（phon）。它是以 1000Hz 的纯音为基准，若某噪声听起来与该纯音一样响，则其噪声的响度级就等于这个纯音的声压级。例如，若某噪声听起来与 1000Hz 纯音的声压级 85dB 一样响，则该噪声的响度级就是 85phon。

响度级就是声音响度的大小，它把声压与频率用一个单位统一起来了。响度级的确定有很大的实际意义，它反映了声音的物理效应及该声音对人的实际听觉生理效应。利用与基准音比较的方法，就可得到整个可听范围内纯音的响度级，从而获得等响度曲线（如图 9-3 所示），它是通过大量试验获得的。

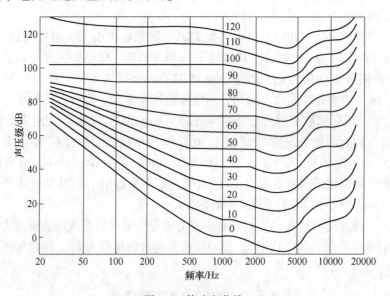

图 9-3　等响度曲线

图 9-3 为国际标准化组织采用的等响度曲线（又称为 ISO 等响度曲线）。等响曲线簇中每一条曲线代表了声压级和频率不同但具有同样响度的声音，即相当于一定响度级（phon，方）的声音。等响曲线中最下面的曲线是听阈曲线，最上面的曲线是痛阈曲线。从等响曲线图中可看到如下特点：

（1）人耳对较高频（特别是 1000~5000Hz 之间）声音最敏感（所谓敏感是指在较低声压级条件下即可感觉到），对低频（特别是 100Hz 以下的）声音最不敏感。例如，同为响度级 40phon，对于 1000Hz 来说，声压级约为 40dB；对 3000~4000Hz，声压级为 37dB；对于 100Hz，声压级约为 60dB；对于 50Hz，声压级约为 70dB。

（2）当声压级小且频率低时，对某一声音来说，声压级与响度级之间的差别很大。例如，40dB、50Hz 的响度低于 0phon（听不到），40dB、5000Hz 的响度则约为 40phon。与此相对，60dB、500Hz 的响度约为 60phon，60dB、5000Hz 的响度则约为 62phon。

（3）当声压级在 80dB 以上时，声压级与响度级的数值很接近，在这种情况下可不考虑噪声的频率。

C　噪声级

根据等响曲线，在测量声压的仪器——声级计（噪声测试仪）内部设置了等响度曲线特征网络，它是一种特殊的滤波器，也称为计权网络。利用计权网络的计权计算，可自动将声压级读数变为响度级读数。此时，响度级读数已不再是客观物理量的声压级（线性声压级），而是根据等响曲线修正后的声压级，也称为计权声级或噪声级。所谓计权也称为加权，意思是指将某个数值按一定规则（等响曲线）权衡轻重地修正过。

由于等响度曲线是一族曲线，不可能根据所有的曲线关系进行计权测量，故一般选出有代表性的三条曲线来作响度测量计权计算。一般声级计都设有 A、B、C 三个档次的计权网络，分别代表低声级计权、中声级计权和高声级计权。

A 网络是为模拟等响曲线中响度级为 40phon 的曲线而设计的，它对 1000Hz 以下的声音有较大的衰减，可将声音的低频部分大部滤去，而对高频声不衰减甚至少有放大（如图 9-4 所示），故测得的噪声值较接近人的听觉，能很好地模拟人耳的听觉特性。由 A 网络测出的噪声级称为 A 计权声级，简称 A 声级，为凸显 A 网络测定，其单位可写为 dB（A），也可简写为 dB，记作 $L_A$。由于用 A 声级测出的量是对噪声所有成分的综合反映，并且与人耳主观感觉接近，因此目前在测量中，大都采用 A 声级来衡量噪声的强弱，可简称为噪声级。

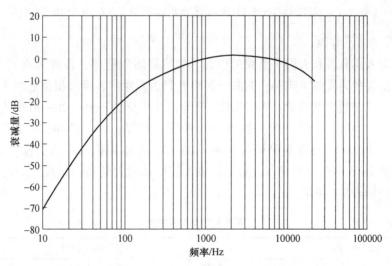

图 9-4　A 计权网络的衰减特性

D　等效噪声级

对于不同的连续而稳定的噪声源，如两台不同的风机，当它们稳定工作时，用噪声计进行测量，能较好地反映人耳对两个噪声源强度的主观感觉。然而，在自然环境中，噪声源的发声往往是不连续的。例如，在测量公路的交通噪声时，有汽车通过时测得的噪声级较强，没有汽车通过时测得的噪声级则较弱，因此，用有或没有汽车通过时测得的噪声强度值来比较两条不同公路的噪声影响都是不合适的。

　　为了合理地比较和评价不同的、非连续噪声源的噪声强度，人们提出将一定时间内不连续的噪声能量用总的发声时间进行平均的方法来评价噪声对人的影响。用这种方法计算出来的声级称为等效噪声级或等效连续 A 声级，用符号 $L_{eq}$ 表示，单位仍为 dB（A）。等效声级实际上是反映按能量平均的 A 声级，它能合理地反映在 A 声级不稳定的情况下，人们实际接受噪声能量的大小并与人们对噪声的实际心理、生理反应相一致。等效噪声级的示意图如图 9-5 所示。

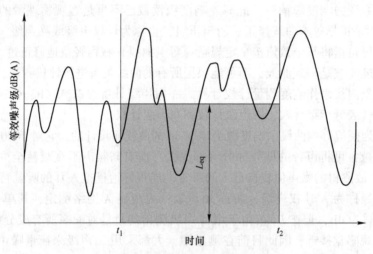

图 9-5　等效噪声级的示意图

（注：$t_1$、$t_2$ 间的曲线与时间轴所围成的图形面积等于高度为 $L_{eq}$ 的灰色矩形面积）

### 9.3.1.2　噪声标准

　　噪声是对人体有害和人们不需要的声音、如机器的轰鸣声、各种交通工具的鸣笛声、人的嘈杂声及各种突发的声响等。判断一种声音是否是噪声，可以根据它对人体的危害程度加以判别。按普通人的听觉：0~20dB，很静，几乎感觉不到；20~40dB，安静，犹如轻声细语；40~60dB，感觉一般，相当于普通室内谈话；60~70dB，吵闹，有损神经；70~90dB，很吵，神经细胞受到破坏；90~100dB，吵闹加剧，听力受损；100~120dB，难以忍受，待 1min 即暂时致聋。日常生活中人们所体验到的噪声级及对应的噪声大小的大致标准举例如表 9-5 所示。

表 9-5　噪声级举例

| 噪声级/dB | | 噪声大小的大致标准 |
| --- | --- | --- |
| 可造成听觉异常及身心损害 | 140 | 喷气发动机附近 |
| | 130 | 肉体痛苦的极限 |
| | 120 | 飞机螺旋桨前面、雷鸣附近 |
| | 110 | 直升机附近、鸣笛汽车附近 |
| | 100 | 轨道交通高架桥下、汽车鸣笛声 |

| 噪声级/dB | | 噪声大小的大致标准 |
|---|---|---|
| 极度吵闹 | 90 | 高声演唱、大声狗叫、繁忙的工厂内部 |
| | 80 | 钢琴演奏声、车门打开时的地铁车厢内 |
| 吵闹 | 70 | 吸尘器、繁华街道 |
| | 60 | 速度为 40km/h 的汽车内部、普通谈话 |
| 普通日常生活中的希望范围 | 50 | 空调室外机、安静的办公室内 |
| | 40 | 安静的住宅区、市内深夜、图书馆 |
| 安静 | 30 | 耳语声、郊外深夜 |
| | 20 | 私语声，树叶轻摇声 |

现行的《声环境质量标准》（GB 3096—2008）于 2008 年完成修订并颁布实施（其上次修订是在 1993 年），它是为贯彻《中华人民共和国环境噪声污染防治法》（1996 年 10 月 29 日第八届全国人民代表大会常务委员会第二十二次会议通过，1997 年 3 月 1 日起施行），防治噪声污染，保障城乡居民正常生活、工作和学习的声环境质量制定的声环境质量标准，是环境噪声是否符合环境保护要求的量化指标，也是制订高噪声产品标准和高噪声活动或场所噪声排放标准的法理基础和科学依据（环境噪声标准体系主要包括质量标准、排放标准、方法标准等）。该标准目前主要用于城乡功能区管理、声环境质量监测评价、噪声敏感建筑物监测评价、建设项目环境影响评价审批以及各类噪声污染信访处理等。

《声环境质量标准》（GB 3096—2008）将城市区域划分为 6 类不同声功能区，根据不同区域的使用功能，规定了不同的标准限值，如表 9-6 所示。其中 6 类声功能区分别是：0 类区（疗养区），1 类区（居住、医疗、文教等所在区域），2 类区（商业居住混合区），3 类区（工业区），4a 类区（公路干线两侧区域）和 4b 类区（铁路干线两侧区域）。表 9-6 中的"昼间"是指 6:00 至 22:00 之间的时段，"夜间"是指 22:00 至次日 6:00 的时段。由该表可看出，0 类区要求的标准最严格，标准值最低；其后依次递增，4b 类区标准值最高。对于乡村区域，一般不划分声环境功能区，政府环境保护主管部门可按一定标准原则来确定具体乡村区域的声环境质量要求。

**表 9-6　各类声环境功能区环境噪声等效声级限值**　　　　　　　　dB（A）

| 功能区 | 0 类 | 1 类 | 2 类 | 3 类 | 4a 类 | 4b 类 |
|---|---|---|---|---|---|---|
| 昼间 | 50 | 55 | 60 | 65 | 70 | 70 |
| 夜间 | 40 | 45 | 50 | 55 | 55 | 60 |

《声环境质量标准》实施以来，我国许多城市仍存在功能区达标率低、投诉率居高不下、居民满意度低等很多问题。根据环境保护部发布的《2017 年中国环境噪声污染防治报告》结果，2016 年相关部门共收到环境投诉 119.0 万件，其中噪声投诉 52.2 万件，占环境投诉总量的 43.9%。其中，工业噪声类占 10.3%，建筑施工噪声类占 50.1%，社会生活噪声类占 36.6%，交通运输噪声类占 3.0%。在建筑施工噪声投诉中，夜间施工噪

声投诉占 90.5%。2017 年噪声投诉量按声源分类统计结果如图 9-6 所示。

20 世纪 50 年代以来，噪声污染已成为世界各国主要公害之一。我国从 20 世纪 70 年代初开始，噪声污染与水污染、大气污染及固废污染共同构成了当代城市污染的"四害"。相关检测数据表明，有约 2/3 的城市人口处于较高的噪声环境中，有将近 30% 的城市人口生活在难以忍受的噪声环境中。

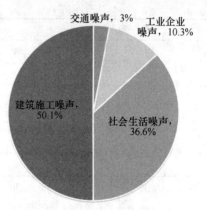

图 9-6　噪声投诉量按声源分类统计（2017 年）

### 9.3.2　噪声危害及防治

#### 9.3.2.1　噪声危害

声音对于人类至关重要，人类生活在一个声音的环境中，通过声音进行交流、表达思想感情以及开展各种活动。但如果声音超过了一定响度，即超过了人们可以接受的范围，则就成为人们所不需要的噪声。一般来讲，所谓"噪声"，是指无规律的、人所不需要的声音。例如，上课时，大家都在用心听讲，而某处的扬声器里却播放着流行歌曲，对于上课的同学来讲，这流行歌曲也就是噪声。再如，飞机轰鸣着离开地面，火车呼啸着向前飞驰，搅拌机隆隆地转动，大型鼓风机吹风和引风，都要发出烦人的噪声，危害人们的健康。

噪声是一种公害，也是一种污染。吵闹的噪声使人烦恼，精神不易集中，影响工作效率，妨碍人们学习、工作、休息和睡眠。研究表明，噪声在 40dB 时，大约有 10% 的人会受到影响，在 70dB 时，受影响的人会增加到 50%。据报道，噪声能使人智力减退，在美国洛杉矶，位于快车道沿线学校里的学生，其标准阅读和数学考试成绩大大低于位于安静地区学校的学生。噪声还很容易掩盖交谈和危险警报信号，分散人们的注意力，造成工伤事故。机器轰鸣起来，有些设备出现了故障也很难发现。因此，在工厂实现无噪声工作非常重要。长期处于强噪声下会使听力变得迟钝，内耳听觉器官发生病变，酿成噪声性耳聋。如果人突然听到一声高强度噪声，如战场上炮弹爆炸或节日里燃放鞭炮的声浪，都可能造成听觉器官急性外伤，甚至引起鼓膜破裂流血，双耳完全失聪。

噪音污染给人体带来的健康风险可以用一个金字塔三角形来表示：金字塔最底层，受到影响人数最多的噪音影响是产生"不舒服感"，我们通常说的噪声扰民就属此类；再往上一层就会使人产生"压力感"或"压迫感"；在第三级就出现了"健康风险因素"，引起包括如血压、胆固醇、葡萄糖等身体因素的疾病风险；在第四级就会使人产生"疾病"，比如能引起睡眠失调、心脏病、心血管疾病等；而金字塔的最顶层就是可怕的"死亡"。

噪声还曾被用作刑罚。第二次世界大战期间，某些国家用高音扬声器对准异国间谍"轰击"。当声音响度超过痛阈（即大于 120dB 的声压级）时，受刑者就会产生疼痛感，心情烦躁，思索困难，情绪低落，于是审讯者就有可能从其口中套出真实情报。若某些受刑者仍能控制意志，则继续增大响度，受刑者便汗流如雨，全身抽搐。当声响超过 130dB 后，受刑者则大声呼叫，眼结膜充血，并竭力挣脱束缚以求撞墙自杀。在如此极高响度的噪声轰击下，许多人在耳鼓膜破裂 2h 后昏死。

高强度噪声不仅能危害人的健康，还能损坏建筑物。例如，超声速飞机的轰鸣声，炸弹爆炸的爆破声等会使建筑物的玻璃震碎、烟囱倒塌、抹灰开裂、砖瓦损坏等。在特高强度噪声影响下，不仅建筑物受损，发声体本身也可能因为疲劳而损坏，并使一些自动控制、遥控仪表和设备等失效。这种声疲劳现象，对火箭发射、飞机航行有很大影响。

现代科学技术的飞速发展，使发动机得以进一步改进，飞机的飞行速度越来越快，其噪声也越来越大。人们在研究飞机沿海面以 1223km/h 的速度飞行时，还发现这些飞机发动机所发出的强大声音，严重威胁了飞机本身的安全。声音是以一系列压缩波的形式传播的，空气的分子被紧紧地挤在一块，形成压缩区，由声源逐渐地扩散出去。当飞机以 1223km/h 的速度飞行时，正好同它本身发出的噪声传播速度相等（声波在海平面上传播的速度是 1223km/h），因而保持了同步。这时，飞机就像撞到了压缩空气的袋子上一样，将引起剧烈颤动，以至于受到严重损伤，这种情况称为声障现象。

噪声对于植物生长也有影响。国外的一些科学家把生长着的花卉放在噪声和安静的环境条件下进行试验观察，发现在噪声条件下花卉的生长速度会比安静的条件下减慢 48%。其中一种花卉被放在噪声为 100dB 的环境中（即相当于行驶着的火车附近）10 天后，终因经受不住这种噪声而死去。

另外，噪声对于鱼类也有影响。海洋中的生物十分害怕噪声，因而在航行的船舶附近就很难发现有鱼群存在。例如，在捕捞鲔（wěi）鱼时，渔网要有相当长的拖绳，以避免渔船发动机产生的噪声影响鲔鱼进网。有人还利用噪声发明了一种奇妙的噪声弹，这种炸弹爆炸时放出的噪声波，能使鱼和其他一些动物的听觉中枢神经发生麻痹，造成短时间昏迷。人们在海洋、江河、湖泊或鱼塘里捕鱼时，只要扔进几颗噪声弹，鱼就会昏迷过去，浮在水面上。捕鱼人可以把大鱼捞起来，把小鱼留下。当小鱼苏醒后，还可以在水里活泼地游动，正常生长。这样既达到了捕鱼的目的，又不会影响小鱼的生长发育。

噪声频带宽，包含着各个频率的声波，当某一频率的强噪声波同物体发生共振时，将造成严重后果。登山运动员在攀登皑皑冰山时严禁大声喊叫，因为喊叫声音中的某一频率如果正好同积雪的共振频率相吻合，就会使雪的振动加剧引起雪崩，发生登山运动员被掩埋的悲剧。声音共振可使乐器的发音变得洪亮、优美动听，但噪声共振有时却可给人带来意想不到的灾害。

噪声虽然有许多危害，但其并非完全都是坏事。人们在长期的自然生活中，已经能够适应一定程度的噪声，并利用它为人类做一些有益的事情。例如，人们学会了从自然噪声中获取生活上所必需的某些重要信息，如风的呼啸和雷声可以预报风雨、提供天气情况，野兽吼叫声可提示人们有危险迫近或启示狩猎方向等。

### 9.3.2.2 噪声防治

由于噪声对当今人类生活危害很大，所以对噪声加以控制已成为必须急切解决的问题。首先，应尽力降低噪声源所产生的噪声。例如，采用低噪声发动机和低噪声风镐，力求避免冲击，以液压代替锻压和冲压，以焊接代替铆接等等。其次，可采用吸声、隔声、隔振、破坏结构共振、安装消声器等方法消除噪声。这些方法都能有效地消除噪声和减少噪声，有益于人们的正常工作和生活。

在电台、电视台的录音间和演播室里，需严格控制外界传入的各种噪声。在建造这些设施时，要采用隔音墙、隔声结构和隔声门窗，在墙壁和屋顶采用了大量的吸声材料。墙壁上设置有带孔的板子，其中装有玻璃纤维矿棉、泡沫塑料等不同吸声材料，这些吸声材料可控制室内的混响时间并吸收噪声。为保证录音间、演播室里无杂乱声音，这些房间一般都少设门窗，室内采用电光源照明录音。

在高级宾馆和实验室里，人们可以见到一些用来隔声的大块落地玻璃。这种玻璃不但能吸收噪声，还可以很好地隔热。例如，当室外的噪声为 40dB 时，装有这种玻璃窗的房间内的噪声可降到 13dB。

在一些繁华的大城市街道中央，人们采用了一种新型的抗噪声隔音墙，它既可大大减少噪声，增强行车的安全性，同时又可美化城市。这种隔音墙外表类似蜂巢结构，其上可种植各种装饰花卉植物，大小、高低则根据街道需要而设置，它可用陶瓷烧制，也可以用水泥框架制造，或者用红砖砌造。

在日本东京还设计生产了一种用高强度塑料制成、高度约 1m、名为"安静区域"的消声板墙，其内部有一连串呈八角形的海绵状囊窝，可用于衰减火车噪声。当火车通过时，车轮和钢轨发出的强烈振动噪声会被串连的囊窝吸入，并折射到墙板内部然后分布扩散开去，在 1km 以内的噪声能量可被吸收掉 75%。这种消声板墙沿铁路线居民居住区铺设，既不遮挡住户的阳光，又不妨碍观望者的视线。实践证明，由于消声板墙的作用，已将令人讨厌的轰鸣噪声干扰减弱到似乎只有一辆轿车驶过的程度。

采用减少振动的方法也可以消除噪音。在各种机器上装上良好的减震系统，就可以大大削减噪音。一辆高级小汽车比起一辆老式的旧汽车，噪音明显小多了，就是由于车内装有很好的弹簧减震系统。当车轮胎颠簸时，车身动作通过减震弹簧，就难以发出很响的噪声。在机器设备内部，传动部分过去大部分采用金属齿轮，齿轮在转动时，也会发出噪声。现在已经有了低噪声齿轮，齿轮是用酚醛胶布层合板制成的，这样，就可以减少设备内部产生的传递振动和噪声。

利用消声器也是一种很好的消除噪声的方法。在汽车、摩托车等发动机的排气管处装有消声器，它会明显降低噪声。消声器的种类很多，有抗性消声器、扩散型消声器、阻性消声器、损耗型消声器等。这些消声器可以被看作是发动机管道的一部分。当气流噪声经过时，在消声器内部作声学处理后，在允许气流通过的同时，减弱噪声的产生或传出，达到消声的目的。

树木有消声的功能，是一种天然的消声器。当人置身于林荫大道或树木葱笼的公园时，会感觉肃静许多；当人走进大森林里时，更会感到万籁俱寂，好像天地间根本就没有声音似的。这个"天然消声器"的消声功能是由多种因素产生的。首先，树木能散射声波。声波遇到树林时，就被树林阻挡和分散了，所以，树木越多，散射的作用就越大，消声的效果也就越好。其次，声波在通过树木时，使树叶摆动，因而部分声能被吸收。另外，树叶表面有很多极微小的气孔和绒毛，就像多孔的纤维吸声板一样，起着吸收声音的作用。在这些消声因素的综合作用下，声波在树林里的传递能力，只有空旷地方的十分之一。因此，植树造林、种花种草是一种消除噪声的好方法。

为了消除噪声，除了采用一些技术手段外，还应付诸以一些行政命令。例如，在某些国家的城市里就制定了限制街道噪声的条例，规定从早 7 点到晚 7 点，室内可以听到的噪声不得超过 55dB，也就是不超过正常谈话的声响。在这些城市里，对大声喧哗的聚会、不安装消声器的汽车、吠叫的狗及其他违章事件都要处以罚款。在我国，控制噪声也有很多明确的规定。例如，在一些繁华大城市里，主要交通道路上禁止汽车鸣笛，繁华街道上禁止大型载重汽车穿行等等。这些措施在一定程度上也起到了控制噪声的作用。

相较于空气污染，噪音污染往往是即时性的，甚至因为它并未表现出明显的污染形态而经常被忽视。此外，由于噪音污染往往在特定区域呈点状分布，决定了它很难与大气污染一样，能引发社会层面的重视与维权行动。因此，必须把噪音污染防治纳入环保议题，从防治意识到法律、制度建设，再到执法行动，都应尽快完善。例如，在城市规划、建设上，应事先将防治噪音纳入事前审核，在噪音治理上理顺部门职能，在城市建设中采取事先防范措施等。

**知识专栏**

---

## 典型噪声公害事件

噪声研究始于 17 世纪。20 世纪 50 年代后，噪声被公认为是一种严重的公害污染，有关噪声污染事件也屡有报道。有人曾做过实验，把一只豚鼠放在 173dB 的强声环境中，几分钟后就死了。解剖后的豚鼠肺和内脏都有出血现象。1959 年，美国有 10 个人"自愿"做噪声实验。当实验用飞机从 10 名实验者头上 10~12m 的高度飞过后，有 6 人当场死亡，4 人数小时后死亡。验尸证明 10 人都死于噪声引起的脑出血，可见这个"声学武器"的威力之大。

1960 年 11 月，日本广岛市的一男子被附近工厂发出的噪声折磨得烦恼万分，以致最后刺杀了工厂主。无独有偶，1961 年 7 月，一名日本青年从新泻来到东京找工作，由于住在铁路附近，日夜被频繁过往的客货车噪声所折磨，患了失眠症，不堪忍受痛苦，终于自杀身亡。同年 10 月，日本东京都品川区的一个家庭，母子 3 人因忍受不了附近建筑器材厂发出的噪声，试图自杀未遂。

1981 年，在美国举行的一次现代派露天音乐会上，当震耳欲聋的音乐声响起后，有 300 多名听众突然失去知觉，昏迷不醒，100 辆救护车到达现场抢救。据医生介绍，当时是由于震耳欲聋的现代派音乐极度刺激所引起的恶果。

2009 年，英国国防部向斯塔福德郡的一位农民赔偿了 4.2 万英镑，原因是英国皇家空军"红箭"飞行队的一次表演影响了这位农民所饲养母鸡的产蛋量。同年，居住在英国约克郡的一名农民也因其所饲养的赛马受到军用飞机的搅扰而获得了 11.7 万英镑的赔偿。2010 年，法国西北部一个农民将法国国防部告上了法庭，原因是两架低空飞行的军用飞机产生的噪声吓死了他在农场中饲养的数千只鸡。

中国也是噪声污染比较严重的国家，全国有近 2/3 的城市居民在噪声超标的环境中生活和工作着，对噪声污染的投诉占环境污染投诉的近 40%。1997 年 7 月 27 日上午，一架 B3875 型飞机超低空飞行至辽宁省新民市大民屯镇大南岗村和西章士台村进行病虫害飞防作业。由于飞机三次超低空飞临鸡舍上空，所产生的噪音使鸡群受到惊吓，累计死亡 1021 只，而鸡舍内未死亡的肉食鸡由于受到惊吓而生长缓慢，出栏的平均体重减少近 2 斤，鸡场业主张某为此蒙受很大损失。从 1998 年 6 月到 2003 年 4 月，法院在 5 年内历经

8 次审理终审判决，张某获赔 9 万余元。

2012 年上半年，河南省濮阳市华龙区一养猪场和一种鸡场因产业集聚区建设新修和旧路加宽，大型机械施工作业产生了过大噪音，引起猪、鸡连续死亡，最后被迫搬迁，经过半年多的法院审理终审判决后终于得到适当赔偿。

2014 年 3 月底，为了对抗广场舞噪声，温州市鹿城区新国光大厦的住户们花 26 万元买来了一套"高音炮"——由 6 个大喇叭组成的"远程定向强声扩音系统"。"请遵守《中华人民共和国环境噪声污染防治法》，立即停止违法行为！"，3 月 29 日下午 4 点，安装在新国光大厦小区 C 幢 4 楼平台上的"高音炮"便开始工作，广场上空不断地回荡着这句话和刺耳的警报声。一群正在广场上高唱卡拉 OK 的人歌喉哑然，而许多准备晚上去广场上跳舞的大妈也不得不临时取消了计划。不过，在持续"还击"了两天之后，经过多方协调，新国光大厦的业主委员会拆除了这套"高音炮"。

## 思 考 题

9-1 请简要说明韦伯-费希纳定律的内涵。

9-2 简述主要恶臭污染物来源及其防治方法。

9-3 简述测定恶臭的两种方法，说明其适用范围与特点。

9-4 噪声大小可用哪些物理量表示？声压、声压级、响度级之间的关系如何？

9-5 等响曲线表达了什么关系？A 声级是如何确定的？一般噪声强度是如何度量的？

9-6 噪声对人类有哪些危害？主要防治方法有哪些？

9-7 在你所生活或工作的环境中，声环境质量是否达标（或是否满意）？自身感受与政府颁布的声环境质量结果是否一致？查阅相关资料分析其结果及原因。

9-8 你认为现行的《声环境质量标准》是否有进一步修订的必要？为改善声环境并合理评估评价声环境质量，请提出你的具体建议。

9-9 面对日常生活或工作中出现的噪声，自己的身心健康是否受到了一定影响？提出你自己的具体防治措施。

# *10* 生态危机

**本章要点**

（1）在一定时间内生态系统中的生物和环境之间、生物各个种群之间达到高度适应、协调和统一的状态称为生态平衡。当前人类盲目和过度的生产活动造成了生态失衡，引发了生态危机。为实现人类可持续发展，必须树立生态文明理念，尽力调整、恢复和维护生态平衡。

（2）生态系统中的能量流动、物质循环以及信息传递构成了生态系统的三大基本功能。具有此三大功能的完整生态系统为人类社会提供了各种服务，深刻理解生态系统给人类提供的服务功能价值是实现人类与自然和谐相处的基础。

（3）生物多样性是人类赖以生存和发展的物质基础，也是社会持续发展的条件。当前，生物多样性已经受到严重的威胁，保护生物多样性、保证生物资源的永续利用已引起全球关注。

"生态危机"是指人类盲目和过度的生产活动所引起的生态失衡，造成直接或间接地危害人类自身的恶果。为实现人类可持续发展，必须调整、恢复和维护生态平衡。本章围绕生态系统平衡及生态系统功能展开论述，介绍生态系统对人类社会生存与发展的重大意义，揭示当前生态危机的现状及趋势，阐明生态文明的内涵及其重要意义。最后，以生物多样性保护为例，介绍维护生态平衡的意义及方法。

## 10.1  生态系统基础

### 10.1.1  生态系统组成及结构

#### 10.1.1.1  生态系统概念

在一定时间内，一定的自然区域中一个生物物种所有个体的总和称为种群，许多不同生物种群的总和称为群落。生物群落内部生物之间以及生物与环境之间通过不断的物质循环和能量流动而相互作用、相互制约、不断演化，达到动态平衡，形成相对稳定的、具有一定结构和功能单位的统一整体，称为生态系统（ecosystem，简称 ECO）。此处所指的生物包括植物、动物及微生物，而环境则主要是指由光、热、空气、水分、土壤及无机元素等构成的非生物环境（如图 10-1 所示）。通过植物的光合作用、动植物的呼吸、微生物对有机物的分解等过程，物质与能量在无机环境与生物之间不断发生转变。

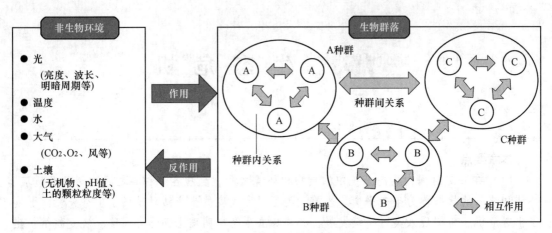

图 10-1　生态系统结构示意图

生态系统的范围和大小可根据研究对象或要解决的问题性质不同来确定。地球上有无数大大小小的生态系统，大至整个海洋，整块的大陆，小至一片森林、一块草地、一个小池塘等。一个复杂的、大的生态系统中可包含无数小的生态系统，整个生物圈是最大的生态系统，其中包括各种形形色色、丰富多彩的系统。

根据人类的影响程度，生态系统可分为自然生态系统、半自然生态系统和人工生态系统。自然生态系统可依赖系统的自我调节而维持系统的相对稳定性，无人类的任何干扰和影响，如原始的森林、荒漠、冻原等。人工生态系统则是在人类的强烈干预活动下，为满足人类的需求而建立或发展起来的，如城市生态系统、实验室微生态系统、人工气候培养箱、宇宙飞船等。半自然生态系统是介于自然生态系统和人工生态系统之间的一种系统类型，是人类在自然生态系统的基础上根据人类自身的需求对其进行调节管理而形成的生态系统，例如农田、人工林场、人工草场等。在 3 种生态系统中，自然生态系统的组成成分最为稳定和复杂。

根据生态系统的空间环境性质不同，可将生态系统分为陆地生态系统和水域生态系统两类。其中，根据植被类型和地貌的差异，陆地生态系统又可分为森林生态系统、草原生态系统、湿地生态系统、荒漠生态系统和冻原生态系统等；而根据水体的理化性质差异，水域生态系统可分为海洋生态系统和淡水水域生态系统等。生态系统主要分类如图 10-2所示。

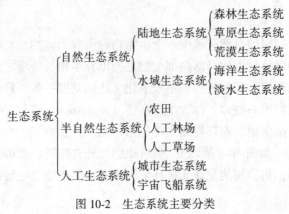

图 10-2　生态系统主要分类

　　生态系统的研究内容与人类的关系十分密切，研究生态系统对人类的活动具有直接的指导意义并很快得到了人们的重视，20 世纪 50 年代后期已得到了广泛传播，20 世纪 60 年代以后逐渐成为生态学（Ecology）研究的中心。目前，全球气候变化、土壤和水资源利用、生物多样性及稀有濒危动植物保护、退化生态系统的恢复与重建等都是与生态系统研究相关的重点内容。

　　值得一提的是，现代"生态"一词源于古希腊，原意指"住所"或"栖息地"，意思是指家或环境。其实，生态就是指一切生物的生存状态以及不同生物个体之间、生物与环境之间的关系，而生态学就是研究生态系统的结构和功能的科学。1866 年，德国生物学家恩斯特·海克尔（Ernst Haeckel）最早提出了生态学概念，当时认为它是研究生物及其与环境之间相互关系的一门科学。日本东京帝国大学的植物学者三好学在 1895 年将 ecology 一词译为"生态学"，后经武汉大学张挺教授介绍引入我国。如今，"生态"一词涉及的范畴越来越广，人们常常用"生态"来定义许多美好的事物，如健康的事物、美的事物、和谐的事物均可以冠以"生态"来修饰。在我国常用生态表征一种理想状态，出现了生态城市、生态乡村、生态食品、生态旅游等提法。

### 10.1.1.2　生态系统组成

　　生态系统由非生物环境及生物群落两部分要素组成（如图 10-1 所示）。其中，生物群落种类繁多，为分析方便通常将其分为 3 个基本组成，即生产者、消费者和分解者。因此，生态系统的组成可概括为如下 4 种基本成分（如图 10-3 所示）。

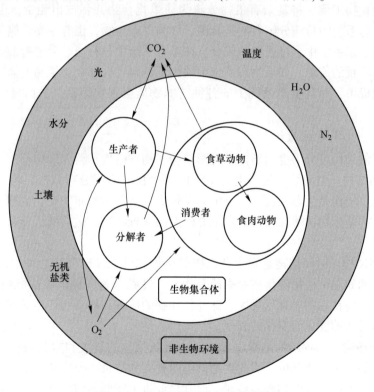

图 10-3　生态系统组成与营养级结构

　　（1）非生物环境。非生物环境是生态系统中各种生物群落赖以生存发展的物质和能量的源泉及活动的场所，也可统称为生命支持系统，除了包括各种生态因子（指对生物有影响的各种环境因子，如温度、光照、水分、土壤、大气、地形等）外，还包括参与物质循环的元素和化合物（如碳、氮、氧、二氧化碳、水、无机盐类）以及非生命的有机物质（如糖类、脂类、蛋白质、腐植酸）等。

（2）生产者。生产者能通过光合作用，将光能转化为化学能，将无机物转化为有机物，一方面用于自身的生长发育，另一方面供给其他生物物质和能量。生产者又称为自养生物，陆地上的绿色植物、海洋中的浮游植物以及一些光能或化能自养细菌等都属于生产者。生产者是生态系统的能量入口，因此在生态系统中处于重要的地位。

（3）消费者。消费者是指生态系统中无法自己合成有机物质，只能直接或者间接利用绿色植物所生产的有机物的生物，又称为异养生物，主要是动物和一些寄生性生物，通常根据食性的不同将其分为食草动物、食肉动物、寄生物、腐食动物和杂食动物等。食草动物是直接以植物体为营养来源的动物，是生态系统中的一级消费者。例如牛、羊等反刍动物，菜青虫、蝉等昆虫类以及池塘中的浮游动物等均是食草动物。食肉动物是以食草动物或者其他弱小动物为食，包括次级消费者和三级消费者等。例如以小型食肉动物为食的大型动物狮、虎、豹，以昆虫为食的鸟类，以浮游动物为食的鱼类等均属于食肉动物。寄生动物是指寄生于其他动植物体内，靠吸取宿主营养为主的生物；腐食动物是指以腐烂的动、植物尸体为食的生物；杂食动物是指食性多样，既吃植物，也吃动物的生物。

（4）分解者。分解者又称还原者，它以动、植物残体和排泄物中的有机物质作为维持生命活动的食物来源，将复杂有机物分解为简单化合物并释放出能量，也属于异养生物。一般在生态系统中扮演分解者的是真菌、细菌等微生物，也有一些营腐生的原生动物等。分解者是生态系统中不可或缺的成分。在生态系统中只有通过分解者的作用才能实现物质的循环和能量的流动。如果生态系统中缺少了分解者，那么动植物遗体和残遗的有机物会很快堆积成山，而且生态系统中的各种营养物质会很快短缺，进而导致生态系统的崩溃。

### 10.1.1.3　生态系统结构

生态系统的结构可分为空间结构、时间结构、物种结构和营养结构等。

（1）空间结构。空间结构是指生态系统内部生物的空间分布状况，包括垂直结构和水平结构。垂直结构是生态系统的生物组分在垂直方向上的分布状况，也称为系统的分层现象。水平结构是生物群落在系统的水平方向上的配置状况，包括随机分布、均匀分布以及聚集分布等。

（2）时间结构。时间结构是指生态系统的结构和外貌随时间变化而表现出的一系列的动态变化。例如温带植物群落在春季萌芽生长，在秋季落叶休眠。从植物景观上来看，春季百花盛开，而秋季则层林尽染等。此外，动物的休眠和候鸟的迁移等都是生态系统的结构和外貌随时间的变化而变化的表现。

（3）物种结构。物种结构是指生态系统内部各物种的种类和数量特征。生物群落是组成生态系统的基本生物单位，因此生物群落的种类和数量特征反映了生态系统的物种结构。因此在研究生态系统的物种结构时，通常是分析生物群落的优势种和生物多样性。优势种是对群落结构和群落环境的形成具有主要作用的物种，通常个体数量多，投影盖度大，生物量高，生活能力强。生物多样性是指包括数以百万计的动物、植物、微生物和它们所拥有的基因，以及它们与生存环境形成的复杂的生态系统（即生物多样性包括遗传多样性、物种多样性和生态系统多样性 3 个不同的层次，见 10.2.1.1 小节）。

（4）营养结构。营养结构是指生态系统中生产者、消费者和分解者之间以食物营养为纽带所形成的营养级、食物链和食物网，它是构成物质循环和能量转化的主要途径。

1）营养级。生态学上通常把具有相同营养方式和食性的生物划为同一营养层次，因此在食物链中处于同一营养层次的生物划为同一营养级。因此营养级是构成食物链的基本单位。一般生产者是第一营养级，食草动物是第二营养级，食肉动物是第三营养级，图 10-3 中的箭头方向给出了营养级的结构示意图。

2）食物链。食物链是指生态系统中，生物和生物之间吃与被吃的关系，这些关系连接成一系列链索结构。例如在草原生态系统中，鼠吃草，蛇吃鼠，老鹰吃蛇，这样就构成了"草→鼠→蛇→鹰"的食物链。再例如我们常说的"螳螂捕蝉，黄雀在后"就是指"蝉→螳螂→黄雀"这样一条食物链。根据能源发端和流向、生物组分的食性和取食方式的差异，通常将食物链分为捕食食物链、腐食食物链、寄生食物链和混合食物链 4 种类型。

3）食物网。在生态系统中，各种生物之间的取食和被取食关系并不是一成不变的，营养级常常交叉。一方面，同一种生物可以同时被其他多种生物所取食，例如在草原生态系统中，食草的动物有牛、羊、马等，也有野兔、田鼠；另一方面，同一种生物可以同时取食其他多种生物，例如在草原生态系统中，鸟类既吃草、草籽，也吃各种昆虫。因此在生态系统内，多种食物链之间彼此交错连接，构成了一种复杂的网络结构，即食物网。

生态系统内部的营养结构越复杂，则生态系统抵抗外界的干扰能力越强，系统越稳定；反之若生态系统的营养结构越简单，则抵抗外界能力越弱，系统越容易发生波动。

## 10.1.2　生态系统功能及服务

生态系统在自然界中之所以能够存在下去，是因为不断地从外界获得能量。生态系统中的能量流动、物质循环以及信息传递构成了生态系统的三大基本功能。具有此三大基本功能的完整生态系统为人类社会提供了各种服务，为人类生存发展创造了必要的环境条件。

### 10.1.2.1　生态系统功能

#### A　能量流动

生态系统能量的根本来源是太阳能，太阳能经过绿色植物的光合作用，转化为地球上一切生物有机体赖以生存的生命能量。据科学计算，地球表面接受的太阳光能相当于每秒燃烧 115 亿吨标准煤所发出的热量，其中 1% 左右被绿色植物所利用。绿色植物体内储存的能量通过食物链在传递营养物质的同时，依次传递给食草动物和食肉动物。动植物的残体被分解者分解时，又把能量传递给分解者。此外，生产者、消费者和分解者的呼吸作用都会消耗部分能量，消耗的能量被释放到环境中，这就是能量在生态系统中的流动，如图 10-4 所示。

##### a　10% 定律

能量在转换过程中伴随着能量的损失，如绿色植物吸收利用的太阳能十分有限，只有少部分光能被植物所利用，转换为化学能，而大部分太阳能都转变为热能消散掉了。对于

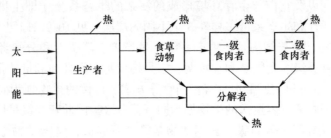

图 10-4　生态系统的能量流动

绿色植物储存的化学能来说，当动物从植物取得食物以后，只有少部分能量用于重新构成其自身的化学能，大部分能量又转化为热能散失到环境之中。能量从一类有机体转换到另一类有机体，每一阶段都有大量的能量转变成热能被消散掉。

对于一个生态系统来说，如果把系统内食物链中同一个营养级的有机体的生物量（$kg/m^2$）合在一起，再按照营养级顺序排列，生物量的排列顺序呈现金字塔形，称为生物量金字塔；如果把生物量换算成能量，按顺序排列也呈现出一个金字塔形，称为能量金字塔。在生态系统中，生态系统的营养结构之所以呈现出金字塔形，是因为在食物链中，从一个营养级到下一个营养级，总伴随着一些物质或能量的损失，因此每一级的总量要受到前一营养级总生物量或总能量的限制。例如绿色植物（生产者）比草食动物的生物量要大，草食动物的生物量比肉食动物的生物量要大。同样的道理，如果把生物量转换成能量，也显示出同样的规律。生物量金字塔或能量金字塔可统称为"生态金字塔"，如图10-5 所示。

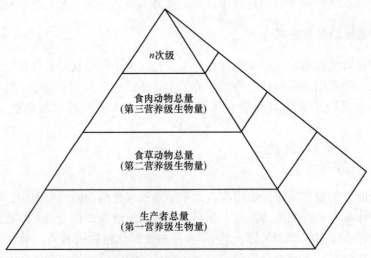

图 10-5　生态金字塔

在食物链中，随着营养级的升高，物质或能量逐渐变低。这是因为在一个营养级内，同化作用的能量（输入能量）和可利用的能量（输出能量）之间存在一定的比率，即生态效率。从能量流动的角度来看，生态效率是一个营养级的生产力与前一个营养级的生产力的比率。这一比率约为10%~20%，简称为"10%定律"，又称为"十分之一定律"或"林德曼（Linderman）定律"，由美国耶鲁大学的学者林德曼于1942 年创立。例如，植物营养级可利用的能量平均为 $4.186×10^6$ J，则大约有 $4.186×10^5$ J 被同化为草食动物的有机组织，有 $4.186×10^4$ J 同化为第一级肉食动物的产量，有 $4.186×10^3$ J 同化为第二级肉食动物的产量。按照林德曼定律，一条食物链上营养级的数目是有限的，一般不超过 4 个营养级。有机体越接近食物链的开端，可利用的能量就越大，然后逐渐变少，形成前述的金字塔形，如图 10-6 所示。

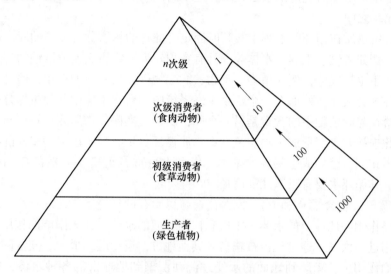

图 10-6 能量传递的"十分之一定律"

粮食、蔬菜和动物产品是人类的主要食物。前两者属于初级生产产品，来自生态系统的低位营养级。当人吃粮、菜时，处于生态金字塔的下部，与草食动物的位置相同。动物生产的乳、肉、蛋是次级生产产品，来自高位营养级，人们吃动物产品时，处于生态金字塔的中上部，相当于肉食动物的位置。根据"十分之一定律"，利用初级生产的产品可以维持更多的消费者生活，减少能量的损失。如果把粮食作为动物次级生产的原料，收获次级产品（奶、肉、蛋），势必造成能量利用上的浪费，而维持消费者的个体数量将大大减少。因此，人吃粮、菜、水果是最短的食物链，可比较经济地利用生产者从阳光那里固定下来的能量。人类的食物结构应该综合考虑生态、健康、口味以及各地区人民的生活习惯和经济状况，将动植物产品做到合理搭配，才能符合各方面的需要。

b 三个能量流

生态系统中的能量是单向流动的，且可分为如下三个能量流：（1）生态系统通过食物关系使能量在生物间发生转移，能量逐级损失，产量逐次下降，最终能量全部以热能的形式归还于环境，这是生态系统的第一个能量流。（2）生物有机体在死亡后，由腐生生物进行分化分解，最后还原为水和二氧化碳等无机物质，并以热能的形式将能量归还于环境，这种伴随还原或腐化过程的能量流动称为生态系统的第二个能量流。（3）在以上两个过程中（第一、第二能量流），通过初级生产者转化而来的生物物质和能量只被消耗一部分，而大部分物质和能量被保留下来，转入贮存过程和矿化过程，成为蓄积丰富的人类需要的财富（例如煤炭、石油等）。被贮存和矿化的物质，最终仍然以热能的形式归还于环境之中，这种物质和能量的贮存与矿化过程则为生态系统的第三个能量流。

## B　物质循环

生态系统中的无机物质经过光合作用形成生物有机体的物质，并通过食物链流动，最后被微生物还原为无机物质，重新回归到环境中可被再一次吸收和利用，这就是生态系统的物质循环（又称为生物地球化学循环）。生态系统的物质循环过程是在系统能量的推动下进行的，生态系统中的能量源泉是太阳，是单向流动的，而物质则由地球提供，并处于周而复始的循环之中。

生态系统中物质在循环的过程中被暂时固定、储存的场所称为循环的库。对于一般的非生物成分，例如大气、土壤、水体等，具有容积较大、物质交换速度慢的特点，因此称为储存库。对于生物成分，例如植物、动物、微生物等，具有容积较小，但是物质交换频繁的特点，称为交换库。例如在一个水生生态系统中，磷在水体中的数量即是一个库，属于储存库；磷在浮游植物中的含量是另一个库，属于交换库。物质元素在库与库之间进行转移，并彼此连接起来，形成了物质流动即物质循环。生态系统中多种多样的物质循环特点和途径各不相同，就构成生物体的基本元素和大量营养元素（主要有 C、H、O、N 和 P 等）而言，其循环主要有以下几种途径。

（1）水循环（包含了 O 和 H）。水是生命赖以生存的环境因子之一。水循环在生态系统中具有重要作用。地球上的水体、土壤和植物叶面的水分，在太阳能的作用下，通过蒸发和蒸腾作用进入大气，通过气流被输送到其他地方，遇冷凝结成云，变成降水又回到地面。在重力的作用下，降落到地面的水经过流动汇聚到地球上的各种水体，在流动过程中，又有一部分水再次发生蒸发、输送、凝结、降水、形成径流等变化。水在全球范围内进行周而复始的循环过程，降水量和蒸发量保持平衡，是稳定状态的完全循环。在太阳能、大气环流、洋流和热量交换的影响下，大气、海洋与陆地形成了一个全球性的循环系统。一个区域的水分平衡除受到当地降水量、蒸发量和自然蓄水量的影响之外，还与当地植被的蒸腾和截留量有关。水分也与生物有机体的生命活动密切相关，是生命活动的介质。水在侵蚀一个地方的同时又在另一个地方沉积，因此水是地质变化的动因。水分的流动同时起着溶解、运输盐分和气体的作用，对于生态系统来说，起到了营养物质的载体功能。

（2）碳循环。碳元素是大气的组分之一，也是生命体的重要组成部分。碳循环对于全球气候和生命生存都具有十分重要的意义。碳循环的途径主要有三种：1）陆地上的生物与大气之间进行的碳交换。绿色植物通过光合作用吸收大气中的二氧化碳，并与水作用形成用于自身建设的含碳有机化合物。被绿色植物固定的这部分碳，再沿着食物链从生产者流向消费者，成为动物和微生物有机体的一部分。同时，植物、动物和微生物又通过呼吸作用及残体分解释放出二氧化碳，返回到大气中参加再循环。2）海洋生物和大气之间的碳交换。海洋是碳循环的储存库。当海水中的二氧化碳浓度增高时，则转变成碳酸盐沉积下来，从而调节大气中二氧化碳的浓度。海洋中的浮游植物同化溶解于水中的二氧化碳，转化为自身的建设。被浮游植物固定的碳，一部分沿着食物链传递给各级浮游动物，另一部分为了维持自身生存，浮游植物和浮游动物都进行呼吸作用，呼出的二氧化碳又会溶解在海水之中。最后，海洋中的生物死亡后又会被分解，产生的二氧化碳重新溶解在海水之中，进行再次循环。3）地球上的煤、石油、天然气等化石燃料经过燃烧参与了地球上碳循环的过程。这些化石燃料经过开采成为人类生存和生活的能源，经燃烧在产生大量热量的同时，也向大气中释放出了大量二氧化碳。这些二氧化碳能被植物吸收固定，进入第一种循环途径中。

（3）磷循环。磷是生物有机体的重要元素。磷是生物体遗传物质（DNA）的重要组成部分，是生物体内的能量元素，生物体内的能量以高能磷酸键的形式进行储藏。此外，植物光合作用是在磷元素的参与下进行的，没有磷元素，就无法合成碳水化合物；磷还作为化肥用于农业。磷不存在任何气体形式的化合物，所以它的循环是生态系统中典型的沉积型循环。磷循环的储存库主要是岩石圈（由岩石组成的、包括地壳和上地幔顶部部分）和水圈（地壳表层、表面和围绕地球大气层中存在着的各种形态的水）。岩石圈中的磷酸盐在长期风化和侵蚀作用下，转变成可溶性的无机磷酸盐，溶解在水中随之流动转移到其他水域，进入土壤圈（覆盖于地球陆地表面和浅水域底部的土壤所构成的一种连续体或覆盖层，犹如地球的地膜），被植物吸收利用。植物吸收磷酸盐后再经过其他各级消费者，又将含磷的残体、废料等有机化合物归还到土壤。在还原者的分解作用下，这些含磷的有机化合物又转变为可溶性磷酸盐进入土壤或者随水流入海洋。进入土壤的磷可再次参加陆地上磷的循环，而进入海洋的磷则有一小部分参与海洋与海洋生物之间磷的循环过程，大部分磷则以钙盐的形式沉积于海底或者珊瑚岩中，被固定下来不再参与磷循环。只有当地壳运动、海床上升为陆地时，储存在其中的磷元素才能重新进入磷元素的陆地循环。磷循环是单向流动的过程，因此属于不完全循环。人类大量开采磷酸盐矿产，实质上加速了磷元素由陆地流向海洋的过程，必然加速磷的损失速度。

（4）氮循环。氮是组成蛋白质的主要元素，也是构成生物有机体的重要元素之一。氮在大气中含量最丰富，约占大气的79%。但大多数生物不能直接从空气中摄取游离的氮，空气中的氮除一小部分在雷击时被雨水注入土壤中形成的硝态氮能为植物利用外，大部分仅被有固定氮素能力的某些微生物所利用（称为固氮作用），例如与豆科植物共生的根瘤细菌及某些蓝藻。氮循环的主要过程为：固氮细菌首先把空气中的游离氮（氮气）转变成为氨和铵盐，再经过硝化细菌的硝化作用，转化为亚硝酸和硝酸盐；硝态氮可被植物吸收利用，并合成蛋白质。蛋白质在生态系统中通过各级食物链进行运转，在人和动物的新陈代谢中，有一部分蛋白质转化为含氮的废物，排入土壤。生物死亡后，身体中所含的蛋白质被菌类所分解，形成含氮的简单化合物（如氨、铵盐和氮气），其中氨和铵盐进入土壤，氮气则逸散返回大气，重新开始新的循环。

C 信息传递

信息是指系统传输和处理的现象。在生态系统的各个组成部分之间及组成部分的内部，存在着各种形式的信息联系，使生态系统成为一个有机的统一整体。生态系统的信息形式主要有物理信息、化学信息、行为信息和营养信息。

（1）物理信息。生态系统中存在的各种声音、颜色、光、电等都是物理信息。鸟鸣、兽吼可以传达惊慌、警告、嫌恶、有无食物和要求配偶等各种信息。昆虫可以根据花的颜色判断花蜜的有无。对于以浮游藻类为食的鱼类来说，光线越强的地方食物越多，所以光可以传递有食物的信息。

（2）化学信息。化学信息就是指生态系统中各个层次生物代谢产生的化学物质参与传递信息、协调各种功能，这种能传递信息的化学物质统称为信息素。例如，许多动物能向体外分泌性信息素来吸引异性；某些高等动物及群居性昆虫在遇到危险时，能释放出一种或几种化合物作为信号以警告种内其他个体有危险来临。在植物群落中，一种植物通过某些化学物质的分泌而影响另一种植物的生长甚至生存的现象是很普遍的。例如，有些植物可分泌化学亲和物质，使其在一起相互促进，如作物中的洋葱与食用甜菜、马铃薯和菜豆、小麦和豌豆种在一起能相互促进。

（3）行为信息。行为信息指的是动植物的异常表现和异常行为所传递的某种信息，如动物求偶时，会通过一定的行为方式传达求偶的信息。

（4）营养信息。在生态系统中生物的食物链就是一个生物的营养信息系统，各种生物通过营养信息关系联系成一个相互依存和相互制约的整体。食物链中的各级生物要求一定的比例关系，即生态金字塔规律，养活一只食草动物需要几倍于它的植物，养活一只食肉动物需要几倍数量的食草动物。前一个营养级的生物数量反映出后一营养级的生物数量，如在草原牧区，草原的载畜量必须根据牧草的生长量而定，使牲畜数量与牧草产量相适应。如果不顾牧草提供的营养信息，超载放牧，就必定会因牧草饲料不足而使牲畜生长不良并引起草原退化。

### 10.1.2.2　生态系统服务

生态系统服务（ecosystem services）是指人类直接或间接从生态系统得到的利益，主要包括生态系统向经济社会系统输入有用物质和能量、接受和转化来自经济社会系统的废弃物，以及直接向人类社会成员提供的各种服务（如人们普遍享用的洁净空气、水等舒适性资源）。据科学家计算，全球生态系统每年能够产生的服务总价值为 16 万亿~54 万亿美元，平均为 33 万亿美元。

生态系统服务不仅为人类提供了食品、医药及其他生活原料，还创造与维持了地球生命保障系统（提供生命系统支持功能），形成了人类生存所必需的环境条件，如有机质的合成与生产、生物多样性的生产与维持、调节气候、营养物质贮存与循环、土壤肥力的更新与维持、环境净化与有害有毒物质的降解、植物花粉的传播与种子的扩散、有害生物的控制、减轻自然灾害等等。主要生态系统服务项目如表 10-1 所示。

表 10-1　生态系统服务项目一览表

| | 生态系统服务 | 生态系统功能 | 举　例 |
|---|---|---|---|
| 1 | 气体调节 | 大气化学成分调配 | $CO_2/O_2$平衡，$O_3$防紫外线，$SO_2$平衡 |
| 2 | 气候调节 | 全球湿度、降水及其他生物媒介的全球及地区性气候调节 | 温室气体调节，影响云形成的 DMS（硫酸二甲酯）产物 |
| 3 | 干扰调节 | 生态系统对环境被动的容量衰减和综合反应 | 风暴防止、洪水控制、干旱恢复等生境对主要受植被结构控制的环境变化的反应 |
| 4 | 水调节 | 水文流动调节 | 为农业、工业和运输提供用水 |
| 5 | 水供应 | 水的贮存和保持 | 向集水区、水库和含水岩层供水 |
| 6 | 控制侵蚀和保持沉积物 | 生态系统内的土壤保持 | 防止土壤被风、水侵蚀，把淤泥保存在湖泊和湿地中 |
| 7 | 土壤形成 | 土壤形成过程 | 岩石风化和有机质积累 |
| 8 | 养分循环 | 养分的贮存、内循环和获取 | 固氮，N、P 和其他元素及养分循环 |

|   | 生态系统服务 | 生态系统功能 | 举　例 |
|---|---|---|---|
| 9 | 废物处理 | 流失养分的再获取，过多或外来养分、化合物的去除或降解 | 废物处理，污染控制，解除毒性 |
| 10 | 传粉 | 有花植物配子的运动 | 提供传粉者以便植物种群繁殖 |
| 11 | 生物防治 | 生物种群的营养动力学控制 | 关键捕食者控制被食者种群，顶位捕食者使食草动物减少 |
| 12 | 避难所 | 为长居和迁徙种群提供生境 | 育雏地、迁徙动物栖息地、当地收获物种栖息地或越冬场所 |
| 13 | 食物生产 | 总初级生产中可用为食物的部分 | 通过渔猎采集和农耕收获的鱼、鸟兽、作物、坚果、水果等 |
| 14 | 原材料 | 总初级生产中可用为原材料的部分 | 木材、燃料和饮料产品 |
| 15 | 基因资源 | 独一无二的生物材料和产品的来源 | 医药、材料科学产品，用于农作物抗病和抗虫的基因，家养物种（宠物和植物栽培品种） |
| 16 | 休闲娱乐 | 提供休闲旅游活动机会 | 生态旅游、钓鱼运动及其他户外游乐活动 |
| 17 | 文化 | 提供非商业性用途的机会 | 生态系统的美学、艺术、教育、精神及科学价值 |

　　就大多数情况而言，生态系统服务并没有引起人们应有的重视和关注。只有深刻理解生态系统给人类提供的服务功能价值，人类才能正确地处理社会经济发展与生态环境保护之间的关系，实现人类与自然和谐相处，共生共赢。

### 10.1.3　生态平衡与生态危机

#### 10.1.3.1　生态系统平衡

　　任何一个正常、成熟的生态系统，其结构与功能，包括其物种组成，各个种群的数量和比例，以及物质与能量的输出、输入等方面都处于相对稳定状态。即在一定时期内，生态系统内生产者、消费者和分解者之间保持着一种动态平衡，系统内的能量流动和物质循环在较长时期内保持稳定，这种状态就是生态平衡（ecological equilibrium）。如果生态系统中物质与能量的输入大于输出，则其总生物量增加，反之则生物量减少。在自然状态下，生态系统的演替（指一种生态系统类型或阶段被另一种生态系统类型或阶段替代的过程）总是自动地向着物种多样化、结构复杂化、功能完善化的方向发展。如果没有外来因素的干扰，生态系统最终必将达到成熟的稳定阶段，即顶级生态系统。

　　物质循环与能量流动的任何变化，都是对系统发出的信号，会导致系统向进化或退化的方向变化。生态系统结构越复杂、物种越多、食物链和食物网的结构也越复杂多样，能量流动和物质循环就可以通过多种渠道进行。有些渠道之间可以起相互补偿的作用，若某个渠道受阻，其他渠道有可能替代其功能，起着自动调节作用。当然，这种调节作用是有限度的，超过这个限度就会引起生态失衡乃至生态系统的破坏或瓦解，如营养结构破坏、食物链关系消失、营养级金字塔紊乱、生物个体数骤减、生物量下降、生产力衰减、结构与功能失调、系统内物质循环和能流中断等。

　　影响生态平衡的因素既有自然的，也有人为的。自然因素如火山、地震等，常常在短期内使生态系统破坏或毁灭，受破坏的生态系统在一定时期内有可能自然恢复或更新。人为因素包括人类有意识"改造自然"的行为和无意识造成对生态系统的破坏。例如，砍伐森林、疏干沼泽、围湖围海和污染环境等。这些人为因素都能破坏生态系统的结构与功能，引起生态失衡从而直接或间接地危害人类本身。

### 10.1.3.2　生态系统危机

　　所谓生态系统危机（或生态危机），就是指人类盲目和过度的生产活动引起的生态失衡所造成的恶果，其主要表现可总结为以下几点：

　　（1）人口膨胀危机。世界人口的急剧增长必然导致对自然资源需求的增长，而这种增长超过一定限度时，必然破坏原有的生态平衡，导致生态危机。

　　（2）资源短缺危机。长期以来特别是工业文明以来，人类对自然资源的过度开发和利用，导致有限的自然资源急剧减少，甚至有的资源已经枯竭，出现资源短缺危机。这些资源包括土地资源、森林资源、淡水资源、矿产资源、可开发的能源等，资源短缺危机直接影响了生态平衡，导致生态危机。

　　（3）环境污染危机。工业革命以来，为了追求利益最大化，人类利用先进的科学技术对自然界进行了不合理的开发和利用，破坏了自然界的生态平衡系统，造成了严重的环境污染。这些污染包括大气污染、水体污染、土壤污染、海洋污染、核污染、噪音污染等，它是生态危机最集中的表现，严重威胁着人类生存和发展。

　　当前，生态危机已波及全球，且具有潜在性、复杂性和长久性的特征，如何调整、恢复和维护生态平衡已成为实现人类可持续发展的关键所在。

### 10.1.3.3　生态文明建设

　　为应对生态危机，实现可持续发展，中国共产党提出了生态文明建设理念（生态文明建设理念的提出及发展概况详见本书第1章绪论中的1.2.2.4小节）。所谓生态文明，就是指人类遵循人、自然、社会和谐发展这一客观规律而取得的物质与精神成果的总和；是指以人与自然、人与人、人与社会和谐共生、良性循环、全面发展、持续繁荣为基本宗旨的文化伦理形态。目前，存在以下4种从不同理解角度对生态文明概念的进一步阐释。

　　（1）广义角度：生态文明是人类的一个发展阶段。这种观点认为，人类至今已经历了原始文明、农业文明、工业文明3个阶段，在对自身发展与自然关系深刻反思的基础上，人类即将迈入生态文明阶段。如果说农业文明是"黄色文明"，工业文明是"黑色文明"，那么生态文明就是"绿色文明"。

　　（2）狭义角度：生态文明是社会文明的一个方面。这种观点认为，生态文明是继物质文明、精神文明、政治文明之后的第4种文明。物质文明为和谐社会奠定雄厚的物质基础，政治文明提供良好的社会环境，精神文明提供智力支持，生态文明是物质文明、政治文明和精神文明的基础，其核心则在于人与自然的协调发展。

　　（3）发展理念角度：生态文明是一种创新发展思维。这种观点认为，生态文明与野蛮相对，指的是在工业文明已经取得成果的基础上，用更文明的态度对待自然，拒绝对大自然进行野蛮与粗暴的掠夺，积极建设和认真保护良好的生态环境，改善与优化人与自然的关系，从而实现经济社会的可持续发展的长远目标。

　　（4）制度属性角度：生态文明是社会主义的本质属性。这种观点认为，生态问题实质是社会公平问题，资本主义的本质使它不可能停止剥削而实现公平，只有社会主义才能真正解决社会公平问题，从而在根本上解决环境公平问题。

总之，生态文明是对人与自然关系历史的总结和升华，只有生态文明才能够彻底应对与消除生态危机。生态文明建设就是指运用生态学等原理，对生态系统进行保护、恢复、重建和管理，促进人与自然和谐发展的活动。在生态文明建设过程中，人们需要树立一种全新的伦理道德观念。建设生态文明不是人类如何去征服自然、改造自然，而是应尊重自然，善待自然，科学地利用自然、认识自然，其目的就是维持生态系统的稳定、平衡和可持续发展，实现人与自然的和谐发展，缓解或解除全球面临的生态危机。只有这样，才能超越传统工业文明的发展模式，走出一条生产发展、生活富裕、生态良好的文明发展之路。

# 10.2　生物多样性

## 10.2.1　生物多样性概述

### 10.2.1.1　生物多样性概念

生物多样性（biological diversity 或 biodiversity）是指数以百万计的生物（动物、植物、微生物）和它们所拥有的基因，以及它们与生存环境所构成的复杂生态系统。可见，生物多样性是一个内涵十分广泛的重要概念，它包括多个层次或水平。目前国际上公认生物多样性通常包括3层含义，即遗传多样性、物种多样性和生态系统多样性。

（1）遗传多样性。狭义的遗传多样性是指物种的种内个体或种群间的遗传（基因）变化，也称为基因多样性。广义的遗传多样性是指地球上所有生物的遗传信息的总和。遗传多样性是物种多样性和生态系统多样性的重要基础。

任何一个特定个体或物种都可看作是保持着大量遗传信息的基因库。物种的遗传组成决定着它的生物学特性、对特定环境的适应性以及它的可利用性等。遗传多样性包括分子、细胞和个体三个水平上的遗传变异度，因而成为生命进化和物种分化的基础。遗传多样性是农、林、牧、副、渔各业中的种植业、养殖业选育优良品种的物质基础。一个物种的遗传变异越丰富，它对生存环境的适应能力便越强，一个物种的适应能力越强，则它的进化潜力也越大。对遗传多样性的研究有利于了解物种或种群的进化历史、分类地位和相互关系，为生物资源的保存、利用提供依据。

（2）物种多样性。物种多样性是指一定区域内生物种类的丰富性，即物种水平的生物多样性及其变化，包括一定区域内生物的形成、演化、分布格局、生存状况及其维持机制等。物种多样性是衡量生物多样性的主要依据，也是生物多样性最基础和最关键的层次。针对某个区域而言，物种数多则多样性高，物种数少则多样性低。有些科学家推断，地球历史上先后产生过5亿个物种，而据1992年的相关报导，全球生物物种的总数在200万至数千万之间。

（3）生态系统多样性。生态系统多样性是指生物物种与其周围环境组成的综合体的多样性。地球上的生态系统主要可分为陆地生态系统和水域生态系统，陆地生态系统有森林生态系统、草原生态系统、荒漠生态系统等，水域生态系统有海洋生态系统、湿地生态系统、河流生态系统、池塘生态系统等。此外，还有以人为核心、以自然环境为基础的人工生态系统，如农田生态系统、城市生态系统等。无论是物种多样性还是遗传多样性，都是寓于生态系统多样性之中，生态系统多样性直接影响着物种多样性及其基因多样性。

有人在以上3层含义基础上还增加了景观多样性、文化多样性，这是对生物多样性含义的延伸。其实，用一句通俗的话来概括，生物多样性就是形形色色的生命及其构成的丰富多彩的生命世界。

### 10.2.1.2　生物多样性意义

包括人类在内的地球上各种生物的生存和发展、地球环境的维护和永续利用，都依赖于生物多样性，每个层次的生物多样性都有着重要的实用价值和意义。物种的多样性为人类提供了大量野生和养殖的植物、鱼类及动物产品；遗传多样性则对培育新品种、改良老品种有着重要的作用，如人们可利用一些农作物的原始种群、野生远亲种和地方品种培育高产、优质和抗病的作物。生物多样性在生态系统中的重要作用就是改善生态系统的调节能力，维持生态平衡。生物多样性越丰富，生态系统就越稳定；反之，生物多样性越贫乏，生态系统就越脆弱。因此，生物多样性不仅能为人类提供丰富的自然资源，满足人类社会对食品、药物、能源、工业原料、旅游、娱乐、科学研究、教育等的直接需求，而且能维持生态系统的功能、调节气候、保持土壤肥力、净化空气和水，从而支持人类社会的经济活动和其他活动。生物多样性作为生态系统服务产生的核心，可以决定生态系统服务的水平高低，也是生态系统服务质量的风向标。随生物多样性的增高，生态系统服务的水平和质量也会有较大的提高。

目前尽管人类取得了重大科技进步，但人类仍不能利用无机原子创造出哪怕小小病毒这样一个物种来。人类能够制造一个有生命活力的大分子片段就是了不起的发明了，1965年中国科学家人工合成结晶牛胰岛素就是这样的一个科学发明。而对于牛来讲，可以轻松利用它吃进去的草、矿物质、水分，合成这个牛胰岛素。没有了其他物种为人类制造食物、氧气、水分、衣物、药物、建筑材料、交通工具等，人类是寸步难行的。地球是人类目前能够知道的太阳系中唯一有生命分布的星球，而地球生物圈中的生物多样性是人类生存和发展的基础。

生物多样性既是人类赖以生存和发展的物质基础，也是社会持续发展的条件。生物多样性保护、全球气候变化和可持续发展是当前国际社会关注的三大热点问题。生物多样性研究已成为生命科学尤其是生态学科领域中最前沿的课题之一。由于生物多样性已经受到严重的威胁，保护生物多样性、保证生物资源的永续利用已成为一项全球性任务。

### 10.2.1.3　生物多样性危机

#### A　现状

经过近两个世纪的时间，生物分类学家已分类定名了170多万物种，其中动物1342125种，占77.04%；植物400000种，占22.96%。生物多样性在地球上的分布是不均匀的，这主要是水热条件分布的差异和不同物种对生境适应范围大小不同所致。热带雨林是世界生物多样性的宝库，仅占陆地面积7%的热带雨林，容纳了全世界一半以上的物种。

据专家估计，由于人类活动的日益加剧和全球气候变化，目前地球上的生物种类正在以相当于正常水平 1000 倍的速度消失。全球已知 21% 的哺乳动物、12% 的鸟类、28% 的爬行动物、30% 的两栖动物、37% 的淡水鱼类、35% 的无脊椎动物以及 70% 的植物处于濒危境地；2016 年，国际自然保护联盟（International Union for Conservation of Nature，简称 IUCN）再次更新了《濒危物种红色名录》，在其收录的 82954 个物种中，有 23928 个正遭受灭绝的威胁，占比 28.9%。

我国生态系统多样性极其丰富，全国共有生态系统约 460 多类。其中，热带雨林和季雨林生态系统为 19 类，亚热带常绿阔叶林约有 34 类，其他亚热带生态系统还有 51 类，温带森林生态系统 57 类，荒漠 79 类，草原 56 类，还有寒温带和其他特殊生态系统。我国植物多样性位居世界第 3 位，名列北半球之首，仅次于马来西亚和巴西。全国共有维管植物约 3 万种，占世界总数的 12%，特有属种较多，有 200 多个特有属，约 10000 多个特有种。另外，我国是世界三大栽培植物起源中心之一，拥有大量栽培植物的野生近缘种，例如大豆、水稻、大麦、茶叶等，具有非常丰富的种质资源。我国动物多样性也十分丰富，是世界上拥有野生动物种类最多的国家之一。其中，野生脊椎动物 5144 种，占世界总数的 12%，还有很多特有种，如大熊猫、金丝猴、白唇鹿、鸳鸯等。

然而，随着我国人口不断增长，人们对生物资源的消费不断增长，加之对生物资源不合理的开发，我国生物多样性正在以惊人的速度减少。不少物种自然生态系统已经或正在处于濒危状态。由于生物多样性的迅速降低，导致大范围环境恶化，情况日趋严重。我国在 1987 年公布的《中国珍稀濒危保护植物名录》第一期中，公布的濒危种类有 121 种，受威胁的 158 种，稀有的 110 种，共计 389 种。其中一类保护植物 8 种、二类的 157 种、三类的 22 种。另据中国红皮书的估计显示，超过 1/10 即 500 多种脊椎动物物种和 15%~20% 即 400~500 种高等植物已经受到威胁。其实，我国对境内的物种及其数量尚无确切的统计数字，尤其对濒危物种的调查尚不全面。

近年来野生生物贸易已经对中国的生物多样性产生了较大影响。由于粮食、中医药、服装等产业对野生生物的需求日益增加，野生动植物的非法交易也急剧增长，对几种濒危动植物物种以及一些没有列入国家保护名单之内的动植物物种数量已经构成威胁，如藏羚羊等。

B 原因

人类活动是生物多样性丧失的主要原因，导致生物多样性减少的主要人为原因有以下几种。

（1）生境恶化。由于人类大量采伐木材或以农业和建设为目的的大量占用森林、湿地和草原，造成生境（栖息地）破坏，直接威胁到从苔藓、地衣到高等物种的生存；多种人类活动可能导致生境的片断化，如铁路、公路、水沟、电话网络、农田以及其他可能限制生物自由活动的分隔物和自然保护区内修筑公路等人为设施的建立，使得动物的活动受到限制，从而影响其觅食、迁徙和繁殖，植物的花粉和种子的散布也会受到影响，致使动植物种群数量下降并致局部灭绝；由于经济发展、过度放牧等原因，草场退化严重，部分的失去原有功能，引起草原生物生理机能衰退，从而对其生存构成威胁。

（2）过度开发。许多生物资源对人类具有直接的经济价值，被作为"皮可穿、毛可用、肉可食、器官可入药"的开发利用对象而遭灭顶之灾。随着人口的增加和全球商业化体系的建立和发展，人类对生物资源的需求迅速上升，最终导致对这些资源的过度开发并使生物多样性下降。

（3）环境污染。环境污染是引起生物多样性受损的重要因素，它直接影响生物的生存与发展。例如，水体污染能够大幅削弱水生生物的寻食、捕食和繁殖能力，使其生长缓慢或死亡；土壤污染通常会使当地植被退化，甚至变成不毛之地，使其生物多样性显著下降；经各种途径进入空气的二氧化硫、氨、臭氧等能直接杀死生物；由于臭氧洞、酸雨以及温室气体等引发的生物多样性损害和减少问题也越来越受到国际社会的关注和重视。

（4）外物入侵。在全球濒危物种植物名录中，大约有35%~46%是部分或完全由外来物种入侵引起的。例如，2002年来自南美洲亚马逊河的食人鱼在我国掀起轩然大波，其一旦流入某一水域达到一定规模时，可能会大量屠杀其他鱼类，引发生态平衡和生物多样性危机。外来物种入侵的方式有：1）由于农林牧渔业生产，城市公园和绿化、景观美化、观赏等目的的有意引进或改进，如在滇池泛滥的水葫芦、转基因生物等；2）由贸易运输、旅游等活动传入的物种，即无意引进，如因船舶压仓水带来的新物种；3）靠自身传播能力或借助自然力而传入，即自然入侵，如在西南地区危害深广的紫茎泽兰、飞机草。

### 10.2.2　生物多样性保护

#### 10.2.2.1　保护生物多样性的国际行动

生物多样性锐减问题属于全球性环境问题，需要国际合作才能根本解决。多年以来，面对生物多样性丧失的危机，相关组织和各国政府都采取了相应的保护生物多样性的措施，国际上也相应采取了行动。

20世纪70年代初以来，为保护各种生物物种和资源逐渐形成了一个国际条约体系。例如，以野生动植物的国际贸易管理为对象的《华盛顿公约》（濒危野生动植物种国际贸易公约，Convention on International Trade in Endangered Species of Wild Fauna and Flora，简称CITES），以湿地保护为对象的《拉姆萨公约》（Ramsar Convention），以候鸟等迁徙性动物保护为对象的《保护迁徙野生动物物种公约》（也称"波恩公约"，The Convention on the Conservation of Migratory Species of Wild Animals，简称CMS），以世界自然和文化遗产保护为目的的《保护世界文化和自然遗产公约》（Convention Concerning the Protection of the World Cultural and Natural Heritage）等。

1992年6月在巴西里约热内卢召开的联合国环境与发展大会（UNCED）上通过了1994~2003年为"国际生物多样性十年（International Biodiversity Decade）"的决议，同时通过了《生物多样性公约》（Convention on Biological Diversity，简称CBD），该公约于1993年12月29日正式生效，其3个主要目标是：（1）保护生物多样性；（2）生物多样性组成成分的可持续利用；（3）以公平合理的方式共享遗传资源的商业利益和其他形式的利用。

同时，几个国际环境组织还在会议上公布了《全球生物多样性保护战略》，形成了保护生物多样性的综合性公约和战略。中国先后加入了《华盛顿公约》《拉姆萨公约》和《保护世界文化和自然遗产公约》，并于1992年签署加入了《生物多样性公约》。

《生物多样性公约》是人类历史上第一个在生物多样性方面的公约，其成功签署是人类在生物多样性利用和保护方面的一个里程碑式事件。其中，生物多样性的保护和可持续利用以及公平合理地分享由利用遗传资源所产生的惠益等目标议题受到了全世界范围内的广泛关注。1994 年 12 月 29 日，联合国宣布 12 月 29 日为"国际生物多样性日"（International Day for Biological Diversity）。2001 年，根据第 55 届联合国大会第 201 号决议，将国际生物多样性日改为每年 5 月 22 日。

2001 年，在南非约翰内斯堡举行的"可持续发展峰会"上，各国领导人承诺到 2010 年前，扭转生物多样性快速流失的趋势，2005 年来自世界各国的 150 多名国家元首和政府首脑在纽约举行联合国成立 60 周年首脑会议上又再次重申了这一承诺。为了让人们了解保护生物多样性的重要性并推动各方迅速采取行动，联合国大会在 2006 年通过决议，将 2010 年设立为"国际生物多样性年"。

然而，在 2010 年前在《生物多样性公约》框架下达成的数量众多的决议和战略更多地还是停留在纸面上，并没有引起人们尤其是决策层应有的重视，从而导致在应对生物多样性方面所调动的战略资源不足，计划和战略难以落实，现实和目标之间还有很大差距，生物多样性在全球范围内的衰减趋势仍然没有得到有效遏制。

2010 年 10 月在日本名古屋召开了《生物多样性公约》缔约方大会第 10 次会议，参会各方围绕遗传资源获取与惠益分享议定书、2010 年之后生物多样性保护目标、发达国家对发展中国家资金援助等三大焦点议题展开激烈的交锋。最终，《名古屋议定书》及"爱知目标"（或称"2020 年目标"）文件获得与会国通过，这些文件为世界生物多样性保护设计了路线图和时间表，为制定国家目标提供了灵活的框架。

《名古屋议定书》的主要内容有：采集生物须事先征得原产国同意；具体利益分配须由当事人之间签订协议而定；生物派生物的利用虽未明确但应纳入生物利用范畴；在重大传染病扩散的紧急关头应迅速提供病原体以及设立监督机构以监视生物利用国的不法获取等。"爱知目标"的主要内容有：在 2020 年之前，陆地生物资源保护区应达 17%、海洋达 10%，大幅度增加用于生物资源保护的政府及民间资金等。

2010 年，联合国大会把 2011~2020 年确定为"联合国生物多样性十年"，我国国务院成立了"2010 国际生物多样性年中国国家委员会"，召开会议审议通过了《国际生物多样性年中国行动方案》和《中国生物多样性保护战略与行动计划（2011~2030 年）》。2011 年 6 月，国务院决定把"2010 国际生物多样性年中国国家委员会"更名为"中国生物多样性保护国家委员会"，统筹协调全国生物多样性保护工作，指导"联合国生物多样性十年中国行动"。

**10.2.2.2 保护生物多样性方法**

保护生物多样性对人类的生存和发展具有极为重要的意义。生物多样性的保护工作是一项综合性的系统工程，应采取多种途径和对策，除了加强国际合作外，一般可采取以下措施：

（1）强化法规法律制度建设，依法对生物多样性实施保护。针对生物多样性保护，国家逐步颁布了一系列法律法规，如《中华人民共和国森林法》《中华人民共和国野生动物保护法》《中华人民共和国草原法》《中华人民共和国自然保护区管理条例》《中华人民共和国环境保护法》《中华人民共和国环境影响评价法》《中华人民共和国海洋法》《中华人民共和国水土保持法》等。对于生物多样性分布区域的自然保护方针是"全面规划、积极保护、科学管理、永续利用"；野生动物保护的方针是"加强资源保护、积极驯养繁殖、合理开发利用"；生物多样性保护的政策是"自然资源开发利用与保护增殖并重""谁开发谁保护、谁利用谁补偿、谁破坏谁恢复"。上述法律、法规、条例，从法的高度上，保证了生物多样性保护的严肃性和有效性。

（2）建立自然保护区实行就地保护。自然保护区是有代表性的自然系统、珍稀濒危野生动植物种的天然分布区，包括自然遗迹、陆地、陆地水体、海域等不同类型的生态系统。自然保护区是对生物多样性的就地保护场所，其主要功能是保护自然生态环境和生物多样性，保护生物遗传资源和景观资源的可持续利用。此外，自然保护区还具备科学研究、科普宣传、生态旅游等重要功能。

与自然保护区相关的同义语还有生物圈保护区、森林公园、风景名胜区、传统文化森林保护地、天然林保护地、自然遗产、国际湿地、地质公园等。

（3）对珍稀濒危物种实施迁地保护。这是在生物多样性分布的异地，通过建立动物园、植物园、树木园、野生动物园、种子库、精子库、基因库、水族馆、海洋馆等不同形式的保护设施，对那些比较珍贵的物种、具有观赏价值的物种或其基因实施由人工辅助的保护。

迁地保护可以为异地的人们提供观赏的机会、带来一定的收入以及进行生物多样性的保护宣传，在某种程度上可促进生物多样性保护区事业的发展。但迁地保护利用的是人工模拟环境，生物的自然生存能力、自然竞争等在这里无法形成。所以，这种保护在很大程度上是挽救式的、被动的，长久以后保护的可能仅是生物多样性的活标本。

（4）完善城市化建设，减少人为压力，促进生物多样性的自我修复和保护。实际上，生物多样性面临的最大问题是生境的岛屿化、碎片化，造成这样问题的根本原因是人类活动的强烈干扰。如果通过城市化，人主动给野生动植物留出地盘，那么，通过自然生态系统固有的修复能力，可以实现生物多样性的有效保护。这一做法是发达国家比较成功的经验，利用城市化带动生物多样性保护的做法得到了越来越多的认可。

（5）发展生态旅游，提供生态就业，带动生物多样性就地保护。在那些非自然保护区或风景名胜地区，社区贫困是造成自然资源较少和生物多样性下降的最直接原因。在这样的地区，宜发展生态农业、生态旅游产业，通过城乡互动，吸引城市居民主动参与到经济落后但生物多样性丰富地区的保护，通过城市消费者的自觉消费带动生物多样性保护。

（6）加强公众教育，提高国民对生物多样性保护的意识。只有公众对生物多样性保护的意识提高了，才能动员全民力量实施有关生物多样性保护的相关计划。

生物多样性保护与我们每个人都有关，保护生物多样性实际上就是保护我们人类自己。全社会应当对生物多样性保护予以高度重视，从小事做起，从我做起，从现在做起，保护我们共同的地球家园。

### 10.2.2.3  中国生物多样性保护成功案例——九寨沟

九寨沟是我国生物多样性保护的成功案例之一，于1997年加入了联合国教科文组织"人与生物圈计划"的重要实施平台——世界生物圈保护区网络（World Network of Biosphere Reserves，WNBR），有关"人与生物圈计划"的详细内容，可参考中华人民共和国人与生物圈国家委员会的官方网址：http://www.mab.cas.cn/。

九寨沟位于四川省阿坝藏族羌族自治州九寨沟县境内，是中国第一个以保护自然风景为主要目的的国家级自然保护区，于1978年由国务院批准建立。九寨沟地处青藏高原向四川盆地过渡地带，距离成都市400多千米，是一条纵深50余千米的山沟谷地，总面积

$64297hm^2$，森林覆盖率超过80%。因沟内有树正寨、荷叶寨、则查洼寨等九个藏族村寨坐落在这片高山湖泊群中而得名。九寨沟国家级自然保护区主要保护对象是大熊猫、金丝猴等珍稀动物及其自然生态环境，其中有74种国家保护珍稀植物，有18种国家保护动物，还有丰富的古生物化石、古冰川地貌。

保护区的建立使得这里的生物多样性得到了很好保护。原来的藏民以原始性的破坏自然为代价而"靠山吃山"，建立自然保护区、发展生态旅游后，所有藏民都变成了生态系统的维护者，大面积的森林靠自然力全面恢复，2007年仅门票收入就达4.6亿元。实际上，九寨沟的经济带动远从四川成都和青海西宁就开始了，其社会、经济、生态效益远远大于九寨沟本身创造的价值。九寨沟的案例充分说明，良好的生物多样性和生态环境可带动地方经济跨越式发展，为人类社会的可持续发展做出贡献。

截至2015年底，中国已建立自然保护区2740个，总面积147万平方公里，占国土面积的14.8%。其中，国家级自然保护区446个，有33个自然保护区加入了WNBR，保护区有效保护了65%的高等植物群落和85%以上的国家重点保护野生动物。

**知识专栏**

# 生物圈2号

1986年，美国石油大亨爱德华·巴斯为了扩展人类新的生存空间，出资2亿美元在美国亚利桑那州的沙漠地区动工兴建了仿真地球生态环境实验室，它是一个占地1.3万平方米（约两个标准足球场大小）、约8层楼高、具有未来派风格的、用玻璃及钢筋混凝土建造的形状独特而壮观的建筑。科学家将生命休养生息的地球称为"生物圈1号"，而将该仿真地球生态环境实验室称为"生物圈2号"。"生物圈2号"计划的目的是想研究人类和约4000种动植物，在密封且与外界隔绝的人造系统中，是否可以经由系统内的空气、水、营养物的循环与重复使用而生存下来。也就是想知道人类离开地球能否生存，为今后登陆其他星球作探索与准备。在"生物圈2号"这个微型世界中，有海洋、平原、沼泽、雨林沙漠旅游区和人类居住区等，是个自成体系的小生态系统。有人把它称为"微型地球"或"火星殖民地原型"。"生物圈2号"虽然与外界隔绝，但可以通过电力传输、电信与计算机与外部取得联系。工作人员在"生物圈2号"内可以看电视，可以通过无线电通信与亲友联系。

1991年9月，8名科学家进入"生物圈2号"。科学家们原计划让工作人员在"生物圈2号"中生活两年，为今后人类登陆其他星球建立居住基地进行探索。然而，一年多以后，"生物圈2号"的生态状况急转直下，氧气（$O_2$）含量从21%迅速下降到14%，而二氧化碳（$CO_2$）和二氧化氮（$NO_2$）的含量却直线上升，大气和海水变酸，很多物种死去，而用来吸收二氧化碳的牵牛花却疯长。大部分脊椎动物死亡，所有传粉昆虫的死亡造成靠花粉传播繁殖的植物也全部死亡。由于降雨失控，人造沙漠变成了丛林和草地。"生物圈2号"内空气的恶化直接危及了居民们的健康，科学家们被迫提前撤出这个"伊甸园"，"生物圈2号"的实验以失败告终。随后，1994年第二批5男2女科学家又进入了"生物圈 2 号"进行封闭住人实验,他们在里面仅居住了 6 个半月就以失败收场。自那以后,再也没有人类在"生物圈 2 号"里面居住的计划了。科学家对"生物圈 2 号"失败的研究结论是:在现有科学技术条件下,人类还无法建造一个脱离地球自然环境而又能让人类休养生息的生态环境。

"生物圈 2 号"失败的高昂代价表明,用纯粹的非自然资本代替自然资本是不可行的,大自然并非我们想象得那样简单,复杂巨大的系统关联中,可能每一缕轻风都是生命所不可或缺的。人类在茫茫宇宙中只有地球这一处家园,人类要依赖地球存活,应珍惜大自然的一切。只有确切了解生态系统给人类提供的服务功能价值,人类才能正确地处理社会经济发展与生态环境保护之间的关系,才能真正做到与自然和谐相处,共生共赢。

1995 年美国哥伦比亚大学将"生物圈 2 号"租下,它已渐渐变成一个地球科学及海洋科学的研究平台,也是一个科学旅游胜地或科普基地,每年约有 20 万人来此参观。2003 年,由于经费问题,哥伦比亚大学结束了租赁。2011 年投资人把"生物圈 2 号"转租给美国亚利桑那大学,同时还捐助了 2000 万美元用以启动其他新项目。

## 思 考 题

10-1 什么是种群、群落、生态系统?生态系统的组成要素有哪些?

10-2 生态系统有哪些分类?其结构有哪几种?

10-3 简述生态系统的三大基本功能。

10-4 生态系统的信息传递形式有哪些?请具体举例说明。

10-5 什么是"十分之一定律"?该定律对人类有何启示?

10-6 什么是生态系统平衡?什么是生态危机?分析生态危机产生的原因及解决措施。

10-7 什么是生态系统服务?其服务类型主要有哪些?

10-8 生态危机产生的根源是什么?当前生态危机主要表现在哪些方面?

10-9 生态危机给人类带来哪些不利影响?解决生态危机的具体有效途径有哪些?

10-10 什么是生态文明?为什么说只有生态文明才能彻底应对和消除生态危机?

10-11 什么是生态文明建设?试分析生态文明建设的科学内涵和基本实施路径。

10-12 什么是生物多样性?为什么要保护生物多样性?生物多样性丧失与人类有什么关系?

10-13 什么是珍稀濒危物种的迁地保护?迁地保护有何优点和缺点?

10-14 生物多样性的 3 个层次指的是什么?这 3 个层次间的相互关系如何?

10-15 国际生物多样性日是哪一天?简述其设置背景及意义。

10-16 《生物多样性公约》是何时达成的?其主要目标是什么?

10-17 在保护生物多样性方面,中国进行了哪些努力?取得了哪些成果?

10-18 有人认为:生物灭绝肯定有自然原因,如恐龙灭绝就与人类无关。有物种消失,也会有物种形成,人类不必担忧。此观点是否正确,为什么?

# 11 ◆ 环 境 伦 理

**本章要点**

（1）可持续发展的伦理观主张人与自然要和谐可持续发展，实现了对人类中心主义和非人类中心主义的整合超越，具有科学的理论和实践指导意义。

（2）环境伦理原则要求人们在对待环境的行为中必须善待自然、关注未来和规范行为，环境伦理规范为生态人格行为做出了具体要求和规定。

（3）环境正义是广义的社会正义的有机组成部分，环境问题必须与环境正义联系起来才能得到有效解决。

伦理是指人们在各种社会关系中应当遵守的规则和应尽到的职责，其本义是指社会关系，并未涉及人与自然或人与环境之间关系的涵义。随着人与自然关系及其认知的深化，伦理本义中所强调的社会关系也逐渐扩大到既包括社会关系，又包括非社会关系，即人与自然关系或人与环境关系在内的广义的关系。在不严格的界定下，社会关系可称为人人关系，而人与自然关系可称为人地关系。人地关系与人人关系密切关联，构成了人类社会及其发展过程中最基本的关系。这样，仅规范社会关系的"伦理"，就发展到了既规范社会关系，也规范人与自然关系的"伦理"。后者在伦理学意义上就是环境伦理（environmental ethics），即研究人与自然环境发生关系时的伦理，它已超出了一般传统伦理学的框架，是一种新伦理学。因此，与传统伦理学不同，环境伦理学是研究人类与自然环境之间的道德关系的学说，它要研究人如何对待生态价值，如何调节人们与生物群落、人们与环境之间的关系。

环境伦理概念的确立，在东方和西方有着不同的逻辑基础和观念基础。在西方，环境伦理主要是根据环境"内在价值"（intrinsic value）的存在而确立的，即环境本身具有内在价值是环境伦理的基础。在中国，无论是儒家还是道家，自然界的一切在"天人合一"的观念中都具有道德位置。对于这种道德位置，人们尊重它并借助伦理而规范它。例如，儒家以"仁"作为道德根据，并以"爱的亲疏"来确定道德的等级性，从而构建了伦理系统。儒家一方面关心人甚于关心自然，认为人际道德高于生态道德；另一方面又主张在生态道德与人际道德之间建立一种合理的关系。道家以"道"作为道德依据，并以"道的统一性"确立道德的平等性，认为"物无贵贱"，即站在"道"的立场上看，天下万物之间是不存在高下、贵贱差别的，人和自然之间的关系是一种平等的关系。

本章首先介绍环境伦理学中的几个著名思想学说，引出现代西方环境伦理学的发展概况，然后阐述在实际生活中人们对待环境问题应该遵守的一般原则和规范，最后以美国环境正义运动和我国的邻避冲突事件为例探讨环境正义问题。

# 11.1 思想学说

## 11.1.1 保全与保存之争

19 世纪末和 20 世纪初，围绕着如何对待美国的原始森林和荒野，美国的环境保护运动发生了分裂，形成了两大对立的阵营：一个是天然资源的"保全主义者"（conservationists），另一个是自然和野生生物的"保存主义者"（preservationists）。前者主张人可以根据大多数人的利益和长远利益，对自然进行有计划的开发和合理的利用，对荒野和天然资源进行科学的管理，即要在自然面前"有所作为"，在"科学管理"的前提下"明智利用"自然资源。后者主张我们不应该以任何理由对原始森林和荒野进行开发，应该保持它们的原样，人应该顺应自然，对自然"无所事事"，接受自然过程的全部结果，禁止人以任何目的改变自然的原生形态，像排干沼泽地里的水、灌溉荒芜的土地、拦河建坝等都是不允许的。"保存主义者"反对把自然资源当做人们消费品的传统观念，强调自然在精神、美学和生命上的价值。如果将"保全"和"保存"这两个词应用于世界文化和自然遗产的保护上，把丽江古城、九寨沟按照其原来的样子保护起来而不做任何开发就是"保存"，反之，对长城的大规模修复、在张家界景区内进行大规模的旅游设施建设则是"保全"。"保全主义者"的代表人物是吉福德·平肖（Gifford Pinchot），"保存主义者"的代表人物是约翰·缪尔（John Muir）。他们的对立在加州赫泽·赫奇峡谷（Hetch Hetchy Valley）的开发问题上达到了顶点。

具体情况是这样的：1908 年为满足旧金山市的供水需要，当地政府计划在约塞密蒂（Yosemite）国家公园的赫泽·赫奇峡谷建一个水库，并向联邦政府提出了建设申请。但是，建水库就不可避免地会对该地的自然景观和生态环境造成破坏。这一计划一公布，自然就招致了以缪尔为首的"保存主义者"的激烈反对。缪尔认为自然不能单纯服务于人的经济目的，自然是现代生活的避难所和人们休养生息、体验自然之美的地方；不仅如此，植物、石头和山川还是有神灵的，具有某种神秘的力量，是人类应该敬仰和敬畏的圣物，对于这样的原生自然，人只能把它按原样"保存"起来。平肖则正相反，作为旧金山政府的代言人，他积极赞同当地政府建水库的计划。他从功利主义和自然科学的角度出发，认为自然能够且必须服务于人的目的，人可以在不破坏生态系整体的前提下合理地利用自然，按人的需要改造自然，他把这样一种对待自然的方式称作"保全"。

1908 年以后，两派都集结了强大的力量，对于应不应该开发赫泽·赫奇峡谷各执一词，争执不下。鉴于这场争论的影响，美国下院召开了听证会，美国国会于 1913 年批准了水坝建设计划，这场旷日持久的争论最终以"保全派"的胜利而告终。但是，"保全派"和"保存派"的斗争并没有因此而结束，在 20 世纪 60 年代末 70 年代初期，围绕着国王峡谷（Mineral King Valley）的开发问题，由缪尔创办的环境组织塞拉俱乐部（Sierra Club）又一次以"自然的权利"诉讼的形式同美国林业局展开了交锋，两种理念的对立、斗争一直延续到了今天。

值得注意的是，在汉语中，"保全"（conservation）和"保存"（preservation）这两个词似无多大区别，往往都不加区别地将它们译为"保护"。但是，在西方环境思想史上它们却代表了完全不同的环保理念，在哲学上则反映了两种不同的自然观：前者代表着"人类中心主义"（严格说，应该是弱人类中心主义，见11.1.2小节），而后者则代表着"自然中心主义"或"非人类中心主义"。

### 11.1.2 "人类中心主义"和"非人类中心主义"

现代环境伦理学的发源地在西方。概括起来，西方环境伦理学的核心理论大致可以分为"人类中心主义"（anthropocentrism）和"非人类中心主义"（anti-anthropocentrism）两大派系。

人类中心主义者坚持以人为中心去展开环境伦理的立场。他们充分肯定人类的价值高于自然的价值，人类是一切价值的来源；非人类的世界只具有外在的工具性价值，保护环境不是为了环境本身，而是因为环境对于人类有价值，即保护自然符合人的利益，为了人类的可持续发展需要保护自然。离开了人的需要，自然环境、物种、生物无所谓权利和价值，即离开了人的"环境"就不再是环境，它的价值和意义的问题也就随之消失。

人类中心主义有强、弱之分（激进与温和之分）。强人类中心主义（也称传统人类中心主义）主张人的一切需要都是合理的，可以为了满足自己的任何需要而毁坏或灭绝任何自然存在物，只要这样做不损害他人的利益，人可把自然界看作一个供人任意索取的原料仓库，完全依据其感性的意愿来满足其自身的需要。与此相对，从某些感性意愿出发，经过理性评价后满足人类利益和需要的价值理论，称为弱人类中心主义（也称现代人类中心主义）。弱人类中心主义认为，应该对人的需要作某些限制，在承认人的利益的同时又肯定自然存在物有内在价值。人类根据理性来调节感性的意愿，有选择性地满足自身的需要，前述的"保全"属于弱人类中心主义范畴。弱人类中心主义与可持续发展观（见绪论部分）一样，强调人的中心性、主体性地位，同时要求可持续发展观所肯定的现实世界中人和人之间的公平关系（包括代内公平和代际公平）。有学者认为在尊重生态系统的良性循环有序运作规律的前提条件下，弱人类中心主义有其存在的合理性，我们应该抛弃强化或绝对的人类中心主义思想，维护和倡导弱化或相对的人类中心主义。人类必须走出那种为了"人类中心"而正在丧失着人类长远、整体利益的强人类中心主义的误区。

相对于人类中心主义，非人类中心主义者则认为，把道德关怀的界限固定在人类的范围内是不合理的，必须突破传统伦理学对人的执迷固恋（fixation），把道德义务的范围扩展到人之外的其他存在物身上。人之所以要保护树木、草地、河流、海洋、大气这些自然物是由于人以外的这些存在物与人一样也有其自身的"内在价值"和"权利"。依据其所确定的道德义务的宽广程度，这种非人类中心主义的环境伦理又可分为三个主要流派，即动物解放/权利论、生物中心论及生态中心论。非人类中心主义的环境伦理思想是现代西方环境伦理的主流，特别是其中的生态中心论的影响呈现着日益扩大的趋势。三个主要流派的具体思想观点简介如下。

（1）动物解放/权利论（animal liberation/rights theory）。代表人物：辛格（P. Singer）、雷根（T. Regan）等。辛格认为，快乐即善，痛苦即恶。凡是能带来快乐的就是道德的，凡是能带来痛苦的就是不道德的。在动物解放论者看来，具有感觉能力的动物至少拥有一种利益，即体验愉快和避免痛苦的利益。因此，我们必须把动物的苦乐利益也当作道德计算的相关因素。以雷根为代表的动物权利论者认为，人拥有天赋价值源于人是有生命、有感觉、有意识的生命主体，而动物（至少某些哺乳动物）也具有成为生命主体的种种特征，因而动物也拥有值得我们予以尊重的天赋价值。它们的这种特征以及由此而来的这种权利决定了人类既不应也不能把它们当作一种仅仅能促进人类自身福利的工具来对待，而必须以一种尊重它们身上的天赋价值的方式来对待。

（2）生物中心论（biocentrism）。代表人物有：施怀泽（Albert Schweitzer）、泰勒（P. W. Taylor）等。生物中心论认为，不仅动物有"权利"，而且包括植物在内的所有生物一般说来都有其自身的"内在的价值"，因此都应受到同等的尊重。这是以敬畏生命的理念为基础的，所有的生物只要是生命就应该是平等的，就算是人也并不是什么比其他生命体优越的东西。

（3）生态中心论（ecocentrism）。代表人物有：利昂波德（Aldo Leopold）、阿恩·纳斯（Arne Naess）、比尔·迪伏（Bill Devall）、乔治·塞逊斯（George Sessions）、罗尔斯顿（H. Rolston）等。生态中心论的道德关怀范围更广大，从生命物扩展到无机物，从生命个体扩展到生物共同体或整个生态系统。于是，关于"价值"和"权利"的概念便进一步向包括无生命的自然在内的整个自然界扩展。生态中心论者是从3个理论视角即大地伦理学、深生态学和自然价值论的视角来阐发其思想的。

1）大地伦理学（land ethics）是被称为环境伦理学的先驱者美国的奥尔多·利昂波德创立的。利昂波德认为，我们不应该把自然环境仅仅看作是供人类享用的资源，而应当把它看作是价值的中心。生物共同体具有最根本的价值，它应当指导我们的道德情感。他提出了生态中心论伦理学的基本原则："当一件事情有益于保护生命共同体的完整、稳定和美丽时，它是正确的；当它趋向于相反结果时，它就是错误的。"因此，人类必须转变自己的角色，从大地共同体的征服者，转变为它的一位善良公民，必须把社会良知从人扩大到生态系统和大地。

2）深生态学（deep ecology）的创立者是挪威著名哲学家阿恩·纳斯，代表人物还有美国的生态哲学家比尔·迪伏和乔治·塞逊斯。"自我实现"（self- realization）和"生物中心主义的平等"（biocentric equality）是深生态学理论的两个"最高规范"（ultimate norms），也是深生态学伦理思想的理论基础。其中"生物中心主义的平等"的基本要义是："在生物圈中的所有事物都有一种生存与发展的平等权利，有一种在更大的自我实现的范围内，达到它们自己的个体伸张和自我实现的形式的平等权利。"这个要义所强调的是，在生物圈中的所有的有机物和存在物（包括无机物），作为不可分割的整体的一部分，在内在价值上是平等的。每一种形式在生态系统中都有发挥其正常功能的权利，都有"生存和繁荣的平等权利"。纳斯把这种"生物中心主义的平等"看作是"生物圈民主的精髓"。深生态学的生物中心主义平等理论有一个极为重要的预设的前提，即生物圈中的所有的存在物（包括人类与非人类、有机体与无机体）有其自身的、固有的、内在的价值。他们认为，这是"以一种超越我们狭隘的当代文化假设、价值观念和我们时空的俗常智慧来审视"而得到的直觉，无需依靠逻辑来证明。生态系统中物种的丰富性和多样性是生态系统稳定性和健康发展的基础，因此一切存在物对生态系统来说都是重要的、有价值的。从整个生态系统的稳定和发展来看，一切存在形式都有其内在目的性，它们在生态系统中具有平等的地位。相对于深生态学，以人类中心主义为基础的生态学称为浅生态学（shallow ecology）。

3）罗尔斯顿的自然价值论（theory of natural value）则试图通过确立生态系统的客观的内在价值（intrinsic value，内在于事物之中的、不依赖于人的评价的某种属性），为我们保护自然生态系统提供一个超然于人们主观偏好的客观的道德根据。罗尔斯顿是把价值当作事物的某种客观属性来理解的。在他看来，评价过程就是去标识出事物的这种属性的一种认知形式，尽管对事物的价值属性的认知主要不是用认知者的内心去平静地再现已经存在的事物，而是通过体验的通道了解事物的价值属性，但这并不意味着价值完全就是体验。我们评价的东西，就是某种我们观察到的东西。这种被我们观察到的价值，属于体验性的价值，而未被我们观察到的价值，则属于非体验性的价值。"对莴苣的评价部分基于我的有意识的偏好（我可以选择花椰菜来代替它），但部分是基于我身体的生物化学机制。这种机制与我的有意识的偏好无关"。因此，把价值完全归结为人的主观偏好是难以令人信服的。罗尔斯顿所理解的价值属性的另一种重要特征是它的创造性。他明确指出："自然系统的创造性是价值之母，只有在它们是自然创造性的实现的意义上，才是有价值的……凡存在自发创造的地方，就存在着价值。"价值就是生态系统内一切自然物所固有的具有创造性的属性，这些属性使得具有价值的自然物不仅极力通过对环境的主动适应来求得自己的生存和发展，而且它们彼此之间相互依赖、相互竞争的协同进化也使得大自然本身的复杂性和创造性得到增加，使得生命朝着多样化和精致化的方向发展。

## 11.1.3　可持续发展的伦理学

传统的人类中心主义的价值观否认自然的内在价值，以人为中心，盲目开发和利用自然，破坏了人与自然的和谐关系，导致了人与自然的对立，出现了严重的环境危机。现代人类中心主义从人类的整体利益和长远利益出发，具有进步意义，但其学说的唯一出发点仍然是人类的利益，具有一定的局限性，且没有将道德关怀拓展到其他物种，没有给其他生物留下足够的生存发展的空间。非人类中心主义否定人的本质、人的社会性与能动性，缺乏对现实问题和具体情况的关注，实践缺乏可操作性。虽然人类中心主义与非人类中心主义存在诸多缺陷，但二者都为构建生态伦理原则做出了重大贡献，为我们追求更加合理完善的生态伦理原则奠定了哲学基础。要想做到既维护人类利益，又维护大自然存在物的利益，我们可在二者中寻找最佳的结合点，这一结合点便是建立可持续的发展观，即可持续发展的伦理学。

可持续发展伦理观萌芽于1972年联合国通过的《人类环境宣言》。1987年，世界环境与发展委员会发表了《我们共同的未来》的著名报告，对可持续发展做出了明确的定义：可持续发展是"既满足当代人的需要，又不对后代满足其自身需要的能力构成危害的发展"。可持续发展伦理观以发展为中心，以公平与和谐为条件，实现人与自然的可持续发展。可持续发展伦理观的主要内容为：（1）承认自然具有内在价值，将道德关怀拓展到整个自然界；（2）人是自然的道德代理人，有责任保护与管理环境；（3）人与自然、社会、经济共同持续发展。

可持续发展的伦理观主张人与自然要和谐可持续发展，实现了对人类中心主义和非人类中心主义的整合超越，具有科学的理论和实践指导意义。首先，可持续发展观在人与自然和谐统一价值观的基础上，承认人类中心主义倡导的人的主体地位。这样就避免了非人类中心主义在实践中带来的困难，更有利于人与自然的和谐生存。其次，可持续发展观汲取了非人类中心主义关于自然具有内在价值的思想，承认自然不仅具有工具价值，也具有内在价值，但又不能把内在价值归于自然自身，而是将其提高为人与自然和谐统一的整体性质。由此可见，可持续发展观超越了人类中心主义和非人类中心主义的思想，以持续性为发展目标，促使人类的眼光放得更加长远，真正为人与自然搭建了一座桥梁，使人与自然和谐共处。因此，可持续发展的生态伦理观在一定程度上同时接纳和包容人类中心主义与非人类中心主义，在人与自然和谐的原则之上，以发展的观点、动态的观点解决环境、经济、政治等领域的问题，促进人与人、人与自然之间的互利共生、协同进化和发展，为维护终极目标人类的利益而努力。我们既要尊重大自然的客体价值，又要尊重人类的主体价值，将二者完美地整合在一起，真正地做到人与自然的统一和谐，为当代人及后代人创造一个有利的生存环境。

# 11.2　原　则　规　范

尽管各种环境伦理观之间存在一定的分歧，但在思考和处理环境实际问题时却有很多共识，这些共识构成了人们对待人与自然关系或环境与发展之间关系的基本原则。

## 11.2.1　环境伦理原则

### 11.2.1.1　尊重自然

为了尊重与善待自然，人类应该尊重地球上一切生命物种，尊重自然生态的和谐与稳定，顺应自然生活。只有顺应自然生活才能过上一种有利于环境保护和生态平衡的生活。为此，人类必须遵循最小伤害原则、比例性原则、分配公平原则以及公正补偿性原则。

（1）最小伤害原则。从保护生态价值与生态资源出发，当人类利益与生态利益发生冲突时，应尽量将对自然生态的伤害减小到最低限度；在利用各种动物资源时，不要逾越动物原来的自然法则，尽量不要给动物带来过度的痛苦；在改变自然生态环境时要慎重行事。

（2）比例性原则。所有生物的利益都可以区分为基本利益和非基本利益，前者关系到生物体的生存，是必需的。当人类利益与野生动植物利益发生冲突时，对基本利益的考虑应重于非基本利益的考虑。基于这一原则，人类的许多非基本利益应让位于野生动植物的基本利益，人类不应为了追求过度消费而损害自然生态的基本利益。

（3）分配公正原则。当人类的基本利益与自然或生物的基本利益相冲突时，应当遵循分配公正性原则。这一原则要求我们要与自然或生物共享资源，要求我们在自然资源的利用上尽可能地实行功能替代，用一种资源代替另一种更为宝贵的资源。例如，开发木塑复合材料（木材和塑料合二为一的新型加工产品）来代替纯木材产品可减少森林砍伐，为野生动物保留更大的生存空间。

（4）适度补偿原则。人类的发展势必给生态环境和动植物带来干扰、影响，甚至危害。这就要求人类应对他们进行适度的补偿，特别是对濒危物种生态领地的补偿。例如，人们发展经济而毁掉了大片的森林，从保护和维持自然生态系统的平衡出发，必须大力植树造林。通常采用的补偿方式有生态重建、环境复原、建立自然保护区等。

### 11.2.1.2　规范行为

为了削弱人类活动对自然环境的不良影响，人类应当协调社会内部的关系。因此，就需要对人类社会内部的各种关系进行规范。这种规范应遵循正义、公正、权利平等和合作原则。

（1）正义原则。在以经济增长主导社会发展的观念影响下，工业的畸形发展，导致严重的环境污染与环境退化。这种不顾公众环境利益的行为是不道德的、非正义的。非正义的行为理当受到舆论等谴责。正义原则要求任何个人或集团的一切行为不要因导致环境问题而使得其他人或集团受到不良的影响。

（2）公正原则。某些单位或个人的不合理的经济行为或其他行为导致环境的污染与破坏，这不仅严重地侵犯了公众的利益，而且对于那些为避免破坏环境而采取环保措施的企业来说是不公正的。公正原则则要求我们在治理环境污染以及处理环境纠纷时要维持公道，即要求致污企业要承担责任并赔偿环境污染所带来的损失。

（3）权利平等原则。权利平等原则是指各种主体在使用资源与环境上具有平等的权利。富裕发达的国家或地区不应当利用自己的技术优势和经济优势，通过不平等的方式掠夺贫困国家的资源，从而达到更多地占有和使用资源的目的，否则将会加大国家或地区之间的贫富差异。

（4）合作原则。生态危机和环境灾害的全球性，要求我们在处理解决生态环境问题时，不同的国家或地区之间要进行合作。目前普遍存在的富国向穷国输出污染，从而达到本国环境优化的行为是不道德的，也是不科学的。

### 11.2.1.3　关注未来

在处理当代人与未来人的基本利益时，为了实现可持续发展，当代人应当遵循责任原则、节约原则和慎行原则。

（1）责任原则。环境不仅是当代人的，也是未来人的。未来人与当代人具有同等的环境使用权，当代人对未来人能否拥有与当代人基本相同或更好的环境条件负有重要责任。

（2）节约原则。为了未来人能够拥有可以满足其基本利益的资源，当代人应当对资源的开发利用采取节约的原则。在生产上，当代人应通过改进或改革生产工艺等途径提高资源的利用率；在生活上，当代人应节俭简朴，防止铺张浪费，尽可能地使用环保产品。当代人不能为了局部利益而置生态系统的稳定于不顾、不能为了满足自己的需要而透支后代人的环境资源。

（3）慎行原则。人类活动的生态响应往往具有明显的滞后性，当代人不合理行为的负效应很可能在未来人的生存中凸现出来。因此，当代人应遵循谨慎行事原则。例如，人类对热带雨林的破坏，不仅造成地球表面气温的上升，而且使地球上许多物种已经灭绝或濒临消失，这给后人造成的损失更是无法估量。

## 11.2.2　环境伦理规范

环境伦理原则在实际生活层面上的具体展开就成为环境伦理规范，它为生态人格（对自然肩负道德责任，履行道德义务的人格）的具体内容作出了恰当说明，它相对于伦理原则更具有现实针对性。环境伦理原则的主要规范体现在如下几个方面，这些内容是对生态人格行为要求的具体规定。

（1）热爱大自然，与自然为友。人与自然的关系，是互惠互利、共存共荣的友善关系。自然界中一切对人类社会生活有益的存在物，如山川草木、飞禽走兽、大地河流等都是维护人类生命圈的朋友，是人类社会赖以生存和发展的物质条件。人们对大自然的热爱，实质是对人类生命本身的热爱，是对人类文明发展的爱护。

（2）爱惜动植物，保护生态平衡。保护地球动植物群落的完整、稳定是维护地球生态系统平衡的重要条件。爱惜动植物，保护生态平衡，应当成为生态道德的一项重要准则。人类应当对一切有益的生物采取有道德感情的态度，把它们包括在怜悯、爱惜、互助、保护等活动领域中，只有采取爱护和理智的行为态度才能拯救和维护自然生态。

（3）优化生产方法，防止环境污染。运用一切现代科学技术和工艺手段改进生产方法，努力减少并制止对环境的污染，不仅应当重视劳动生产率，同时也应高度重视生产方法的科学化和合理化。

（4）发展科学技术，合理利用自然资源。地球上所供人类开发利用的自然资源是有一定限度的，只有发展科学技术并合理利用和开发自然资源才能使人类社会持续向前发展。以发展科学技术、节约和合理利用自然资源为荣，以生产落后、过度消费和破坏自然资源为耻，应当成为我们道德生活中的一种制约人们行为的道德舆论和信念。

（5）节俭资源消费，生活方式生态化。在日常生活中，一切生活、消费行为应以节约自然资源、保护生态环境为荣，以浪费自然资源、污染自然环境为耻。人们的居住、交通、旅游、娱乐、交际等方式的选择，应当有利于节约使用和再利用各种自然资源，有利于自然生态系统的平衡。

# 11.3　环　境　正　义

## 11.3.1　环境正义概念

"环境正义"（environmental justice）是关于由环境因素引发的不公正问题，特别是强者对弱者在环境保护中权利与义务不对等的议题。环境正义要求在环境政策及规约的制定、实施方面，对每个行为主体（国家、组织或个人）来说，都能得到公平对待和富有意义的参与，享有的权利和承担的义务必须公平对等。

环境正义主要研究的是对环境恶物（environmental bads）和环境善物（environmental goods）的分配问题。所谓环境恶物，指的是环境价值体系中体现为负价值或零价值的成分，如各种有毒有害化学废弃物、温室气体、污染的河流和土壤、森林和生物物种的减少、臭氧层稀薄等。环境恶物威胁着人们的身心健康，可增加患病风险、附加改善生活的成本，降低生活质量，影响身体健康和精神净化。环境善物则指的是环境价值体系中呈现为正面价值的部分，如清洁的空气、山川秀美的河流、野生濒危动物、风景名胜古迹、舒适的城市环境等。环境善物对人们的身心健康有益，可提高生活质量，降低患病风险，有利于身体健康和精神愉悦。环境善物因其为人所欲而成为一种利益，环境恶物因其为人所不欲而成为一种负担。环境正义问题就是关于对环境善物的合理利用、对环境恶物的合理承担问题。如何分配环境恶物和环境善物才能实现正义，成为环境正义论的主要研究内容。

环境正义可以分为代内正义（同代人之间的公平正义）、代际正义（当代人与后代人的公平正义）和种际正义（人与自然之间的公平正义）三类。当前，环境正义问题集中体现在代内正义问题上，主要分为国内环境正义和国际环境正义两方面。

（1）国内环境正义。国内环境正义是指一国之内不同的利益群体各自的利益诉求如何平衡的问题。例如，美国国内白人、黑人、印第安土著人等不同的群体有不同的生产和生活方式，环境保护主义者以环境保护之名，不准保护区内的印第安土著人进行有经济目的的活动，或者把他们驱逐到专门的保留地，迫使他们改变传统的生活方式。再如，将具有污染、毒害的工业垃圾和生活垃圾处理站设在穷人聚集区或附近，以便美国社会的中产阶级和富裕群体能够远离环境污染和环境危害，亲近自然，满足审美情趣等。其他国家也有突出的代内正义问题，如城乡环境正义、区域环境正义和阶层环境正义问题等。如发达地区和富裕阶层享受了经济发展成果，而将污染、贫穷和疾病留给了农村、欠发达地区和穷人等。

（2）国际环境正义。国际环境正义是指不同国家之间，尤其是西方发达资本主义国家和经济落后国家之间的环境权益和环境责任上的公平问题。占全球极少数的发达国家消耗和浪费了过多的资源，并造成了巨大的环境破坏和制造了大量的环境污染，而大多数发展中国家却缺乏必要的资源并承受了巨大的环境危害。以美国为例，这个占世界总人口约3%~4%的国家，却耗费了大约全球20%~25%的资源。这些资源除少数是美国国内的之外，大多数是以低廉的价格从一些发展中国家获得。不仅如此，发达国家常将污染企业转移到第三世界，利用落后国家和地区的资源发展本国的经济；同时还常常将大量生产和消费之后的有害垃圾和废弃物运往发展中国家，从而使这些国家成了西方发达国家典型意义上的"垃圾场"。这些垃圾和废物对相关国家的人民造成了巨大的危害。在全球每年生产的40亿吨有毒垃圾中，有90%都是工业发达国家生产的，而每年大约有3亿吨有毒废物都是通过跨越国境的方式从发达国家流入发展中国家。

尽管国际社会对国际环境正义做出了大量积极努力，但相关规约的执行情况并不乐观。如目前全球每年产生的电子设备废料高达2000万至5000万吨，其中八成出口亚洲，中国和印度成为重灾区，而早在1989年国际社会就已经通过了《控制危险废料越境转移及其处置巴塞尔公约》。2005年2月，全球包括30个发达国家的共141个国家和地区签署了《京都议定书》，但作为全球温室气体排放量最大的国家——美国以"减少温室气体排放将会影响美国经济发展"和"发展中国家也应该承担减排和限排温室气体的义务"为由，宣布拒绝批准执行《京都议定书》，对抑制全球暖化的国际合作产生了不良影响。

## 11.3.2 环境正义事件

以下以环境正义问题的起源——美国环境正义运动以及我国邻避冲突为例对发生于一国之内的国内环境正义事件予以简介。

### 11.3.2.1 美国环境正义运动

1982年，美国政府在北卡罗莱纳州以非裔美国人和低收入白人为主要居民的华伦县（Warren County，North Carolina），修建了一个掩埋式垃圾处理场，计划用于储存从该州其他14个地区运来的聚氯联苯（PCB）废料。这项决议遭到当地居民的抵制，在联合基督教会的支持下游行示威。在一次大规模的抗议活动中，由几百名非裔妇女、孩子及少数白人组成的人墙封锁了装载着有毒垃圾卡车的通道，并与警察发生了冲突，在冲突中，当局逮捕了500多人。此事激起了人们对不平等使用社区土地这一种族歧视新现象的广泛关注，环境正义运动自此正式拉开了序幕，环境正义理念应运而生。

1987年，美国联合基督教会种族正义委员会，又对少数民族和穷人社区的环境问题，展开了广泛而深入的调查。根据对有毒垃圾掩埋点的选址和该选址周围社区的种族与社会经济状况的关系所做的统计评估报告表明，美国境内的少数民族社区长期以来不成比例地被选为有毒废弃物的最终处理地点。美国政府在环境利益和负担的分配上表现出严重的偏见，如白人或富人居住区通常都是非常环保的，而有色人种或穷人居住区则通常与污染严重的工业或企业为邻。而且，在治理污染区或惩罚污染者的方式上，也存在着种族偏见。如果污染是发生在白人社区而不是发生在黑人等有色人种社区，那么通常会处理得非常快而好，并且对污染者的惩罚也通常更为严厉。这表明，种族或经济地位已成为影响环境利益和负担分配的重要因素。

1991年10月，600多个有色人种环境团体在美国华盛顿召开了"第一届全国有色人环境领袖峰会"，会议通过的《环境正义原则》和一些著名领袖的发言都表达了这样的思想，即环境问题是与500多年的殖民化所造成的政治、经济、社会和文化不平等交织在一起的，因而环境正义运动的目标是使导致其社区土地被毒化及种族被灭绝的政治、经济、社会和文化的新一轮改革。作为对传统的环境保护运动的补充和社会正义这一永恒主题在环境领域的延伸，经过20多年的发展和完善，环境正义理论和运动已经在美国得到了广泛的认同和支持，其争取和确立的正义原则也已经在美国的国内立法和政策中得到了承认和执行。克林顿政府在其1994年2月11日颁布的名为《为少数民族与低收入民众享受环境正义所应采取的联邦行动》的第12898号行政命令中，要求所有联邦机构都应该把实现环境正义作为自己的使命，合理确定和关注他们的项目、政策和行动对美国的少数民族与低收入民众造成的畸重的和负面的健康和环境影响。

由美国环境正义运动可以看出，环境问题不仅反映出人与自然关系的失调，而且越来越反映出人与人之间社会关系的失调。虽然该运动的议题主要集中在废弃物处理或少数民族的议题上，但它已经体现出"环境正义"的基本内涵：在强调人们应该消除对环境造成破坏的行为的同时，肯定保障所有人民的基本生存权、自决权、参与权等项基本权利也同样是环境保护的一个重要维度。它一方面关怀被人类破坏的自然环境，另一方面更强调强势族群和团体能够几乎毫无阻力地对于弱势者进行迫害是造成自然环境破坏的主要原因。环境正义是广义的社会正义的有机组成部分，环境问题必须与环境正义联系起来才能得到有效解决。

### 11.3.2.2　邻避冲突及其治理

邻避（NIMBY），即"别建在我家后院"（not in my back yard）的英文缩写，亦称"LULU"（locally unwanted land use），由欧海尔（O'Hare）于20世纪70年代首次提出，是指一些具有污染风险的设施（如垃圾焚化炉、核电站等）在选址和运营过程中，时常遭到附近居民的强烈反对而引起的环境抗争现象。引发邻避的这些设施称为邻避设施，这些设施在给整个社会带来方便和好处的同时也对周围居民造成不良影响。邻避反映了民众对邻避设施的一种态度或心理，选址地附近的居民反对建设邻避设施的抗争行为被称为

"邻避冲突"或"邻避运动",有时也被统称为"邻避症候群"或者"邻避效应"。1982年发生于美国北卡罗莱纳州华伦县的环境正义运动正是由于邻避设施的建设所引发。

近年来,随着农村工业化城镇化的不断发展、城市空间重构的不断推进、公民环境意识的不断增强,我国因邻避设施选址引起的冲突事件不断上升(如表11-1所示)。频发的邻避冲突,不但导致项目选址搁置或停滞,形成过高的交易成本和社会资源的浪费,同时由于邻避抗争具有组织动员性强、参与人数多等特点,可能会导致快速升级的不良社会后果,不利于社会稳定及和谐社会建设,邻避冲突对政府决策模式、政府利益诉求、政府合法性、政府善治理念等构成严重挑战。

**表 11-1　典型邻避冲突事件举例**(数据截止到 2013 年 5 月)

| 邻避冲突事件 | 发生时间 | 污 染 物 | 抗争结果 |
|---|---|---|---|
| 上海春中高压线事件 | 2006.4 | 电磁辐射 | 项目强制执行 |
| 北京六里屯业主反对垃圾焚烧事件 | 2006.10 | 二噁英 | 项目重新选址 |
| 厦门 PX 项目事件 | 2007.6 | 二甲苯泄漏 | 项目迁往漳州 |
| 上海市民反对沪杭磁悬浮项目事件 | 2008.1 | 电磁辐射、噪声、振动 | 项目无限期搁置 |
| 广州骏景花园业主反对变电站事件 | 2008.12 | 电磁辐射 | 项目强制执行 |
| 广州番禺业主反对垃圾焚烧厂事件 | 2009.11 | 二噁英 | 项目重新选址 |
| 大连市民反对 PX 项目事件 | 2011.8 | 二甲苯泄漏 | 项目停产搬迁 |
| 北京西二旗业主反对垃圾处理站事件 | 2011.11 | 垃圾恶臭和有毒气体 | 项目重新选址 |
| 天津大港民众反对 PC 化工项目事件 | 2012.4 | 聚碳酸酯泄漏 | 项目停建 |
| 四川什邡市民反对钼铜项目事件 | 2012.7 | 重金属离子等污染物 | 项目取消 |
| 江苏启东市民反对造纸排海工程事件 | 2012.7 | 强碱和硫化物有害物质 | 项目取消 |
| 宁波市民反对镇海炼化 PX 项目事件 | 2012.10 | 二甲苯泄漏 | 项目取消 |
| 北京市民反对京沈高铁项目事件 | 2012.12 | 电磁辐射、噪声、振动 | 争论中 |
| 上海松江市民反对兴建电池厂事件 | 2013.4 | 锂电池生产中三废污染 | 项目取消 |
| 四川成都民众反对彭城石化项目事件 | 2013.5 | 聚乙烯和石化有毒气体 | 争论中 |

邻避冲突的一个典型事件是厦门 PX 项目事件。2006 年厦门市的一个招商引资项目受到了政府的高度重视,该项目被称为厦门"历史上最大的工业项目",总投资额高达 108 亿人民币,项目投资方为台湾的腾龙芳烃(厦门)有限公司,主要生产对二甲苯,俗称 PX。对二甲苯是一种化工生产中非常重要的原料,在塑料薄膜和聚酯纤维的生产过程中都少不了它。至于这种易燃也易凝固的液体是否存在巨大的安全风险,政府、专家学者和普通百姓的看法并不一致。该项目的选址地在厦门市海沧台商投资区,预计投入生产之后可以有 800 亿人民币的工业年产值。对厦门政府来说该项目能产生巨大的经济效益,增加财政收入,推动厦门的经济发展,所以很快该项目获得了国家发改委的核准。

2006 年 11 月,项目正式开工,预计 2008 年可以投产。但在 2007 年 5 月末,广大厦门市民收到了一条短信,短信中对 PX 的危害大肆渲染,称这相当于在厦门人的头上悬一颗原子弹，PX一时间成了洪水猛兽。于是，一场厦门市民反对在本地建PX生产厂的群众运动开始酝酿。2007年5月30日上午，厦门市人民政府召开了第五次常务会议，会议的主要议题就是PX项目，经过讨论研究，最后决定暂缓建设海沧PX项目。之后福建省政府也要求厦门市对PX项目的环境评估范围进行扩大。2007年6月1日，数千名厦门市民满怀激愤，走上街头，以"散步"的名义进行游行，表达对该项目的抗议。2007年12月16日，为解决厦门PX项目问题，福建省政府召开了专门会议，决定把PX项目迁建到别的地方。最终，漳州漳浦的古雷港开发区成为了PX项目的建址地。

导致邻避运动的外因常常是生态环境问题，而政策不透明、缺乏知情权又是邻避运动的诱因，对政府和企业的不信任、干群关系不和谐是邻避运动的内因。此外，利益分担机制不健全、生态补偿不合理是邻避运动多发的重要因素。因此，为解决邻避冲突问题，应坚持环境正义原则，并建立以下治理机制。

（1）加强环境权保护机制建设。为了实现邻避设施选址决策中的环境正义，应切实维护公民的环境使用权、知情权、监督权、参与权和请求权，同时对邻避设施选址规划的环境正义进行定量评价，保证公民的环境权不受侵害，为环境正义提供制度保证。

（2）完善环境信息公开制度。首先，在进一步完善《环境信息公开办法（试行）》的基础上，对涉及企业商业秘密和国家机密以外的所有环境信息及时准确地进行公开，社区居民可以通过信息查询系统了解所在社区的环境状况，有效地监督政府和企业的污染物质管理情况。其次，政府部门也可以通过官方网站、微博、短信平台将邻避设施选址相关信息（如环境影响评价、环境正义评价、项目风险信息等）及时告知给公众。最后，健全环境信息公开过程中的问责机制，加大对邻避设施决策过程中的官商勾结、内幕交易腐败行为的惩罚力度，只有这样，才能建立彼此之间信任机制，重塑政府形象，提高公众对政府决策的支持力度，维护决策的合法性。

（3）加强环境风险沟通中的公民参与。对于邻避设施所引起的环境风险、健康危害，由于公众与科学家、利益团体、政府决策者之间存在认知和评判的差异，为了减少利益相关者之间的分歧，可采取如下措施：采用参与、自愿、合作模式，通过问卷调查、民意访谈、听证会等组织形式，让公民直接参与环境决策过程，实现利益相关者之间的风险沟通与协商，增加决策的透明性。第二，选择独立的第三方进行风险评估，建立公民与邻避设施建设者之间的信任关系，削减公民对利益相关者的猜疑。第三，通过有效的风险减缓措施，降低邻避设施客观存在的事实风险，减轻公众对环境风险的预期恐惧、焦虑和不安，提高他们对邻避设施建设的接受度。

（4）通过利益补偿实施环境风险的均衡分配。按照环境分配正义的原则，对邻避设施给附近居民带来的健康、财产和心理损失预期进行补偿，实行环境风险的均衡分配，有利于提高公众的接受度，增加邻避设施建设的成功性。补偿可分为金钱补偿和非金钱补偿，金钱补偿包括税收减免和直接支付金钱，一般根据距离邻避设施远近进行发放。非金钱补偿主要包括提供公共设施（如游泳池、公园、图书馆），为社区居民提供免费定期的身体检查，对居民的房地产价格进行保值、建立应急费用基金、提供就业岗位、发放个人福利津贴，对非盈利组织提供经费补偿等。按照"谁受益、谁补偿"的原则，通过利益补偿，可以降低居民的风险损失预期，弱化相对剥夺感，有利于邻避冲突的化解。

# 熵定律的世界观

所谓熵定律即由德国物理学家克劳修斯在 1868 年提出的热力学第二定律，其表述方式主要有：（1）热不可能自发地从低温物体传到高温物体；（2）任何热力循环发动机不可能将所接受的热量全部转变为机械功；（3）在封闭系统内实际发生的过程总是使整个系统的熵值增大。熵定律告诉人们，地球上物质和能量虽然是守恒的，但在表现形态上它只能沿着一个方向转换，即从可利用到不可利用，从有效到无效，从有序到无序，宇宙中总的熵值不断增加，因此在任何地方建立起任何秩序，都必须以周围环境的更大熵值（无序或混乱度）为代价。所谓"熵"是指最后不能再被转化的无效能量的总和，在封闭系统中当熵达到最大值时，一切有效能量均消耗殆尽，意味着系统进入了全面崩溃，或称"热寂"的阶段。

熵定律本是形而下的物理问题，但是美国学者杰里米·里夫金（Jeremy Rifkin）和特德·霍华德（Ted Howard）于 1981 年出版了《熵：一种新的世界观》（Entropy: A New World View）一书，将熵定律提升到形而上的世界观高度，书中引用了爱因斯坦等著名学者的论述，把熵定律誉之为"整个科学的首要定律"和"整个宇宙最高的形而上学定律"，从而明确地提出了具有普遍意义的熵定律世界观（简称为熵世界观）。

熵世界观将熵定律推广到整个地球以及人类社会的各个方面，广泛应用于哲学、心理学、经济学、政治学、社会学等各个领域。熵世界观认为，当人们将能量从一种状态转化到另一种状态时，人们会得到一定的惩罚，这种惩罚就是人类失去了能在将来发挥作用的能量。人类在消耗能量的过程中把产生的"废物"排放到自然环境中去，这就是污染，它是环境对人类的"回报"。污染就是熵的同义词，熵的增加就意味着有效能量被减少和耗散，转化为无效能量从而构成污染。人类所建立的高级有序的社会，即所谓的进化，必然导致其周围的熵海洋的波涛越来越汹涌，熵的存在是制约人类可持续发展的根本机制所在。

从严格意义上说，地表是一个封闭系统，当不断增加的熵达到一定限度时，地表的生命系统就会断裂、崩溃甚至死亡，这种悲剧可涵盖整个地球和太阳系。恩格斯在一百多年前就说过："太阳系的产生也预示着它将来的不可避免的灭亡""自然界不是存在着，而是生成着并消逝着"。因此在哲学意义上说，在地球表层这个人类生存环境封闭系统中，人类控制自己赖以生存的地球家园不至于崩溃（严格意义上说也只是延缓崩溃）的唯一办法就是尽量减少熵流的积聚。为此，我们必须建立"低熵"的世界观，有意识地尊重地球环境资源，建立一种与生态环境相适应，与自然和谐共存的、符合减熵原理和生态规律的生态社会。在熵面前，我们只能选择理解并自觉地进入低熵（或低能耗）社会。

要实现低熵社会，就必须站在环境伦理的高度上，遵从以下几个环境伦理原则：人类要像对待母亲一样尊重自然界的客观存在及其潜在价值；尊重全人类和子孙后代的环境权利，以大我思想保证实现人类的类存在；敬畏人类生存环境系统，遵循热力学第二定律，减少和延缓熵流积聚，最终实现人类和生存环境共同存在和发展的愿望。为此还必须共同遵守以下几个可实际操作的环境伦理规范：（1）控制人口总量增长，与自然环境承载能力相协调；（2）实现人生观和人性的自然回归，不做金钱的奴隶，人的生存不以追逐财富作为人生的目的，人活着是为了让自己和别人一起生活得更美好，共同为消除人类群体生活中不和谐的根本原因——一部分人的"贫困"而贡献自己的力量；（3）抑止生产目的性的异化，缩小生产规模，实行循环经济，节省资源和减少能源投入，减缓熵流积聚；（4）反对奢靡的生活方式，维持适度生活水平，实行绿色消费，在满足基本生活物质需要后，追求高尚的精神生活；（5）善待万物，对大自然和社会永远怀着敬畏和感恩之心。只有这样，人类才有可能通过实现社会和谐而最终实现人类和自然的和谐，真正实现现代意义上"天人合一"的人类最高理想和愿望。

## 思 考 题

11-1 人对自然的态度有哪几种类型？各自的主张如何？"保全"和"保存"各属于哪一类？二者之争是如何产生的？结合我国当前环境实际分析人对自然义务的伦理依据。

11-2 环境伦理学的"人类中心主义"及"非人类中心主义"者的主要观点有哪些？二者争论的核心问题是什么？各个观点关于人对自然义务根据的解释是否合理？

11-3 "保全主义者"和"保存主义者"争论的焦点是什么？试对二者环境伦理主张的正误进行分析。

11-4 什么是环境善物和环境恶物？二者与环境正义有何关系？

11-5 什么是环境正义？如何才能实现环境正义？

11-6 什么是邻避冲突？试分析其产生的原因、危害及解决措施。

11-7 我们是否需要彻底摒弃强人类中心主义？弱人类中心主义是否因其有人类中心主义之嫌而应被非人类中心主义取而代之？谈谈你的看法。

11-8 可持续发展的生态伦理观都有哪些具体内容？试比较其与弱人类中心主义的异同点。

11-9 简述环境伦理的基本原则和规范。

11-10 查阅相关资料，论述中国古代环境伦理思想，并分析这些思想对现代环境伦理学发展的借鉴价值。

# 12 回顾经典

**本章要点**

(1)《寂静的春天》既是环境文学的经典之作，也是一部生态伦理学名著，在生态伦理学发展史上具有重要地位，其所倡导的尊重自然、敬畏生命、生态整体主义已成为点燃现代人类环境意识的明灯，如今仍被看作是新环境保护主义的基石。

(2)《增长的极限》对可持续发展理论的孕育和形成起到了舆论导向、理念导引、思路导通的作用，其所提出的增长极限论是可持续发展理论的重要源头，该著作为人类社会发展理论实现重大突破做出了无可替代的贡献。

所谓经典，是指能够历久不衰、经得起时间考证、具有指导世人突破昏暗并照亮我们继续前行之光芒作用的作品。本章介绍两部影响人类环境思想、环境运动、环境政策、发展战略的经典作品，即《寂静的春天》和《增长的极限》。回顾经典，展望未来，人类一定能够探寻到走向光明未来的必由之路。

## 12.1 寂静的春天

### 12.1.1 蕾切尔·卡逊及《寂静的春天》简介

蕾切尔·卡逊（Rachel Carson，1907~1964）是美国著名科普作家、海洋生物学家、环保运动的先驱，她出生于美国宾夕法尼亚州的一个普通农民家庭，自幼在母亲的熏陶培养下对大自然以及所有生命充满了爱心，她于1929年毕业于宾夕法尼亚女子学院后，继续攻读考取了约翰·霍布金斯大学的研究生，主修海洋生物学并继续攻读博士学位，中途因其父亲的去世而不得不放弃博士学位的攻读，之后凭借自身卓越的文学造诣而就职于渔业管理局。1941年，蕾切尔·卡逊创作了第一部著作《海风的下面》（主要描述海洋生物），不久后在渔业管理局晋升为出版物主编，并得以有充足的时间潜心著作《海洋的边缘》，该著作在1955年完成且一度成为当时的畅销书并被改编成纪录片，获得了一致好评。1957年蕾切尔·卡逊被检查出患有乳腺癌，此后，她便将自身所有的精力倾注于当时日益严峻的杀虫剂滥用问题。在日后的不多时日里，蕾切尔·卡逊凭借顽强的意志力以及深厚的责任心完成了其最后一部著作，即《寂静的春天》（Silent Spring）。该书于1962年在美国首次出版，并在当时的美国乃至全世界掀起了一场前所未有的大规模辩论。由此，"环境保护"这一概念开始深入人心。

"在美国中部曾经有过一个美丽的城镇，那里的生物原本生活得很和谐。繁花似锦、果树成林，鸟儿鸣唱，狐狸在小山上叫着，小鹿穿过原野，人们常常到小溪边捕鱼。但是，一片片从天而降的白色粉剂导致了一场瘟疫：植物枯萎了，鸟儿消失了，鱼儿死光了，母鸡孵不出小鸡，新生的猪仔活不了几天，花丛中没有蜜蜂，果树的花得不到及时授粉、没有果实，大人和孩子也得了奇怪的疾病。这是一个没有生机的春天，只有一片寂静覆盖着田野、树林和沼泽……"，这就是卡逊在《寂静的春天》里为我们描绘的一则"明天的寓言"。由于杀虫剂的滥用，美国无数城镇的春天之音沉寂下来。

　　卡逊在《寂静的春天》中通过大量文献资料以及调查报告结果将除草剂以及杀虫剂等化学物质所造成的危害告知于人类，使得人们清晰地认识到，杀虫剂以及除草剂等化学物质进入人体后所造成的危害。卡逊在书中指出，世界范围内癌症病患比例的大幅上升与农药的使用密不可分，因此她极力反对滥用杀虫剂等化学物质，倡导使用生态上更安全的方法来控制农业虫害，并提供了各种各样替代化学农药祛除虫害和杂草的方法。同时，卡逊还在书中提出人类如何认识和处理与自然关系的大课题，以及科学家的社会责任、技术进步的局限性，并试图从生态学的角度提供解决方案。她那细腻的文笔中流露出对大自然的热爱和对人类未来的关注。

　　正像美国著名作家斯托夫人的《汤姆叔叔的小屋》引发了美国南北战争一样，蕾切尔·卡逊以其《寂静的春天》一书引发了整个现代群众性环境保护运动。该书自 1962 年公开出版以来，几乎每年再版一次，成为世界生态文学的经典之作（该书 2012 年再版的 50 周年纪念英文版封面如图 12-1 所示）。正是这部划时代的作品改变了人类环保的历史进程，扭转了人类思想的方向，使生态思想深入人心，推动了世界范围的生态思潮和环保运动的发展，引发了世界范围的发展战略、环境政策、公共政策的修正和环境革命。《寂静的春天》的出版成为全球范围内的现代环境保护运动的里程碑，而卡逊也作为世界环境运动之母被世人铭记。《寂静的春天》中重要的论点举例如下：

　　（1）自从生命诞生以来，生命的历史是在生命与环境二者间相互制约、相互影响下完成的。

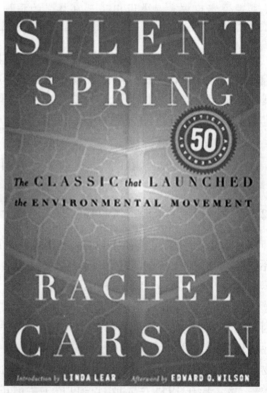

图 12-1　《寂静的春天》50 周年英文纪念版

　　（2）从近 25 年（1935~1960 年）的发展历史中可以看出，大自然已被新的、与以往不同的非常规暴力所破坏。

　　（3）大自然的污染不仅使生活环境等外部世界遭受破坏，其危害甚至已经渗透并潜伏到生物的细胞组织之内。

　　（4）人工化学制品会带来不亚于放射性污染的危害。根据实际统计数据可知，杀虫剂或除草剂中很有可能存在致癌物质。

（5）若使生命适应人类所发明的人工合成物质，需要消耗人类好几代的时间。

（6）像 DDT 这种"给所有生物带来危害"的杀虫剂，它们不应该叫做杀虫剂，而应称为"杀生剂"。制造"用化学药品消毒过的，不存在虫子的世界"以及将"有毒性的，生物学上产生坏影响的化学药品随意到处使用"会后患无穷。

（7）所谓的"控制自然"，乃是一个愚蠢的提法，那是生物学和哲学尚处于幼稚阶段的产物。

（8）应该放弃杀虫剂、除草剂等化学农药，改用生物控制的方法来改善我们的生态（只有改用生物控制的方法才是人类的自救之途）。

（9）我们长期以来一直行驶在那条看起来舒适、平坦的高速公路上。我们可以加速前进，但路的尽头却有灾难等着我们（滥用杀虫剂）。另一条我们很少走的岔路为我们提供了保护地球的最后一个机会（改用生物控制方法）。

### 12.1.2 《寂静的春天》中的生态伦理思想

《寂静的春天》中蕴含了卡逊极具智慧和哲理的生态伦理思想，在这些思索中，既有对前人理论成果的继承，又有卡逊独到的发展突破。可以说《寂静的春天》是卡逊一生生态伦理思想的结晶，她所提倡的尊重自然、敬畏生命成为点燃现代人类环境意识的明灯，如今仍被看作是新环境保护主义的基石。

#### 12.1.2.1 环境危机观

卡逊在该书中描写了一幅幅遭受 DDT 等人工化学药剂污染的可怕画面，论述了导致危机的真正原因，对日益加剧的环境危机向人类发出了严正警告。当时人们担心的主要是遭到核战争的毁灭性打击，而把污染视为微不足道的事情，对环境问题的认识还比较肤浅。然而在卡逊看来，污染问题是与人类核战争具有同等程度毁灭性的另一个中心问题。她认为，人类赖以生存的整个环境已经遭到潜在的有害物质的污染，有毒物质从微小的染色体损伤到基因突变，对人类生命组织造成严重损害，可以导致多种疾病、缺陷发育，甚至死亡。生活在普遍受到污染的环境中，人类根本不能保护基因的完整性。如果人类任由有毒的物质破坏染色体，导致基因恶性变化，那么人类将最终陷入"遗传"的灾难之中。

当时各种新兴技术的不断涌现，使得美国乃至全世界都处于一种盲信科学的亢奋状态下，认为技术能解决人类的一切问题。在所有人都还没有意识到科学技术的负面作用时，卡逊却冷静地看到了事情的另一面，《寂静的春天》中一切描写、分析和论证所体现的环境危机意识和批判精神在当时的情况下显得尤为可贵。

#### 12.1.2.2 反对"人类中心主义"

"人类中心主义"这一思想的核心就是认为人是这个世界独一无二的统治者，主张在人与自然的相互作用中将人类的利益置于首要的地位，将其作为人类处理自身与外部生态环境关系的根本价值尺度。近代科学技术的迅猛发展，也助长了人类的盲目自信，使得人类中心主义大行其道，主导了人们的思想和行为。对于这一现象，卡逊一针见血地指出："这无非是人类妄自尊大的想象的产物"。她说："当人类向着他所宣告的征服大自然的目标前进时，他已经写下了一令令人痛心的破坏大自然的记录，这种破坏不仅仅直接危害了人们所居住的大地，而且也危害了与人类共享大自然的其他生命。"因此，卡逊坚持认为只有放弃人类中心主义思想和征服、统治自然的权利，才能真正拯救这个星球和属于它的所有生命，否则"征服自然的最终代价也许就是毁灭自己"。卡逊将自然拟人化，认为自然也有其权利，反对人类为了经济利益无限度、无批判、无反思地控制自然、掠夺自然，引导人类正确评价和对待自然。"对于千百万人而言，有序而美丽的自然仍然具有深刻而不可取代的价值。"

### 12.1.2.3　生态整体主义自然观

生态整体主义自然观认为，自然界中的所有生命体应该被作为一个整体来看待，和谐与稳定是这个整体的基本法则，即主张人与自然的"整体合一"性。把世界中的每一生命个体以及环境看成一个相互联系的生命共同体，是卡逊生态整体主义自然观的核心，体现了生态共存性的思想。卡逊生态整体主义自然观，带有鲜明的非人类中心主义色彩，认为人与自然组成一个整体，生态整体主义思想的核心就是自然界万物之间有着相互联系性和整体性。她明确提出了人类只是自然界的普通一员，人类的利益也不是衡量万物价值的尺度，人类没有权利为了自己的利益剥夺其他生物生存的权利，包括所谓的"害虫"，更没有权利破坏自然界原有的生态平衡。

以卡逊为代表的西方生态整体主义思想和以中国古代道家文化为代表的"天人合一"思想具有共通之处，即认为人与自然是和谐统一的一个整体，人不能脱离自然而孤立存在，反对把人凌驾于环境之上，环境不是人类生存的附属品，而是世间万物生存的"本源"。人类在生存与发展的同时必须注重人与自然的关系，尊重环境善待自然。人类社会要取得长足的进步和发展，必须摒弃人类妄自尊大的错误主张，树立人与自然和谐统一的生态整体观，这正是当前全人类可持续发展的思想基础。

卡逊认为，生命起源于海洋，所有的生命休戚相关，动物和人类一样渴望幸福、畏惧痛苦和死亡。所以，必须把伦理道德关怀的范围扩展到所有生命，尊重一切生命的伦理才是有道德内涵的。敬畏生命，是人类必须遵守的道德规范。此外，卡逊倡导生命责任伦理，即将传统的伦理道德的范畴拓展到人与自然之间。现代人类社会在发展的过程中建立起的环境伦理道德要求，必须兼顾除人类之外的非人类存在物的权利和义务，不仅要对当代人负责，也要对子孙后代负责，不仅要对人类自身负责，同时要尊重非人类存在物的权利和义务。

## 12.1.3　《寂静的春天》的影响

《寂静的春天》虽然写于50多年前，但书中所描写的种种情况甚至卡逊所预言的灾难性后果却仍在世界各地重演。卡逊在《寂静的春天》中所阐发的思想和它引起的巨大影响，仍然值得我们今天思考和借鉴。1992年，该书被评为50年来最具影响的书。2003年，《寂静的春天》被美国的《图书》杂志评为改变美国的20本书之一。2007年，上海译文出版社重新翻译出版《寂静的春天》，该书同时附有诺贝尔和平奖获得者、美国前副总统阿尔·戈尔的序言，他称赞《寂静的春天》对美国社会产生的影响可以与《汤姆叔叔的小屋》媲美。戈尔在他为《寂静的春天》写的序言中写道："《寂静的春天》播下了新行动主义种子，并且已经深深植根于广大人民群众中。1964年春天，蕾切尔·卡逊逝世后，一切都很清楚了，她的声音永远不会寂静。她惊醒的不但是我们国家，甚至是整个世界。《寂静的春天》出版应该恰当地被看成是现代环境运动的肇始。"行动主义是一种对于社会政治问题所采取的激进态度，尤其是采取包括暴力在内的实际行动来凸显其诉求；而新行动主义是通过思想的表达，来唤起世人的关注与惊醒，往往涉及思想的诉求，而不涉及暴力行动。《寂静的春天》不仅被奉为世界环境文学的经典之作，而且被广泛地视为 20 世纪世界上最有影响的生态伦理学著作之一。从这个角度而言，其可谓新行动主义思想的典范。

在《寂静的春天》出版之前，人类话语中找不到"环境保护"这个词组，公共政策中也见不到与"环境"相关的款项。人们根本没有意识到环境是需要保护的对象。卡逊的书吹响了人类环境保护的第一声号角。伴随着《寂静的春天》出版，一个叫做"环境保护"的词取代了过去"征服自然"的提法。在美国，《寂静的春天》一面世，立刻引起了全国性轰动和围绕滥用杀虫剂（DDT）的全民大讨论。这场争议的波及范围比达尔文的《物种起源》还大，涉及了政治、经济甚至道德等方面问题，使生态观念和环境意识深入人心，并对政府决策、国会立法和社会未来发展产生了重大影响。在《寂静的春天》等生态文学影响下，20 世纪 60 年代末，美、英、法、德等发达国家相继爆发群众街头抗议活动，千百万群众涌上街头游行示威，要求政府控制和治理环境污染，维护公共利益，拉开了当代西方生态政治运动序幕，迫使政府开始重视环境问题，将生态环境问题纳入国家政治机构。在卡逊引发的环境运动及罗马俱乐部共同推动下，1972 年 6 月 5 日首届联合国"人类环境会议"在斯德哥尔摩召开，共同讨论人类面临的环境问题，使环境保护上升到国际合作层面，并设定每年的 6 月 5 日为世界环境日，之后还成立了联合国环境规划署。以卡逊命名的许多环保机构一直在推进卡逊的未竟事业，卡逊的生态哲学思想已经成为许多环保组织的指导思想。

当前，中国正处在经济高速发展时期，环境问题亦相当突出。为保障健康发展，我们不能重蹈先污染、后治理的覆辙。今天重温《寂静的春天》，不仅可以唤起我们的责任感，提高公众的环境意识，加强环境保护力度，扩展生态环境权益，还需要我们运用各种经济手段、行政手段和社会资金加大对环保的投入。中国的环境保护事业虽然任重道远，但我们相信，在现代环境保护运动的奠基人卡逊生态环境保护理念的感召下，通过人类生态思想与生态实践的进一步转换与可持续提升，生机盎然的春天必将重回大地！

# 12.2 增长的极限

## 12.2.1 罗马俱乐部及《增长的极限》简介

1962 年蕾切尔·卡逊发表的《寂静的春天》一书中指出，由于人类不加限制地使用农药，原本鸟语花香的春天已经悄然变得寂静无声，第一次给人类的经济无限制增长敲响了警钟。果然，进入 20 世纪 70 年代以后，能源危机、生态破坏、环境污染以及人口激增等问题接踵而至，西方经济陷入严重困境，以往潜藏在繁荣背后的一系列危机正逐渐明朗化。面对这些问题，一些有识之士开始对未来表示担忧，罗马俱乐部的研究报告《增长的极限》（The Limits to Growth）正是在这样的背景下，满怀忧患意识而产生的。

罗马俱乐部（The Club of Rome）是于 1968 年 4 月以意大利的工业家奥雷利奥·佩西（Aurelio Peecei）为中心，以科学家、政治家等组成的从事与环境运动、环境思想、环境政策等相关活动的国际性民间学术团体，也是一个研讨全球问题的智囊组织。该俱乐部根据麻省理工学院的杰伊·福雷斯特（Jay Forrester）教授及其助手丹尼斯·梅多斯

（Dennis Meadows）教授所领导的一支专家队伍的研究成果，于 1972 年 3 月在美国首次出版了《增长的极限》一书，其副标题为"A Report for THE CLUB OF ROME'S Project on the Predicament of Mankind"，即向罗马俱乐部提交的有关人类困境的研究报告，故也简称为"研究报告"。该报告是用模型方式研究全球环境资源问题的首次重要尝试，它勾勒出人类未来发展的大致走向，引发人们更为审慎地思考人与生态系统的相互作用关系。该报告被西方世界称为 70 年代的爆炸性杰作，其提出的结论在世界范围内产生了始料不及的轰动效应，具有划时代的意义。1972 年出版的《增长的极限》英文电子版可在罗马俱乐部官网（http://www.clubofrome.org/）免费下载，该书封面如图 12-2 所示。

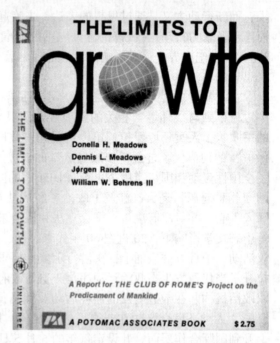

图 12-2　《增长的极限》1972 年英文版封面

福雷斯特教授是系统动力学（system dynamics）方面的专家，他从错综复杂的全球性社会经济活动中挑选出对人类未来影响巨大的五大因素：（1）世界人口增长；（2）资本投资和工业生产；（3）粮食的增长；（4）不可再生资源的利用；（5）环境污染。福雷斯特将这五大因素综合起来考虑，采用系统动力学作为分析方法，以整个世界为研究对象，利用电子计算机进行处理，建立起一个世界模型。利用该世界模型可以解释人类疑难问题的许多具体组成部分。后来经过不断修改，福雷斯特教授的世界模型由 WORLD1 模型发展为 WORLD2 模型。

之后，丹尼斯·梅多斯教授领导的项目小组又将 WORLD2 模型的结构进一步细化并扩大了其数据量，从而进一步升级为 WORLD3 模型，也就是《增长的极限》这份报告的研究基础。在 WORLD3 模型中，首先列出人口、粮食生产、工业化、污染、不可再生资源的消耗等 5 个参数间重要的因果关系，并探询反馈环路结构，研究和揭示 5 个参数之间相互作用的架构。接着，他用搜集到的全球数据为每一种关系进行定量研究和描述，随后运用计算机技术演绎各种因素间的相互关系，推演全球模型的未来发展趋向并检测各种政策对这个全球模型行为的影响。丹尼斯·梅多斯领导的研究小组根据对这个世界模型所做的研究，得出了很多当时人们看起来不可思议的结论——增长极限论。其主要内容为：迄今（指 20 世纪 70 年代初）为止，世界人口、经济、粮食消费、资源消耗和污染都是按指数方式增长的（每隔一定时间就翻一番），且增长幅度越来越大。由于地球上生产粮食的土地、可供开采的资源和容纳环境污染的能力都是有限的，无法支持无限的经济增长。如果今后仍然按这种指数方式增长下去，有朝一日世界经济会因失去支持而崩溃。根据系统动力学模型的模拟结果，崩溃将在今后 100 年内发生，即使对技术进步所带来的利益作最乐观的估计，崩溃的出现也不会晚于 2100 年，即指数增长会把人类带向世界末日。当然，如果采取正确措施，我们可以创造一个可持续社会，从而避免上述悲剧的发生。社会越早走上可持续发展的道路，我们最终获得成功的希望就越大。

1972 年，在人类可持续发展史上发生了两件具有开创性的大事，值得长久铭记。一件大事是 1972 年 6 月联合国在瑞典斯德哥尔摩首次召开的人类环境大会，开创了人类可持续发展的新纪元；另一件大事则是《增长的极限》一书的出版。该书一经出版，很快便在世界学术界和社会各界引起了轩然大波。它们作为全球研究的开拓性成果，在世界未来研究的学术史上开创了一个崭新的研究方向，在人类发展史和全球发展史上作出了引人注目的贡献。

### 12.2.2　模拟结果及结论

在《增长的极限》中以上述的 5 个要素作为影响因子，将其相互关系定量化处理后利用计算机进行了模拟计算。在各种条件下的代表性模拟计算结果，即相互影响关系的评价结果如下。

（1）标准条件。该条件下的模型运算假设历史上曾支配世界系统发展的物质关系、经济关系以及社会关系没有重大变动，计算结果如图 12-3 所示。时间尺度设定为 1900 年至 2100 年，1970 年以前为实际数据，1970 年至 2100 年为计算机模拟分析外推的数据。粮食、工业产量和人口按指数增长，直到迅速减少的资源基础迫使工业增长减速。因为系统中的自然延迟作用，人口和污染在工业化的高峰以后继续增加一个时期。最后，由于粮食和医药服务减少而致死亡率上升，人口增长终于停止。图中忽略了纵坐标，且模糊了横坐标（时间轴），这是为了强调计算机计算结果的一般作用方式，忽略具体数值，后面的所有计算都采用了如此统一的模式，以便于比较。显然，图 12-3 中显示的系统发展方式

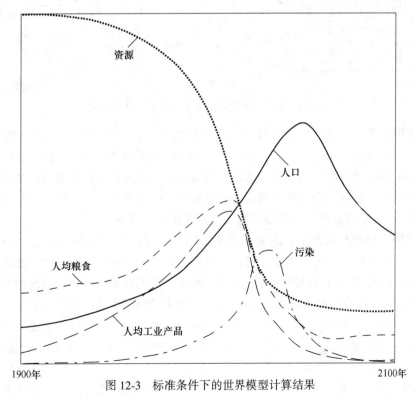

图 12-3　标准条件下的世界模型计算结果

是过度发展和衰退的方式，在这种条件下，由于不可再生资源的枯竭，在2100年左右将迎来系统崩溃。为简单清晰起见，本图中（以及本节中的其他几个图）仅保留5个主要变量，省略了原图中同时给出的出生率、死亡率以及人均服务等变量的变化趋势情况。

（2）资源量2倍条件。在条件（1）的基础上使资源量变为原来的2倍（增加1倍）时的模拟计算结果如图12-4所示。由图可见，污染急剧增加，同时引起死亡率增加和粮食产量减少。资源虽然增加了1倍，但还是以极度枯竭而告终。

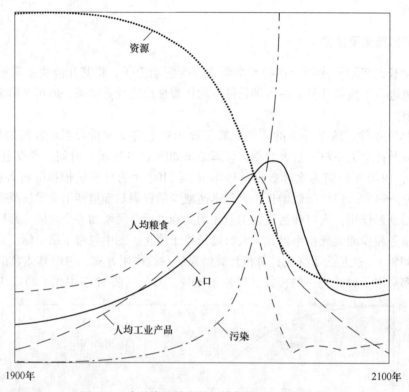

图 12-4　自然资源量增加1倍条件下的计算结果

（3）无限自然资源条件。世界模型系统中的资源消耗问题被两项假设（称为无限自然资源条件）所排除：第一，假设"无限的"核动力可使能被利用的资源储藏增加一倍；第二，假设核能可使资源再循环或能源替代成为可能，在这种条件下的模拟结果如图12-5所示。由图可见，虽然不会出现资源极度缺乏现象，但最终增长还是被日益增多的污染所阻止。因此，"无限的资源"并非是世界系统增长的关键所在。

（4）无限资源且控制污染、农业生产率倍增、完善的节育条件。在有无限资源，且控制污染、农业生产率倍增、实施完善的节育措施条件下的计算结果如图12-6所示，其具体条件为在模型中采用四种同时并进的技术政策，资源被充分利用，所使用的资源中有75%经过再循环，生产的污染减少到1970年污染值的1/4，土地产量翻一番，有效的节育方法普及到全世界。由图可见，人口暂时可达到一定值且世界人均收入几乎可达到美国的水平，但最终当资源枯竭，污染积聚，粮食生产下降时，导致工业增长停止，死亡率上升。

（5）1975年实施稳定状态条件。实施有计划的增长抑制措施，人口和资本处于稳定

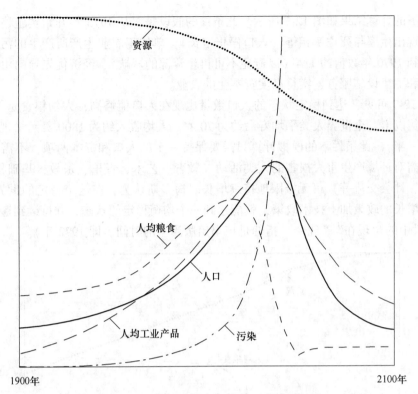

图 12-5 有"无限资源"条件下的计算结果

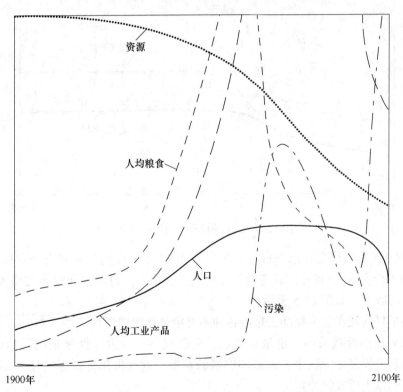

图 12-6 无限资源且控制污染、农业生产率倍增、完善的节育条件下的计算结果

状态条件下的计算结果如图 12-7 所示。此条件的假设是，从 1975 年开始实施稳定状态条件，可实现出生率与死亡率相等（人口停止增长）、单位工农业生产所产生的污染及资源消耗降低到 1970 年数值的 1/4（以避免不可再生资源的短缺）、经济优先导向由物质生产转为教育和卫生设施服务、实行高度资本化的农业。

由图 12-7 可见，达到稳定状态的人口数量比现在人口值略高，人均粮食是 1970 年平均值的 2 倍以上，全世界人类平均寿命约为 70 岁，人均收入约为 1800 美元（现今美国平均收入的一半）。此条件下的模拟计算只需要保持一定的人口和资本两项，不需消耗大量资源，无需对环境产生重大损害的人类活动（教育、艺术、音乐、宗教、基础科学研究、体育竞技、社会交流等）可无极限地持续增长。梅多斯认为，在这个稳定的世界模型中，实行控制增长的政策加上技术政策，就能达到一个均衡稳定的状态，并持续到遥远的未来（注：本段中的"现在""现今"指的是该书出版当年的时间，即 1972 年）。

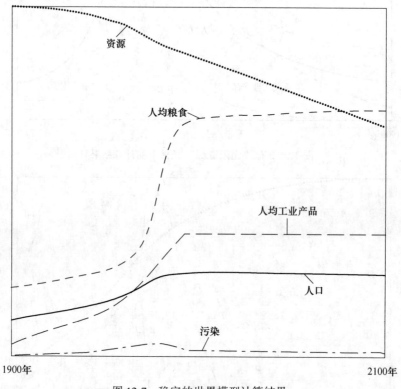

图 12-7　稳定的世界模型计算结果

（6）2000 年实施稳定状态条件。若本应在 1975 年实施的稳定状态条件改为在 2000 年导入（即延期实施），则稳定状态变为不可持续，由于人口与工业资本的增大，足以导致粮食和资源匮乏，如图 12-8 所示。

复杂的世界问题在很大程度上是由各种不可定量化的因素构成的。然而，《增长的极限》这份报告创造性地采用了定量化方法，它已成为理解世界性复杂问题的必备工具，可引导我们对世界复杂问题中各种影响因素的掌握。罗马俱乐部根据《增长的极限》的报告结果得出以下重要结论：

（1）人类必须认识到世界环境承载力的极限以及超越限度的过度发展所带来的灾难

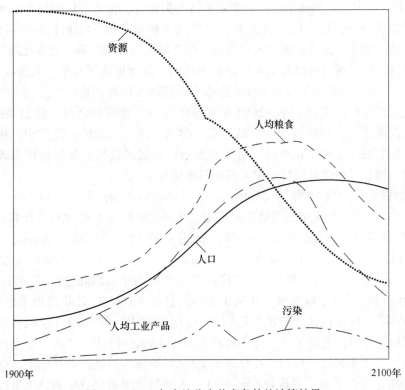

图 12-8　2000 年实施稳定状态条件的计算结果

性后果。世界人口激增且分布不均的状态令人担忧，仅此一项也必然迫使人类去寻求我们星球上的一种平衡状态。迅速地从根本上纠正目前这种失衡的、沿着危险方向不断恶化的世界状况，是人类面临的基本问题和首要任务。

（2）只有当发展中国家的境况绝对地以及相对于发达国家而言相对地都有了改善的情况下，世界平衡才能够成为现实，这种改善只有通过全球战略才可能实现，即以空前的规模和范围实施协同一致的国际行动和联合的长远规划。

（3）全球性的发展问题与其他全球性问题密切相互关联，这就要求人们必须制定一种总体战略，着手研究所有的重要问题，特别是人类和环境的关系问题。努力解决这种问题是对我们这一代人的挑战，不能把它留给下一代。我们必须毫不迟疑地坚决负起责任，开始这种努力。

（4）通过有计划的措施，而不是通过偶然性或突变，来达到合理的、持久的平衡状态的任何深思熟虑的尝试，最终都必须以个人、国家及世界等各个层面的价值观和基本目标的变革为基础。

## 12.2.3　《增长的极限》的发展

针对《增长的极限》所提出的观点（增长极限论），支持及反对的声音都有，各种悲观论、乐观论也相聚出现。本书限于篇幅，对其不作详细评论。但无论怎样，《增长的极限》促成了针对环境问题的各种新学科的形成，如环境哲学、环境伦理学、环境经济学、环境法学等，使人们更加关注环境问题，这正是《增长的极限》一书的重大意义所在。

《增长的极限》一书已经明确指出，对于未来的人类而言，全球环境问题是迫切需要解决的重大文明危机问题，这个问题将影响在"宇宙飞船地球号"上居住的所有生命个体，任何国家或地区都无法逃避。面对人口激增、经济增长与环境污染、资源耗竭的困局，不应仅依赖科技发展，而应该以价值观的变革为基础，全世界协同起来共同解决才是出路。《增长的极限》所发出的警告也成为探索追求合理经济发展与环境保护二者共存理念的动力源泉。正是在这种历史背景下，1987年世界环境与发展委员会在《我们共同的未来》报告中第一次阐述了"可持续发展"的概念，得到了国际社会的广泛共识。我们有理由认为，可持续发展理论的建立是以《增长的极限》所提出的增长极限论作为观念先导和理论铺垫的，增长极限论是可持续发展理论的重要源头。

《增长的极限》出版20年后（1992年），罗马俱乐部的丹尼斯·梅多斯等人收集了《增长的极限》发表后的大量相关信息并利用这些新数据更新了WORLD3计算机模型，发表了《超越极限——正视全球性崩溃，展望可持续的未来》（Beyond the Limits：Confronting Global Collapse, Envisioning a Sustainable Future）一书（以下简称《超越极限》），该书可被视为《增长的极限》的第2版，作者对早先研究进行了20年来的更新，研究了1970~1990年的全球发展，并利用这些信息对WORLD3计算机模型进行了更新。书中针对20世纪90年代初出现的热带雨林中的滥砍滥伐、世界粮食危机、臭氧洞的扩大、全球暖化等现象，发出了"人类正向着不可持续的领域行进""人类活动已经超越地球的承载力"等严重警告。同时，在总体上支持20年前所得结论的基础上，对《增长的极限》中的结论进行了如下更新和补充：（1）人类对许多重要资源的使用量以及许多种污染物的产生量都已经超过了可持续的极限。不对物质和能量的使用作显著的削减，在接下去的几十年中人均粮食产出、能源使用和工业生产中将会有不可控的下降。（2）要想防止上述的这种下降，两个改变是必须的：第一是修改使物质消费和人口持续增长的政策和惯例；第二是迅速地提高物质和能源的使用效率。（3）可持续发展的社会在技术和经济上都是可能，它比试图通过持续扩张来解决问题的社会更可行。向可持续发展的社会过渡需要兼顾长期的和短期的目标，同时又要强调充足性、公平性和生活的质量，而不是强调产出的数量，它需要的不只是生产率和技术，它还需要成熟、热情和智慧。

《超越极限》的作者认为，世界作出可持续性的选择在技术上和经济上是可能的，甚至是简单的，但在心理和政治上并不简单，因为有那么多希望、那么多现代工业文化都建立在永恒的物质增长的假设上。值得一提的是，正是在《超越极限》发表的1992年，在巴西里约热内卢召开了第2次环境大会：联合国环境与发展大会，这次大会成为世界环保史上的第2个里程碑。

2004年罗马俱乐部又发表了《增长的极限》的第3版，书名改为《增长的极限：30年最新成果》（Limits to Growth：The 30-Year Update），书中对相关数据和模型进一步进行了充实和改进，采用"生态足迹"（ecological footprint）这个新尺度作为衡量标准，指出了人类正向着不可持续的领域行进的各种征兆（"生态足迹"是指用土地和水域的面积来估算人类为了维持自身生存而利用自然的量，它象征着人类活动所形成的一只踏在地球上的巨脚的脚印，脚印越大，预示着人类对生态的破坏越严重）。他们认为，过去30年在技术进步、新制度和环境问题认识等方面取得一些进步，但作者们比起1972年更为担忧。书中写道："我们已经浪费了过去30年改进人类行为方式的机会，如果这个世界在

21 世纪要避免过量的严重结果，在很多方面必须改变。"书中指出，过度发展造成系统崩溃的主要因素有：（1）具有衰退可能性的极限；（2）对增长的无休止追求；（3）社会对临近极限的迟钝反应。同时发出警告：过度发展早已发生且正在进行并朝着崩溃的边缘迈进。作者指出，为了摆脱危机，实现可持续发展，继农业革命、工业革命之后，我们需要进行第 3 次革命，即可持续发展革命。为实现此目的，人类需要具备以下 5 个基本素质：（1）描绘前景。树立理想目标，满怀美好的未来前景展望，如发展的可持续性、充足且安全的物质保障、可提高人才素质的工作、诚实贤明的领导者、可促进环境繁荣的经济、可再生的能源系统等。（2）构建网络。加强非正式的、区域间的以及国际间的电子网络合作。（3）吐露真情。传达真实、及时、完整的信息。（4）加强学习。每个人都应在家庭、社会、国家以及世界的各个层面上学习有关世界环境、经济、资源极限的相关知识，努力成为时代的引领者。（5）充满爱心。追寻怜爱、友情、理解、团结、献身、朝气蓬勃的精神，加强彼此的纽带关联。

书中还指出了在评论《增长的极限》的过程中出现的各种偏见、简单化、诡辩、虚伪等现象，强调了获得真情、吐露真情的重要性，表 12-1 为书中几个典型的正误论证语句举例。

表 12-1 《增长的极限：30 年最新成果》中典型正误论证语句举例

| 错 误 | 正 确 |
| --- | --- |
| "对未来的警告，就是对世界末日的预言。" | "对未来的警告，是劝告大家应该选择另外一条路。" |
| "环境是一种奢饰品，或是一种竞争性的需求，或是一种日用品，人们在有能力购买时就可以购买它。" | "环境是所有生命和所有经济的源泉，调查显示公众愿意为得到一个健康的环境付出更多。" |
| "任何的增长都是坏的。""任何的增长是好的。" | "真正需要的是发展，而不是增长。为了发展而需要进行扩大物理规模时，应该在计入全部实际耗费的基础上（包括环境负荷等），本着公正、适宜、可持续的原则进行。" |
| "若停止增长，则贫困人口将被封闭在贫困的牢笼之中。" | "造成贫困人口被封闭在贫困牢笼之中的原因，是富人的贪婪和冷漠。" |
| "每个人都应当达到最富有国家的物质生活水平。" | "把每个人的物质消费水平提高到目前富人所享有的水平是不可能的。应当满足每个人的基本物质需求，超出这一水平的物质需求只有当所有人都保持在可持续的生态足迹条件下时才有可能被满足。" |
| "技术将解决所有问题。""技术除了带来问题不能解决任何问题。" | "我们应当鼓励那些能够减少生态足迹、提高效率、强化资源、改进信号和终结物质匮乏的技术""我们必须以人类自己的方式来处理问题，采取更多的办法而不仅仅是依赖技术。" |

## 12.2.4 未来四十年的预测

2012 年 6 月为纪念《增长的极限》出版四十周年并对人类未来四十年进行预测（立足过去四十年，启迪未来四十年），罗马俱乐部中梅多斯团队的另一位主要成员、BI 挪威商学院教授乔根·兰德斯（Jorgen Randers）出版了 2052: *A Global Forecast for the Next Forty Years* 一书，该书的中文版于 2013 年 9 月出版，书名译为《2052：未来四十年的中国与世界》（该书封面如图 12-9 所示，以下简称《2052》）。《2052》被誉为罗马俱乐部的最新权威报告，它有多个语言版本，详情可参阅其网站：www.2052.info。读者可在该网站下载相关补充数据图表（Excel 格式），自己验证该书中所涉及的一些预测结论。

图 12-9 《2052》封面

　　《2052》在内容上比《增长的极限》扩张了数倍，聚合知名的科学家、经济学家与未来学家等智囊思想，就经济、资源、气候、食品、就业等问题对未来四十年进行趋势预测。书中认为，未来会面临可持续革命，并且在这个革命体系中涉及了 5 个核心问题的变化：资本主义、经济发展、民主、代际和谐和稳定气候。这些因素如何在未来影响人们的生活？人们在面对这些问题时会采取什么行动？人们又会以什么心态面对这些问题？兰德斯都对此进行了预测，并认为未来发展仍然会面临"极限"问题，但是不仅仅局限于自然方面，还包括文化、制度等方面，甚至在解决办法上更依靠科学技术、国与国之间的协作等方面的共同努力并要求人们及早采取行动。《2052》比《增长的极限》更强调发展的全面性和公平性以及要求可持续发展的实践意义，即不仅是思想上的可持续，还应该是实践意义上的可持续，让人们行动起来。

　　《2052》的作者乔根·兰德斯也曾参与了《增长的极限》的研究和写作，他是罗马俱乐部的元老成员之一，一直致力于全球可持续发展的研究工作。兰德斯对人类未来发展有更强烈的担忧，他在书中指出，人类还有 40 年时间来避免由于过去几十年来过分消费挥霍造成的最严重的负面结果。人类适应地球极限的过程可能太慢，以至于不能停止地球承载能力的持续下降。人类社会不得不花更多的投资处理资源耗竭、污染、生物多样性下降、气候变化和社会不公等问题。

　　过去谈发展问题，大多是西方资本主义社会的发展。进入 21 世纪以来，中国的崛起引起了世界的关注，罗马俱乐部在其后期的研究中更加关注中国社会的发展。兰德斯在《2052》中充分肯定了中国政府对于投资领域的有效管理模式，并认为政府对于资本的合理配置有助于国家长远收益的可持续性增长，而中国政府在大力提升居民收入，不断完善分配制度，积极有效治理环境等方面持续不断的努力，使得中国将会在能源开发利用、粮食供给与储备、基础资源供给平衡的可持续发展道路上顺利前行。可以说，兰德斯将中国的发展模式概括为稳步的增长，和平的过渡。他甚至预言："中国在 2052 年将成为世界的领导者。"

基于准确数据与理性分析，兰德斯的《2052》不仅在略显绝望的现实面前为世人指出了全新的中国希望，更为人类在希望中向着美好梦想践行指明了方法路径。兰德斯提示我们要展开深层思考：人类的一次次开拓进取，是不是真正尊重并保护了地球母体本来所拥有的权力和利益？人类的一轮轮高速发展，是否是在遵循地球生存与发展客观规律的基础上进行？人类目前的所作所为是为了眼前的蝇头小利，还是为了子孙万代的春秋大义？

兰德斯在书中指出，以牺牲生态环境为代价而促进经济发展的粗放型发展模式，是人类发展的初级阶段。在此之后的发展，人类必将面临经济持续增长和环境生态保护如何平衡协调的问题，多数区域和国家正在这个阶段博弈并进行着艰难抉择与摸索前行。在此之后的发展阶段，人类需要思考的核心问题就是如何在生态环境优美，自然资源富饶的基础上保持长久发展，这需要有壮士断腕的坚韧和力拔山兮的气度，一旦世界上多数国家和地区可以意识并达到这样的发展模式，那么人类发展的第四阶段，即理想美好的未来是可以期许的。

兰德斯在行文的最后，借助强有力的措辞高声疾呼，希望全人类共同努力，携手共进，创造美丽新世界。比照兰德斯所描绘的理想社会发展模式，我们不难发现，中国正以其大国风范和强国气度开拓着通往美好梦想的可持续发展路径，广大人民群众正在中国共产党和中央政府的带领下，同心同德、兢兢业业汇聚 56 个民族的集体智慧、共同耕耘、全心奉献、齐头并进向着理想的、可持续发展的人类和谐共处美好大家庭努力迈进。

**知识专栏**

# 生 态 文 学

《寂静的春天》用深切的感受、全面的研究和雄辩的观点改变了历史进程，成为 20 世纪生态文学发展的标志性起点，它使生态思想深入人心，推动了世界范围内生态文学的热潮，开启了人们自觉地表达生态意识、深入思考人与自然关系的新阶段。此后，美、英、法等世界各国出现了各种体裁的生态文学，蕾切尔·卡逊因此被称为 20 世纪生态文学的奠基者。

所谓生态文学，是指以生态整体主义为思想基础、以生态系统整体利益为最高价值审视和表现人与自然关系的文学。揭示生态危机及其社会根源，呼唤保护意识，弘扬生态责任，推崇生态整体观，倡导人与自然和谐共生是其突出特点。生态文学源于生命之思，从多角度展现自然的广阔深邃之美，重构整体的伦理观念，激发人的生态情怀并反思物质主义，提升人的自然审美境界，构建万物和谐，展现"诗意栖居"的美好愿景。

生态文学真正作为一种文艺思潮，肇始于 19 世纪中叶的欧美主要资本主义国家。当时，目睹人类对自然不断加剧的掠夺与破坏，面对工业文明造成的严重后果，一些敏锐的文学家和思想家开始呼吁人们正确处理人和自然的关系。在此背景下，众多生态文学应运而生。其中，卡逊的《寂静的春天》、梭罗的《瓦尔登湖》以及利奥波德的《沙乡年鉴》

等优秀作品被誉为美国环境主义的主要智力支撑及生态文学的经典之作。限于篇幅，以下仅对《瓦尔登湖》予以简介。

《瓦尔登湖》（Walden）首次出版于 1854 年，是美国著名思想家、散文家亨利·大卫·梭罗（Henry David Thoreau，1817~1862）的重要作品，是梭罗独居瓦尔登湖畔的记录，描绘了他两年多时间里的所见、所闻和所思。该书崇尚简朴生活，热爱大自然的风光，内容丰富，意义深远，语言生动，被誉为美国生态文学的代表作。《瓦尔登湖》在 1985 年"十本构成美国人性格的书"的评选活动中，荣登榜首，在美国国会图书馆中，也与《圣经》并列被称为"塑造读者心灵的二十五本书"之一。

1845 年 7 月 4 日梭罗孤身一人移居到优美的瓦尔登（Walden）湖畔的次生林里，在自建的小木屋中住了两年多。他自己砍柴，开荒种地，写作看书，过着非常简朴、原始的生活。梭罗认为自然中的一切都是美的，"美的品味大都是在露天培养的，太阳、风雨、冬夏——大自然莫可名状的纯真和恩惠，他们永远赐予人类健康与快乐"。在梭罗眼中，大自然甚至清晨的空气都是我们的灵丹妙药，"古老的大自然使我们保持健康、平静和满足，依靠它我们才得以永葆青春"。甚至大自然本身也是一位贴心、慈善的友伴，"哪怕可怜的厌世者，哪怕最忧郁的人，都能在这里找到伴侣"。梭罗痴迷于这种亲近自然的生活方式，他每年只用 6 个星期的时间劳作，其余的时间都用来阅读、思考、写作以及与大自然的亲近，真正地融入自然境界之中，注重与大自然的沟通和交融，注意对生态环境的关注与保护。

他用自己的实践证明，像他那样简朴的生活，一年只需劳动 6 个星期就够了。他认为，那些终生为追求奢侈的物质生活而忙碌的人是很可悲的。他们不仅失去了生命中最宝贵的宁静，还成为各种物质欲望的奴隶。他强调指出，一个人的生命不应当成为一种商品，而是一种艺术。他实践的简朴生活，通过把物质的需要减低到最少，从而更大程度地满足精神的需要。因此，在他的作品里，提倡过简朴生活的思想贯穿始终。《瓦尔登湖》与梭罗已成为一种文化的象征：尊重自然，融入自然，与自然对话，与绿色亲近，放弃物质追求，远离烦嚣社会。

在梭罗看来，在与自然的交流中，人类应当把自然生态看做是内心的精神家园，需要充满深情地观察它，全身心地对待它；要亲近自然、与自然融为一体，这样才能够观察到自然的本性，唤起人性的本真。在他眼里"地球本身就是一只巨大的青苹果，想起人类的孩子在苹果成熟之前就来咬了，这是多么可怕的危险"。可见，梭罗所提倡的生活并非是单一的简单生活，而是蕴含着一种对精神境界的追求，即我们后来一直提倡的生态意识的最初觉醒。梭罗放弃了一般人们对财富、名利和安逸的追逐，却有着强烈的投身荒野、追寻那种常人望而却步的自然生态之美的激情，亲历自然成就了与同时代人相比极具前瞻性的作品，这也许就是自然生态之美的魅力所在。

## 思 考 题

12-1 阅读《寂静的春天》，试分析其核心内容及其重要论点，并结合现实对其进行评价。

12-2 简述《寂静的春天》中的生态伦理思想并探讨其对建设中国生态文明的启示。

12-3 阅读《增长的极限》，该书所提出的对人类未来影响巨大的五大因素是什么？相互关系如何？

12-4 试分析《增长的极限》中所提出的增长极限论的主要内容并对其进行评价。

12-5 《增长的极限》中所提出的稳定状态条件指的是什么？在该条件下可无极限持续增长的人类活动有哪些？

12-6 罗马俱乐部根据《增长的极限》的报告结果得出了哪些重要结论？结合当前实际如何对其评价？

## 参 考 文 献

[1] 赵洪超. 雾霾的跨区域治理——以京津冀为例 [J]. 改革与开放, 2016, (7): 72~73.

[2] 孙亮. 灰霾天气成因危害及控制治理 [J]. 环境科学与管理, 2012, 37 (10): 71~75.

[3] 张庆阳. 国际社会应对气候变化发展动向综述 [J]. 中外能源, 2015, 20 (8): 1~9.

[4] 葛全胜, 王芳, 王绍武, 等. 对全球变暖认识的七个问题的确定与不确定性 [J]. 中国人口·资源与环境, 2014, 24 (1): 1~6.

[5] 万怡挺, 常捷. 全球气候变化谈判的回顾与展望 [J]. 环境与可持续发展, 2015, 40 (2): 30~32.

[6] 付恒阳, 潘红霞. 世界水危机及对策探讨 [J]. 长江科学院院报, 2013, 30 (5): 17~21.

[7] 徐海燕. 咸海治理: 丝绸之路经济带建设的契入点 [J]. 国际问题研究, 2014, (4): 83~93.

[8] 叶尔波拉提, 德勒恰提·加娜塔依, 等. 近500年来咸海湖泊沉积记录的环境演变 [J]. 沉积学报, 2015, 33 (1): 91~96.

[9] 归显扬. 水体富营养化及其防治对策研究 [J]. 广州化工, 2012, 40 (13): 12~13.

[10] 王临清, 李枭鸣, 朱法华. 中国城市生活垃圾处理现状及发展建议 [J]. 环境污染与防治, 2015, 37 (2): 106~109.

[11] 王琪. 固体废物及其处理处置技术 [J]. 环境保护, 2010, (18): 41~44.

[12] 张一澜. 对中国城市生活垃圾分类的思考及建议 [J]. 再生资源与循环经济, 2016, 9 (3): 26~29.

[13] 史谦, 张学敏. 中国城市生活垃圾处理方法现状分析研究 [J]. 环境科学与管理, 2013, 38 (9): 41~44.

[14] 胡云岩, 张瑞英, 王军. 中国太阳能光伏发电的发展现状及前景 [J]. 河北科技大学学报, 2014, 35 (1): 69~72.

[15] 王震, 刘明明, 郭海涛. 中国能源清洁低碳化利用的战略路径 [J]. 天然气工业, 2016, (4): 96~102.

[16] 关根志, 左小琼, 贾建平. 核能发电技术 [J]. 水电与新能源, 2012, (1): 7~9.

[17] 刘叶志. 关于新能源界定的探讨 [J]. 能源与环境, 2008, (2): 43~44.

[18] 张涵奇, 孙德强, 郑军卫, 等. 世界工业革命与能源革命更替规律及对我国能源发展的启示 [J]. 中国能源, 2015, 37 (7): 20, 35~37.

[19] 温香彩, 李宪同, 汪赟, 等. 环境噪声投诉量高但声环境质量较好的原因分析及对策 [J]. 噪声与振动控制, 2015, 35 (S1): 5~8.

[20] 郭莹. 地球超载日: 人类生态足迹的透支 [J]. 生态经济, 2016, 32 (10): 6~9.

[21] 雒建伟, 高良敏, 陈一佳, 等. 持久性有机污染物 (POPs) 的环境问题及其治理措施研究进展 [J]. 环保科技, 2016, 22 (6): 51~60.

[22] 邝福光. 低熵社会: 低碳社会的环境伦理学解读 [J]. 南京林业大学学报 (人文社会科学版), 2011, 11 (1): 44~50.

[23] 李淑文. 环境伦理: 对人与自然和谐发展的伦理观照 [J]. 中国人口·资源与环境, 2014, 24 (5): 169~171.

[24] 韩立新. 论人对自然义务的伦理根据 [J]. 上海师范大学学报 (哲学社会科学版), 2005, 34 (3): 19~25.

[25] 陈安金. 人以外的存在物也具有 "内在价值" 与 "权利" 吗——关于非人类中心主义环境伦理观的理论思考 [J]. 学术月刊, 2001, (11): 24~30.

[26] 潘玉君, 段勇, 武友德. 可持续发展下环境伦理与原则 [J]. 中国人口·资源与环境, 2002, 12 (5): 36~38.

[27] 杜鹏 . 环境正义：环境伦理的回归 [J]. 自然辩证法研究，2007，23（6）：4~7.

[28] 石嵩 . 反思西方人眼中的未来中国——读乔根·兰德斯《2052：未来四十年的中国与世界》[J].
山西青年，2016（12）：32~33.

[29] 蕾切尔·卡逊 . 寂静的春天 [M]. 吕瑞兰，李长生，等译 . 上海：上海译文出版社，2015.

[30] 德内拉·梅多斯，等 . 增长的极限——罗马俱乐部关于人类困境的研究报告 [M]. 李宝恒，译 .
成都：四川人民出版社，1983.

[31] 德内拉·梅多斯，等 . 超越极限——正视全球性崩溃，展望可持续的未来 [M]. 赵旭，等译 . 上
海：上海译文出版社，2001.

[32] 德内拉·梅多斯，等 . 增长的极限：30 年最新成果 [M]. 李涛，王智勇，译 . 北京：机械工业出
版社，2006.

[33] 乔根·兰德斯 . 2052：未来四十年的中国与世界 [M]. 秦雪征，谭静，叶硕，译 . 南京：译林出版
社，2013.

[34] Eldon D. Enger，Bradley F. Smith. Environmental Science：A Study of Interrelationships（Fourteenth Edi-
tion）[M]（影印版）. 北京：清华大学出版社，2017.

[35] 九里德泰，左卷健男，平山明彦 . 地球環境の教科書 10 講 [M]. 東京：東京書籍，2014.

[36] 郝鹏鹏 . 环境科学基础 [M]. 北京：知识产权出版社，2012.

[37] 郭怀成，刘永 . 环境科学基础教程 [M].3 版 . 北京：中国环境出版社，2015.

# 冶金工业出版社部分图书推荐

| 书　名 | 作　者 | 定价(元) |
|---|---|---|
| 环境保护及其法规（第2版） | 任效乾　等编著 | 45.00 |
| 环保设备材料手册（第2版） | 王绍文　等主编 | 178.00 |
| 除尘技术手册 | 张殿印　等编著 | 78.00 |
| 环保工作者实用手册（第2版） | 杨丽芬　等主编 | 118.00 |
| 环保知识400问（第3版） | 张殿印　主编 | 26.00 |
| 固体废物处理处置技术与设备（本科教材） | 江　晶　编著 | 38.00 |
| 环保机械设备设计 | 江　晶　编著 | 55.00 |
| 大宗工业固废环境风险评价 | 宁　平　等著 | 30.00 |
| 计算化学在典型大气污染物控制中的应用 | 汤立红　等著 | 49.00 |
| 化工行业大气污染控制 | 李　凯　等著 | 36.00 |
| 高原湖泊低污染水治理技术及应用 | 杨逢乐　等著 | 28.00 |
| 环境保护概论（本科教材） | 吴长航　主编 | 39.00 |
| 膜法水处理技术（第2版） | 邵　刚　编著 | 32.00 |
| 二恶英零排放化城市生活垃圾焚烧技术 | 王　华　编著 | 15.00 |
| 环境噪声控制 | 李家华　主编 | 19.80 |
| 矿山环境工程（第2版） | 蒋仲安　主编 | 39.00 |
| 固体废弃物资源化技术与应用 | 王绍文　等编著 | 65.00 |
| 高浓度有机废水处理技术与工程应用 | 王绍文　等编著 | 69.00 |
| 新型实用过滤技术（第2版） | 丁启圣　著 | 120.00 |
| 现代除尘理论与技术 | 向晓东　著 | 24.00 |
| 高原湖泊低污染水治理技术及应用 | 杨逢乐　等著 | 28.00 |
| 湿法冶金污染控制技术 | 赵由才　等编著 | 38.00 |
| 工业企业粉尘控制工程综合评价 | 赵振奇　等编著 | 27.00 |
| 污水处理技术与设备（本科教材） | 江　晶　编著 | 35.00 |
| 环境工程微生物学（本科教材） | 林　海　主编 | 45.00 |
| 能源与环境（本科教材） | 冯俊小　主编 | 35.00 |
| 固体废物污染控制原理与资源化技术(本科教材) | 徐晓军　等编著 | 39.00 |
| 冶金企业环境保护（本科教材） | 马红周　主编 | 23.00 |
| 环境污染控制工程 | 王守信　等编著 | 49.00 |
| 焦化废水无害化处理与回用技术 | 王绍文　等编著 | 28.00 |
| 钢铁工业废水资源回用技术与应用 | 王绍文　等编著 | 68.00 |
| 工业废水处理工程实例 | 张学洪　等编著 | 28.00 |